4주 완성 스케줄표

공부한 날	주	일	학습 내용
월 일	1주	도입	1주에는 무엇을 공부할까?
		1일	60, 70, 80, 90 / 99까지의 수(1)
월 일		2일	99까지의 수(2), 수의 순서
월 일		3일	수의 크기 비교, 짝수와 홀수
월 일		4일	덧셈하기(1), (2)
월 일		5일	덧셈하기(3), 그림을 보고 덧셈하기
		평가 / 특강	누구나 100점 맞는 테스트 / 창의·융합·코딩
월 일	2주	도입	2주에는 무엇을 공부할까?
		1일	뺄셈하기(1), (2)
월 일		2일	뺄셈하기(3), 그림을 보고 뺄셈하기
월 일		3일	여러 가지 모양 찾아보기
월 일		4일	여러 가지 모양 알아보기, 꾸미기
월 일		5일	세 수의 덧셈, 세 수의 뺄셈
		평가 / 특강	누구나 100점 맞는 테스트 / 창의·융합·코딩
월 일	3주	도입	3주에는 무엇을 공부할까?
		1일	두 수를 더하기, 10이 되는 더하기
월 일		2일	10에서 빼기, 10을 만들어 더하기
월 일		3일	몇 시, 몇 시 30분
월 일		4일	규칙 찾기(1), (2)
월 일		5일	규칙을 찾아 여러 가지 방법으로 나타내기, 규칙을 만들어 무늬 꾸미기
		평가 / 특강	누구나 100점 맞는 테스트 / 창의·융합·코딩
월 일	4주	도입	4주에는 무엇을 공부할까?
		1일	수 배열에서 규칙 찾기, 수 배열표에서 규칙 찾기
월 일		2일	10을 이용하여 모으기, 가르기
월 일		3일	덧셈하기(1), (2)
월 일		4일	덧셈하기(3), 뺄셈하기(1)
월 일		5일	뺄셈하기(2), (3)
		평가 / 특강	누구나 100점 맞는 테스트 / 창의·융합·코딩

공부한 날을 표시하고 하루하루 학습 내용을 살펴보세요.

Chunjae
Maketh
Chunjae

기획총괄	박금옥
편집개발	윤경옥, 박초아, 김연정, 김수정, 김유림, 남태희
디자인총괄	김희정
표지디자인	윤순미, 여화경
내지디자인	박희춘, 이혜미
제작	황성진, 조규영

발행일	2024년 5월 15일 2판 2024년 5월 15일 1쇄
발행인	(주)천재교육
주소	서울시 금천구 가산로9길 54
신고번호	제2001-000018호
고객센터	1577-0902

※ 정답 분실 시에는 천재교육 홈페이지에서 내려받으세요.

※ KC 마크는 이 제품이 공통안전기준에 적합하였음을 의미합니다.

※ 주의

책 모서리에 다칠 수 있으니 주의하시기 바랍니다.

부주의로 인한 사고의 경우 책임지지 않습니다.

8세 미만의 어린이는 부모님의 관리가 필요합니다.

똑 똑 한
하루 수학
1B

배우고 때로 익히면
또한 기쁘지 아니한가.
- 공자 -

주별 Contents

똑똑한 하루 수학

이 책의 특징

도입 이번 주에는 무엇을 공부할까?

이번 주에 공부할 내용을 만화로 재미있게!

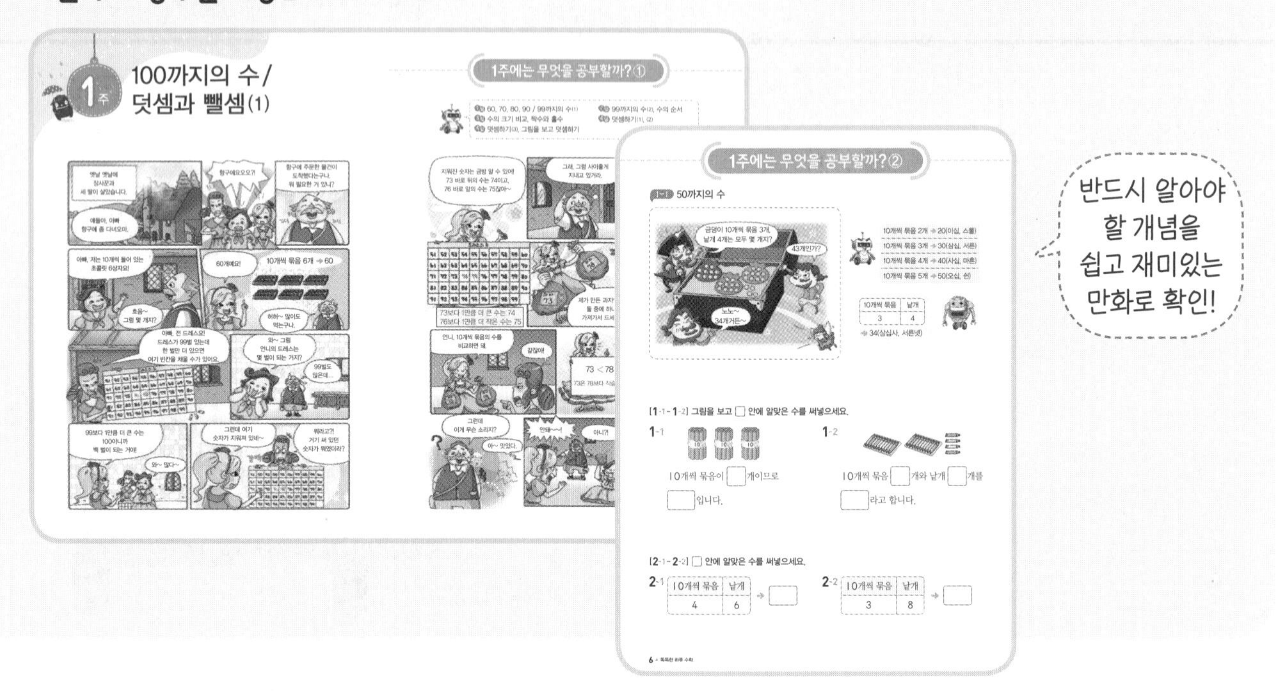

반드시 알아야 할 개념을 쉽고 재미있는 만화로 확인!

개념완성 개념·원리 확인

교과서 개념을 만화로 쏙쏙!

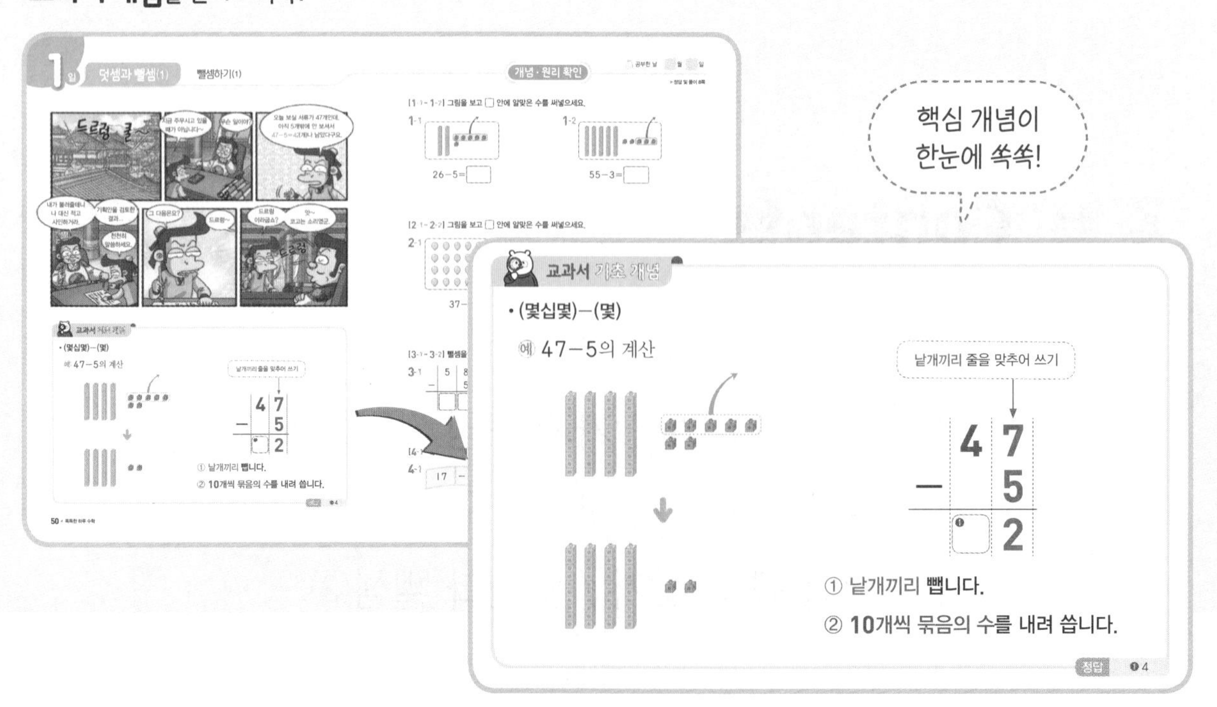

핵심 개념이 한눈에 쏙쏙!

기초 집중 연습

반드시 알아야 할 문제를 **반복**하여 완벽하게 익히기!

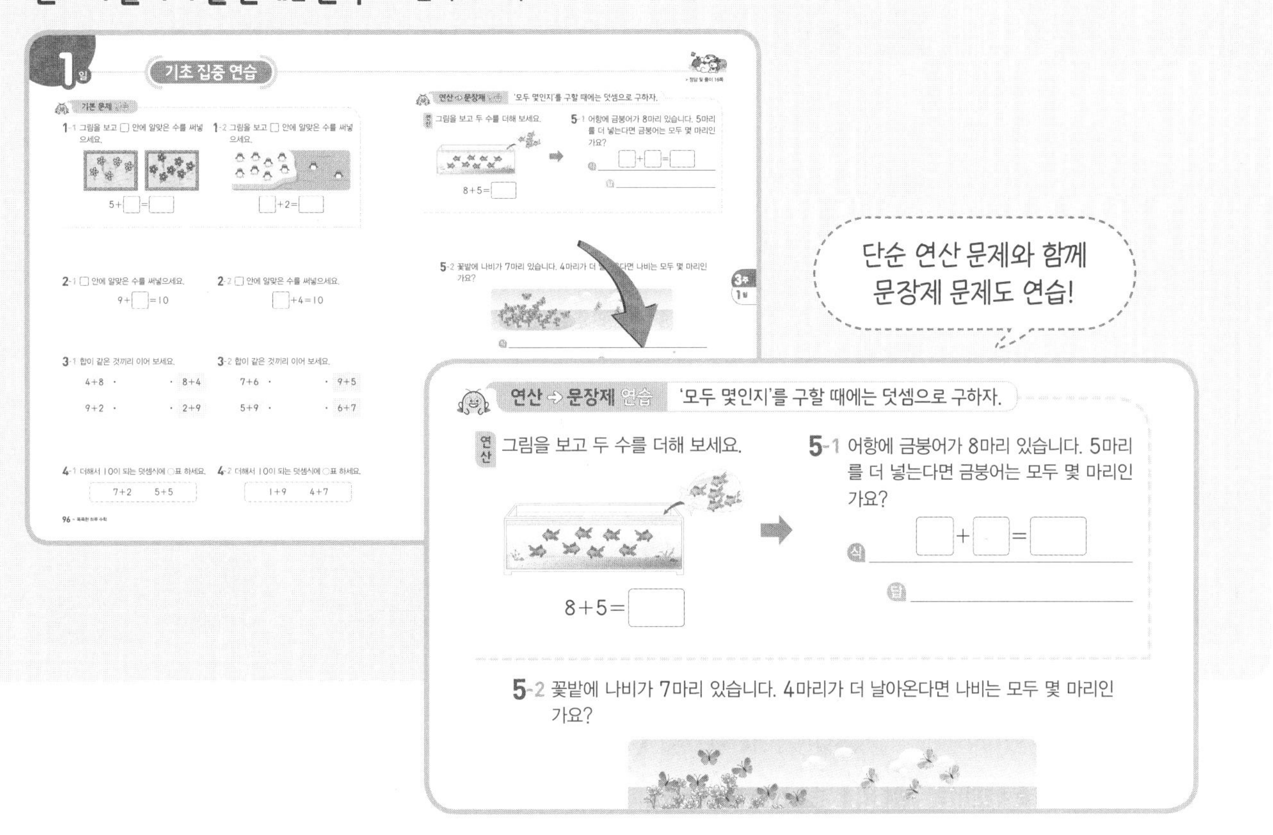

평가 + 창의·융합·코딩

한 주에 **배운 내용**을 **테스트**로 마무리!

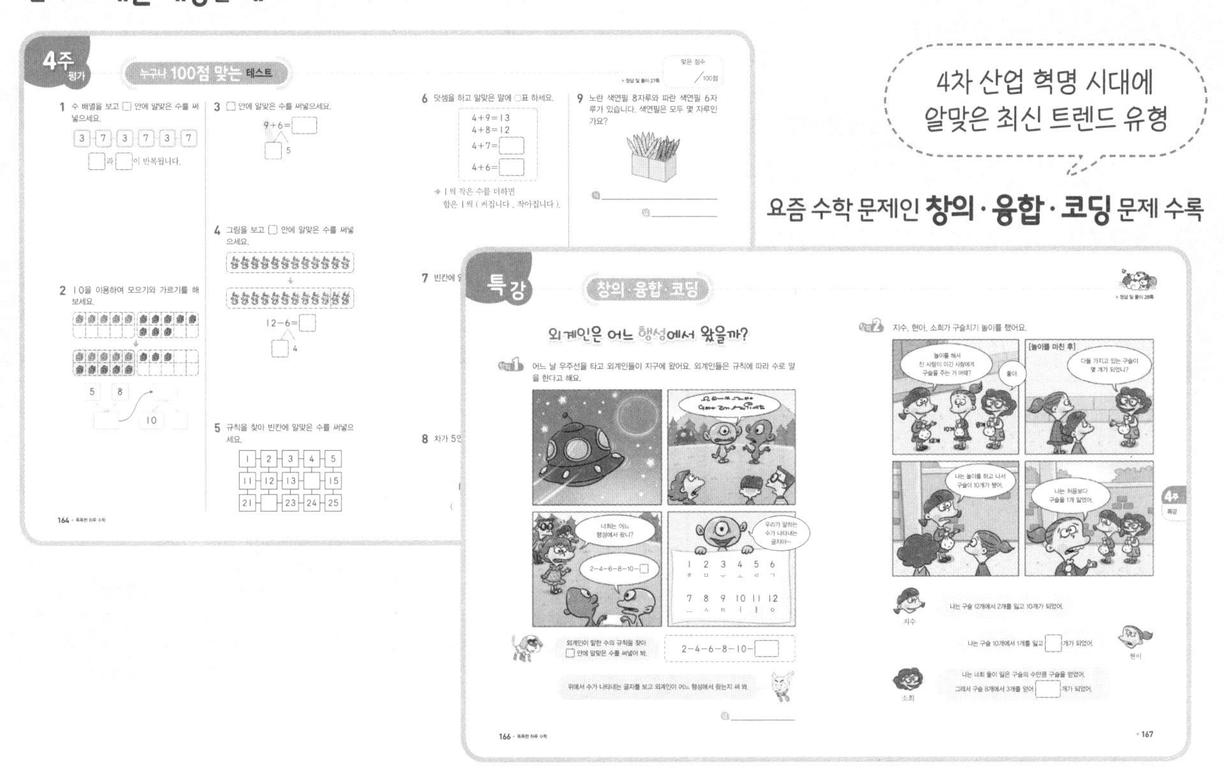

100까지의 수/ 덧셈과 뺄셈(1)

1주에는 무엇을 공부할까? ①

- 1일 60, 70, 80, 90 / 99까지의 수(1)
- 2일 99까지의 수(2), 수의 순서
- 3일 수의 크기 비교, 짝수와 홀수
- 4일 덧셈하기(1), (2)
- 5일 덧셈하기(3), 그림을 보고 덧셈하기

지워진 숫자는 금방 알 수 있어!
73 바로 뒤의 수는 74이고,
76 바로 앞의 수는 75잖아~

드레스의 수

51	52	53	54	55	56	57	58	59	60
61	62	63	64	65	66	67	68	69	70
71	72	73	74	75	76	77	78	79	80
81	82	83	84	85	86	87	88	89	90
91	92	93	94	95	96	97	98	99	

73보다 1만큼 더 큰 수는 74
76보다 1만큼 더 작은 수는 75

아빠, 잠깐만요! 이거 가져가세요!

어? 어떤 게 더 많이 들어 있는 거지?

그럴 땐 낱개의 수가 클수록 더 큰 수야.

더 없어??

1주에는 무엇을 공부할까? ②

1-1 50까지의 수

10개씩 묶음 2개 → 20(이십, 스물)
10개씩 묶음 3개 → 30(삼십, 서른)
10개씩 묶음 4개 → 40(사십, 마흔)
10개씩 묶음 5개 → 50(오십, 쉰)

10개씩 묶음	낱개
3	4

→ 34(삼십사, 서른넷)

[1-1 ~ 1-2] 그림을 보고 ☐ 안에 알맞은 수를 써넣으세요.

1-1

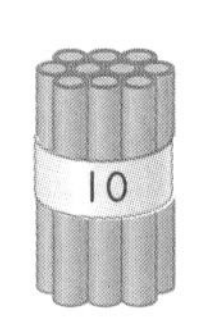
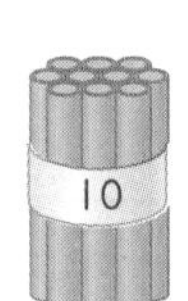
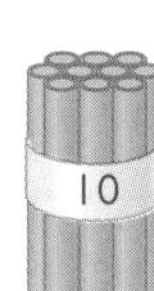

10개씩 묶음이 ☐개이므로 ☐입니다.

1-2

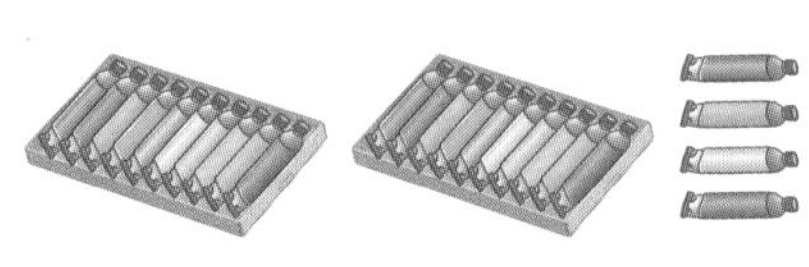

10개씩 묶음 ☐개와 낱개 ☐개를 ☐라고 합니다.

[2-1 ~ 2-2] ☐ 안에 알맞은 수를 써넣으세요.

2-1

10개씩 묶음	낱개
4	6

→ ☐

2-2

10개씩 묶음	낱개
3	8

→ ☐

▶정답 및 풀이 1쪽

1-1 덧셈과 뺄셈

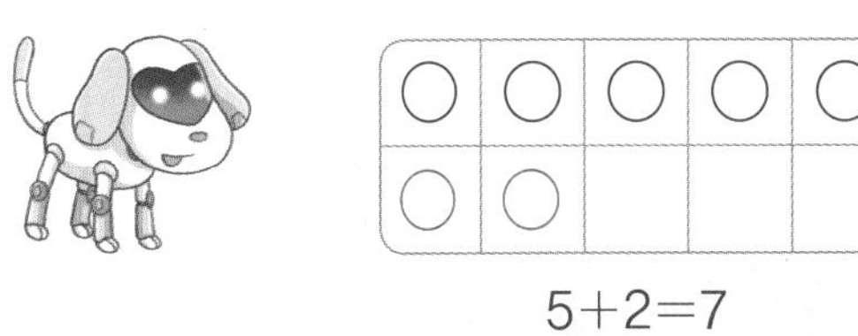

$5+2=7$

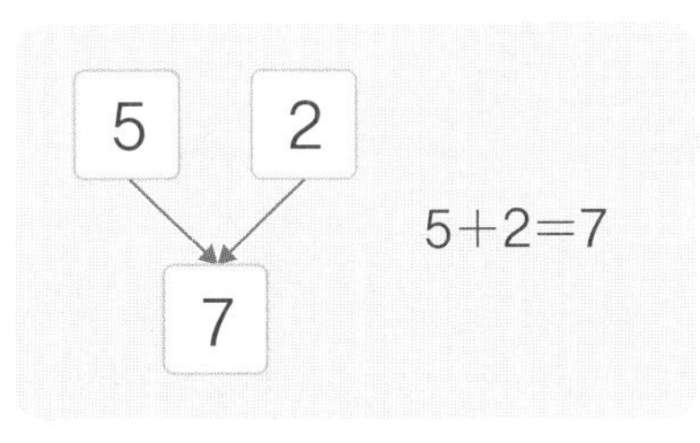

[3-1 ~ 3-2] 그림을 보고 덧셈을 해 보세요.

3-1

$4+2=\square$

3-2

$3+5=\square$

[4-1 ~ 4-2] 모으기를 하여 덧셈을 해 보세요.

4-1

3, 1 → □

3 + 1 = □

4-2

2, 6 → □

2 + 6 = □

60, 70, 80, 90

교과서 기초 개념

• 60, 70, 80, 90을 쓰고 읽기

10개씩 묶음 6개	60	육십 / 예순
10개씩 묶음 7개	70	칠십 / 일흔
10개씩 묶음 8개	80	팔십 / 여든
10개씩 묶음 9개	90	구십 / 아흔

개념 · 원리 확인

▶정답 및 풀이 1쪽

[1-1 ~ 1-2] 그림을 보고 ☐ 안에 알맞은 수를 써넣으세요.

1-1

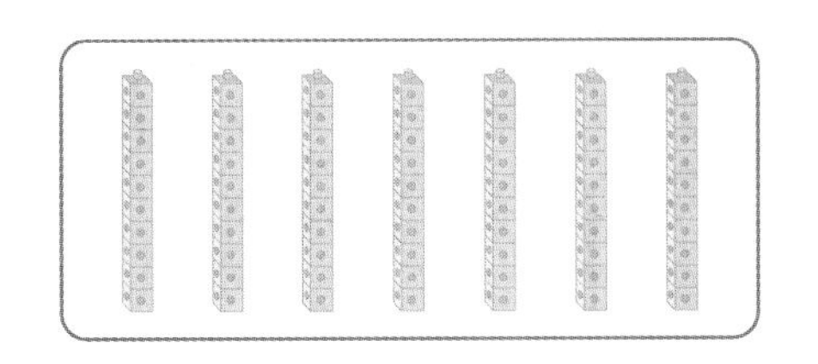

10개씩 묶음 7개이면 ☐입니다.

1-2

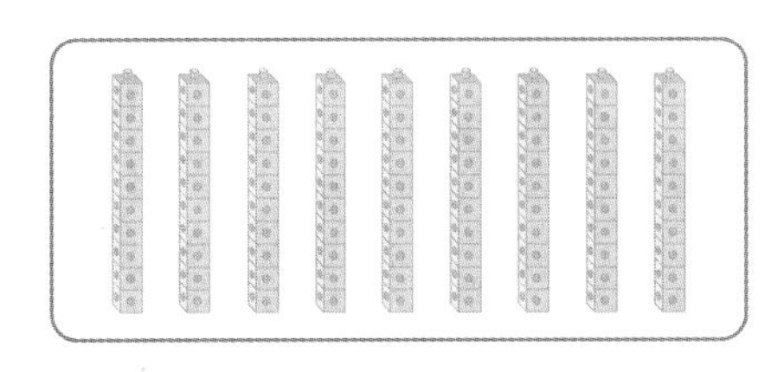

10개씩 묶음 9개이면 ☐입니다.

[2-1 ~ 2-2] 수를 세어 써 보세요.

2-1

☐

2-2

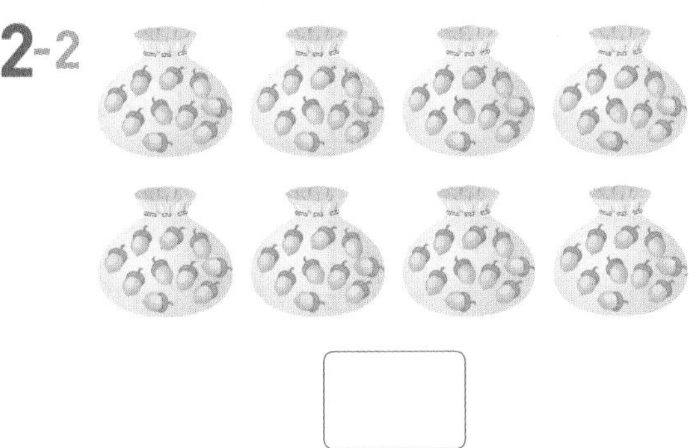

☐

[3-1 ~ 3-2] ☐ 안에 알맞은 수를 써넣으세요.

3-1 10개씩 묶음 8개는 ☐입니다.

3-2 90은 10개씩 묶음 ☐개입니다.

[4-1 ~ 4-2] 수를 두 가지 방법으로 읽어 보세요.

4-1

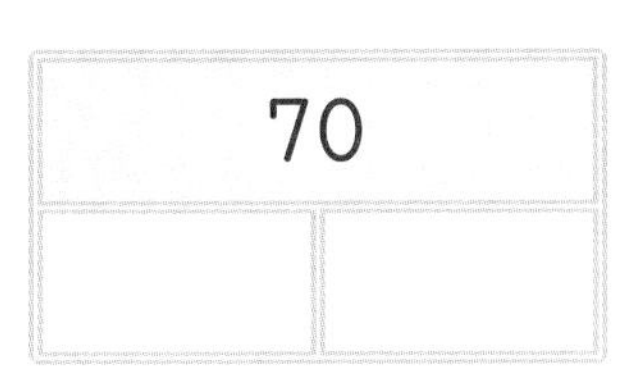

70	

4-2

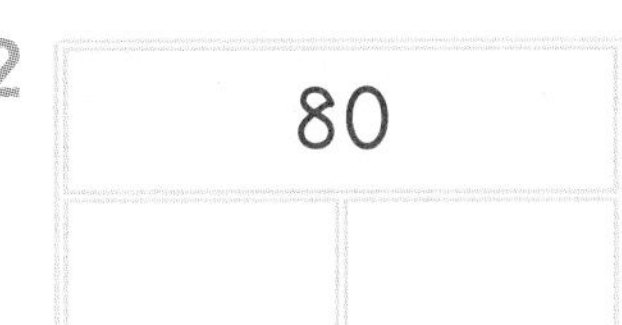

80	

99까지의 수(1)

교과서 기초 개념

• 99까지의 수를 쓰고 읽기

예 73을 쓰고 읽기

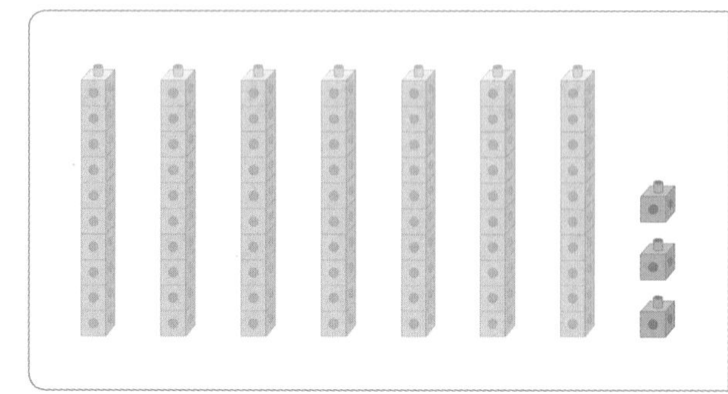

10개씩 묶음 7개와 낱개 3개	
73	칠십삼
	일흔셋

73을 '칠삼', '칠십셋', '일흔삼'이라고 잘못 읽지 않도록 주의해~

개념·원리 확인

▶정답 및 풀이 1쪽

[1-1 ~ 1-2] 그림을 보고 빈칸에 알맞은 수를 써넣으세요.

1-1

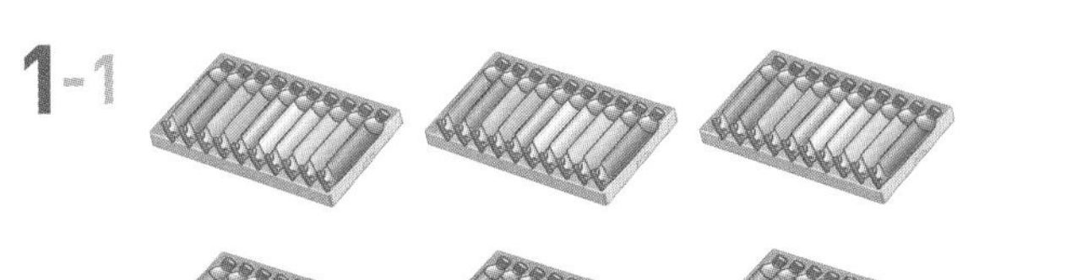

10개씩 묶음	낱개
6	

→ ☐

1-2

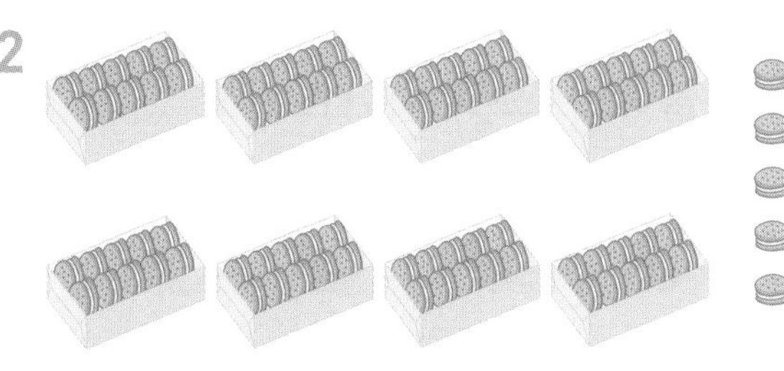

10개씩 묶음	낱개

→ ☐

[2-1 ~ 2-2] 수를 세어 써 보세요.

2-1

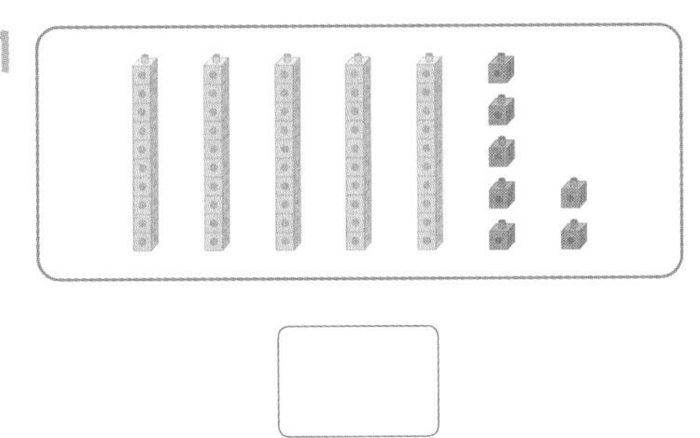

☐

2-2

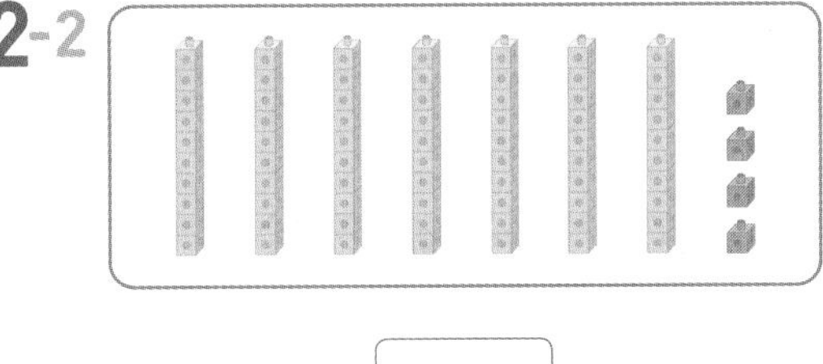

☐

[3-1 ~ 3-2] ☐ 안에 알맞은 수를 써넣으세요.

3-1 10개씩 묶음 7개와 낱개 8개는 ☐입니다.

3-2 92는 10개씩 묶음 ☐개와 낱개 ☐개입니다.

4-1 수로 써 보세요.

육십구 → ☐

4-2 수로 써 보세요.

여든여섯 → ☐

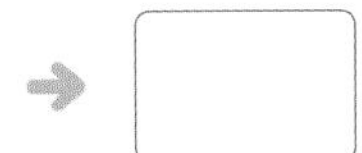

1주 1일

1일 기초 집중 연습

기본 문제 연습

1-1 수를 세어 쓰고 읽어 보세요.

쓰기 (　　)

읽기 칠십 또는 (　　)

1-2 수를 세어 쓰고 읽어 보세요.

쓰기 (　　)

읽기 (　　) 또는 예순여섯

2-1 낱개가 1개씩 늘어날 때 수를 써 보세요.

10개씩 묶음	낱개	수
6	3	63
6	4	
6	5	

2-2 10개씩 묶음이 1개씩 늘어날 때 수를 써 보세요.

10개씩 묶음	낱개	수
7	2	
8	2	
9	2	

3-1 밑줄 친 부분을 수로 써 보세요.

어머니께서 귤을 일흔다섯 개 사 오셨어.

(　　　　　　)

3-2 80을 상황에 맞도록 바르게 읽었으면 ○표, 그렇지 않으면 ×표 하세요.

내가 읽고 있는 위인전은 팔십 쪽까지 있어.

(　　　　　　)

▸정답 및 풀이 2쪽

기초 → 문장제 연습 10개씩 묶음과 낱개의 수를 차례로 써서 수로 나타내자.

기초 다음을 수로 나타내어 보세요.

10개씩 묶음 5개와 낱개 9개

답 ______________

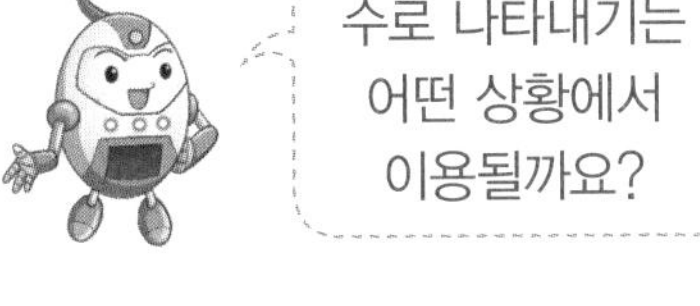

4-1 한 상자에 10개씩 들어 있는 사과가 5상자 있고 낱개로 9개 있습니다. 사과는 모두 몇 개인가요?

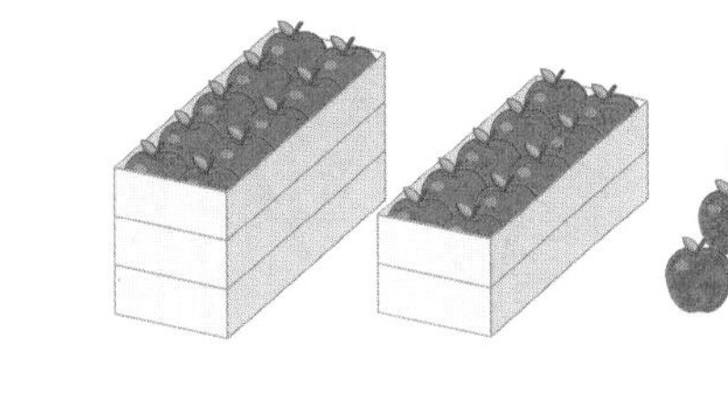

답 ______________

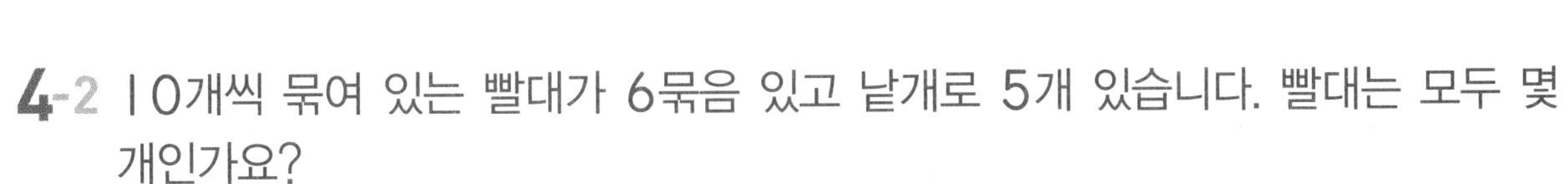

4-2 10개씩 묶여 있는 빨대가 6묶음 있고 낱개로 5개 있습니다. 빨대는 모두 몇 개인가요?

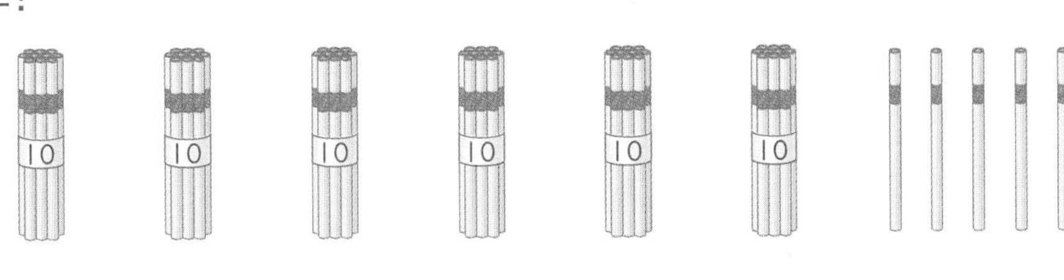

답 ______________

4-3 한 통에 10개씩 들어 있는 사탕이 9통 있고 낱개로 8개 있습니다. 사탕은 모두 몇 개인가요?

답 ______________

99까지의 수(2)

교과서 기초 개념

- 99까지의 수 세어 보기

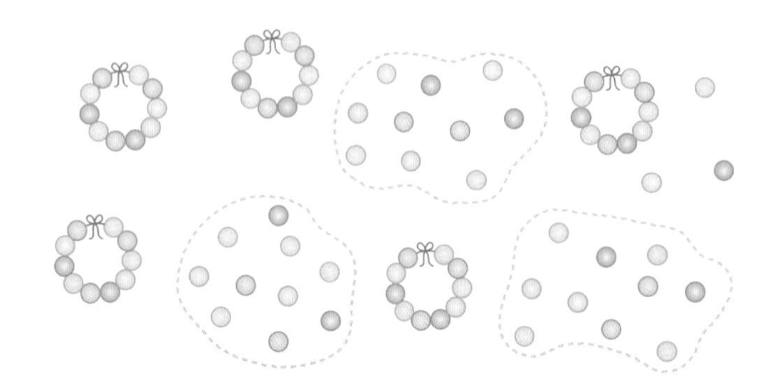

10개씩 묶음	낱개
8	3

→ 83

물건의 수를 셀 때에는
① 10개씩 묶음이 몇 개인지,
② 낱개가 몇 개인지
세어 수로 나타내~

개념 · 원리 확인

▶정답 및 풀이 2쪽

[1-1 ~ 1-2] 모형의 수를 세어 빈칸에 알맞은 수를 써넣으세요.

1-1

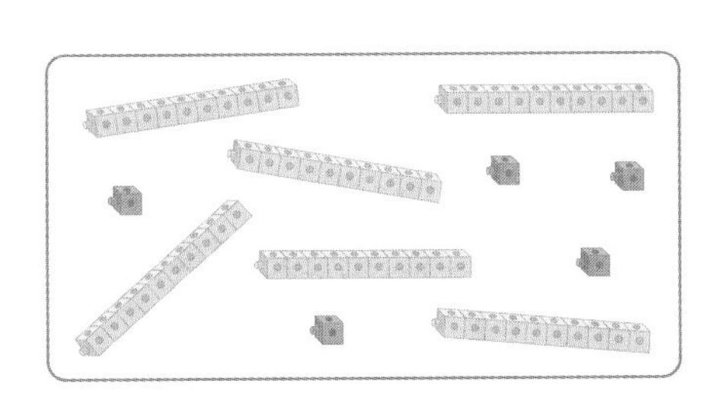

10개씩 묶음	낱개

➔ ☐

1-2

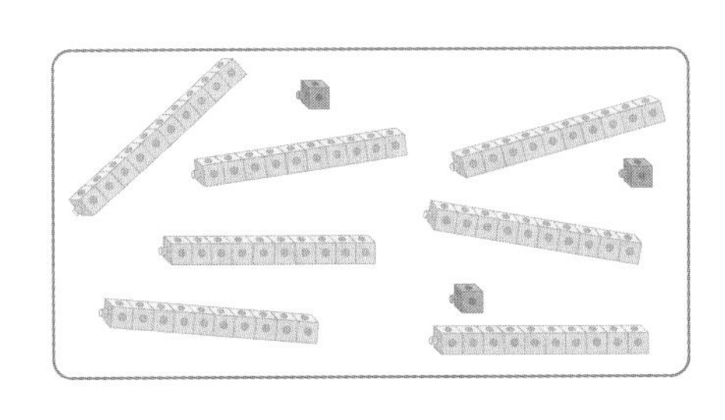

10개씩 묶음	낱개

➔ ☐

[2-1 ~ 2-2] 구슬의 수를 세어 써 보세요.

2-1

☐

2-2

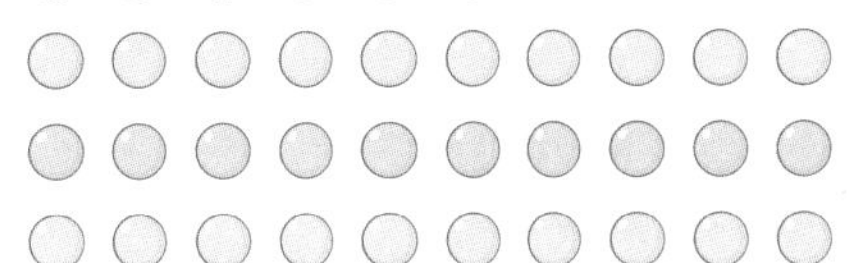

☐

[3-1 ~ 3-2] 10개씩 묶어 보고 빈칸에 알맞은 수를 써넣으세요.

3-1

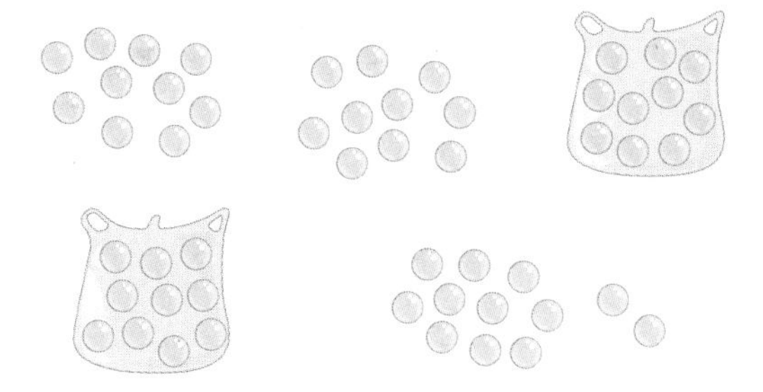

10개씩 묶음	낱개

➔ ☐

3-2

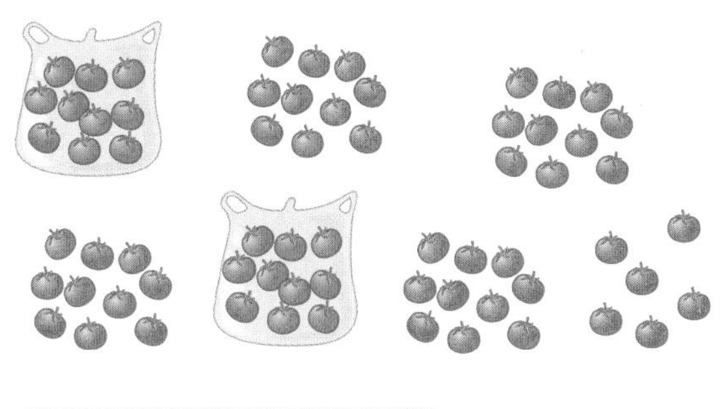

10개씩 묶음	낱개

➔ ☐

2일 100까지의 수

수의 순서

교과서 기초 개념

• 100까지 수의 순서

1만큼 더 작은 수

51	52	53	54	55	56	57	58	59	60
61	62	63	64	65	66	67	68	69	70
71	72	73	74	75	76	77	78	79	80
81	82	83	84	85	86	87	88	89	90
91	92	93	94	95	96	97	98	99	?

1만큼 더 큰 수

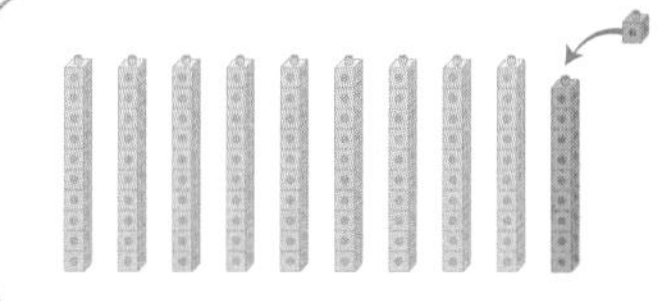

100 백

99보다 1만큼 더 큰 수를 **백**이라고 합니다.

▶정답 및 풀이 2쪽

1-1 수의 순서에 맞게 빈칸에 수를 써넣으세요.

1	2	3	4	5	6	7	8	9	10
11	12	13	14	15	16	17	18	19	20
21	22	23			26	27	28	29	30
31	32	33	34	35	36	37	38	39	40
41	42	43	44	45		47		49	50
	52			55	56	57	58	59	60
61	62	63	64			67		69	
	72	73		75	76	77	78		80
81		83	84		86		88	89	90
91	92		94	95		97	98		

[2-1~2-2] ☐ 안에 알맞은 수를 써넣으세요.

2-1 76보다 1만큼 더 큰 수는 ☐

2-2 90보다 1만큼 더 작은 수는 ☐

[3-1~3-2] 빈칸에 알맞은 수를 써넣으세요.

3-1

53			56

3-2

82		84	

2일 기초 집중 연습

기본 문제 연습

[1-1 ~ 1-2] 빈 곳에 알맞은 수를 써넣으세요.

1-1

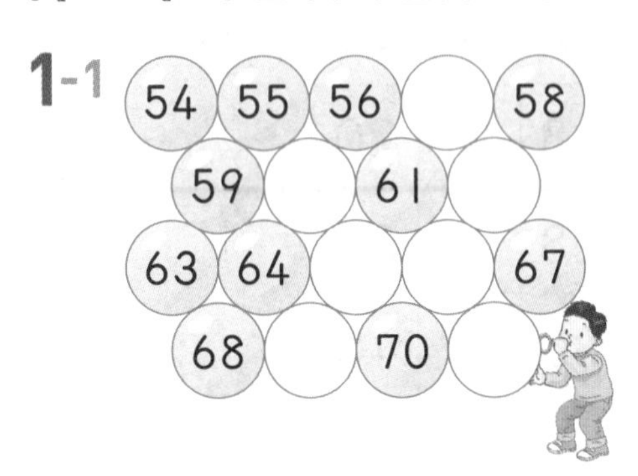

1-2

[2-1 ~ 2-2] 빈칸에 알맞은 수를 써넣으세요.

2-1 1만큼 더 작은 수 1만큼 더 큰 수

2-2 1만큼 더 작은 수 1만큼 더 큰 수

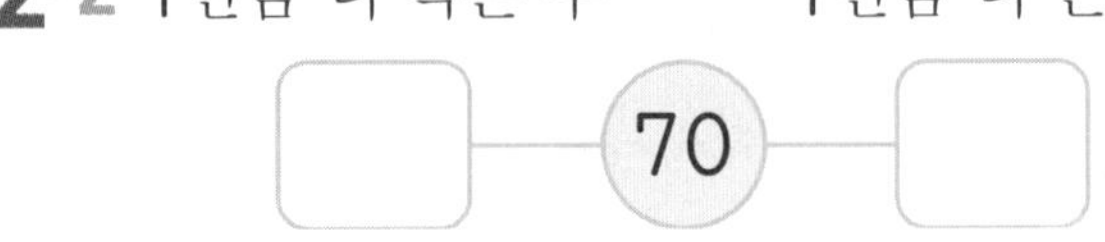

[3-1 ~ 3-2] □ 안에 알맞은 수를 써넣으세요.

90	91	92		94	95	96	97		99	

3-1 99보다 1만큼 더 큰 수는 □

99보다 1만큼 더 작은 수는 □

3-2 □은 94보다 1만큼 더 작은 수

□은 92보다 1만큼 더 큰 수

▶정답 및 풀이 3쪽

기초 → 기본 연습 물건의 수를 셀 때에는 10개씩 묶어 세자.

기초 공깃돌의 수를 세어 모두 몇 개인지 써 보세요.

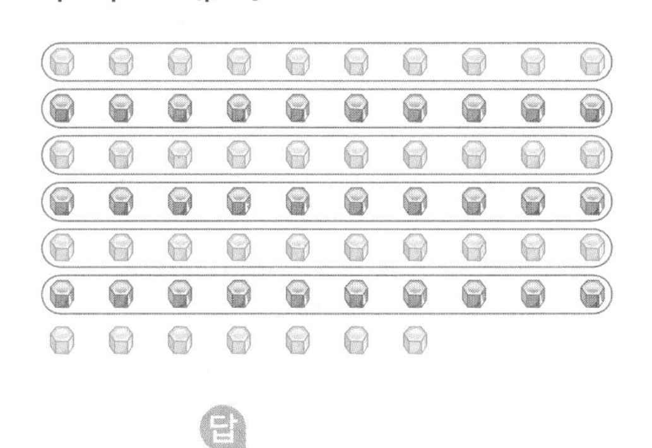

답 ______________

4-1 공깃돌의 수를 세어 모두 몇 개인지 써 보세요.

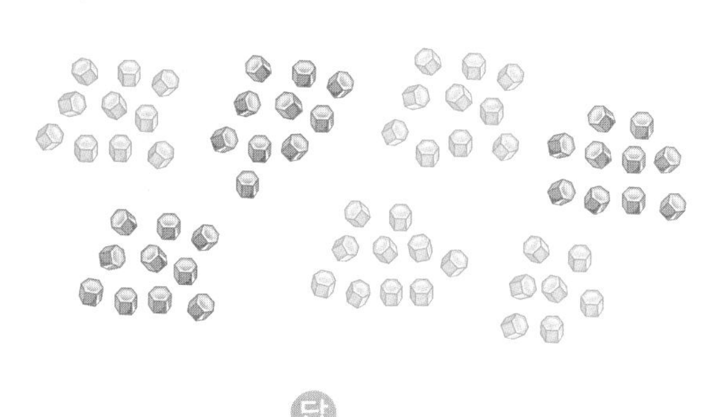

답 ______________

4-2 바둑돌의 수를 세어 모두 몇 개인지 써 보세요.

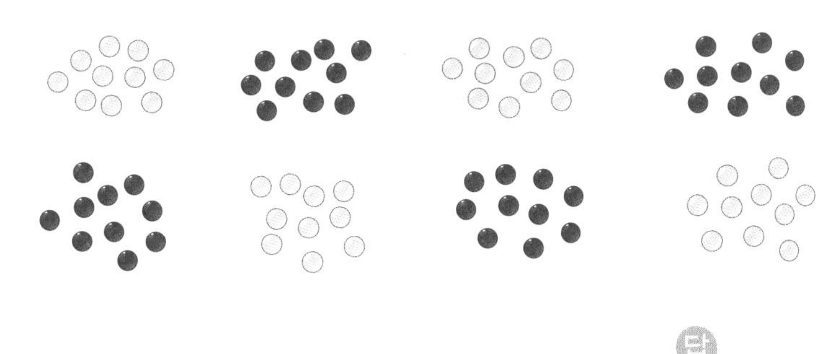

답 ______________

4-3 벌의 수를 세어 모두 몇 마리인지 써 보세요.

답 ______________

교과서 기초 개념

• 두 수의 크기 비교하기

10개씩 묶음의 수가 다를 때	10개씩 묶음의 수가 같을 때
➜ 10개씩 묶음의 수를 비교	➜ 낱개의 수를 비교
$54 < 72$	$65 > 62$
$5 < 7$	$5 > 2$
54는 72보다 작습니다.	65는 62보다 큽니다.
72는 54보다 큽니다.	62는 65보다 작습니다.

>, <는 더 큰 수 쪽으로 벌어져~

▶정답 및 풀이 3쪽

[1-1 ~ 1-2] 그림을 보고 두 수의 크기를 비교하여 알맞은 말에 ○표 하세요.

1-1

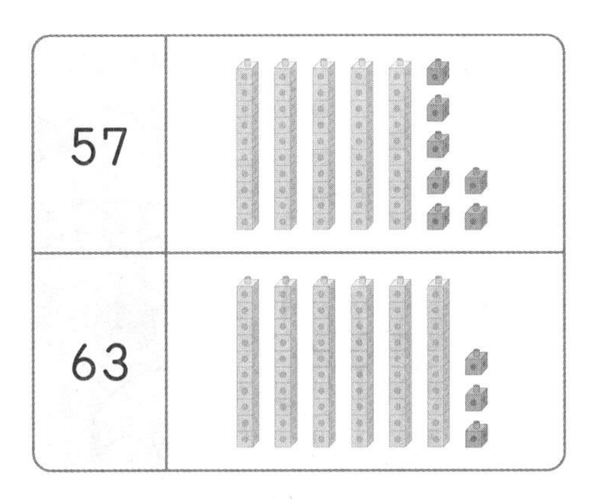

57은 63보다 (큽니다 , 작습니다).

1-2

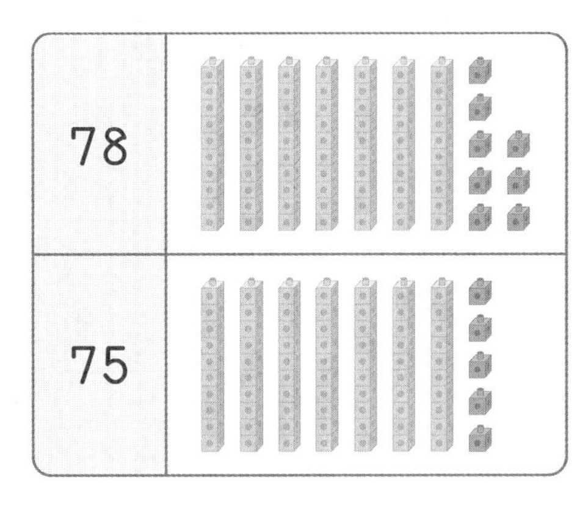

78은 75보다 (큽니다 , 작습니다).

[2-1 ~ 2-2] 수를 세어 □ 안에 써넣고, 더 큰 수에 ○표 하세요.

2-1

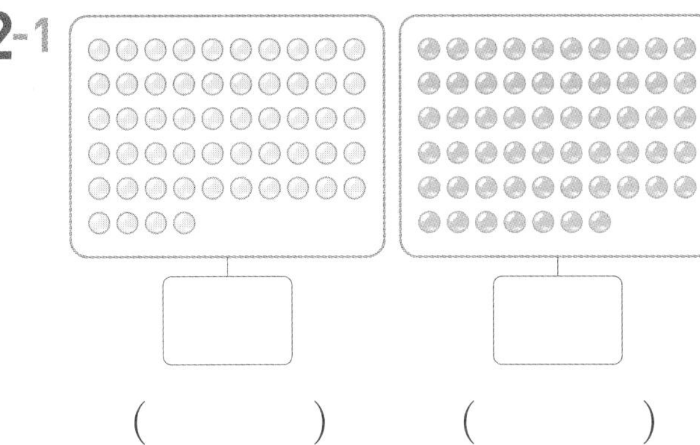

(   )   (   )

2-2

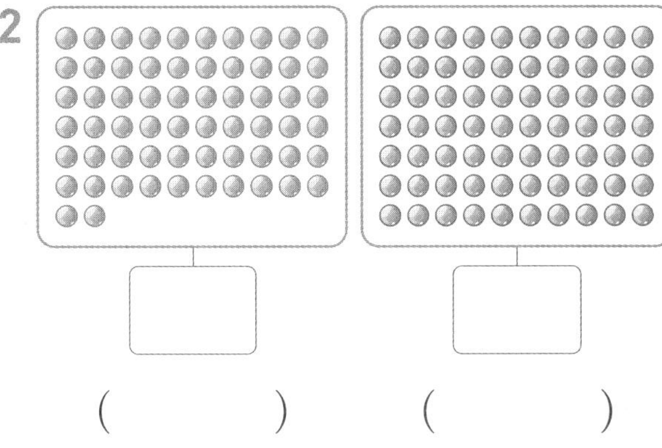

(   )   (   )

[3-1 ~ 3-2] 두 수의 크기를 비교하여 ○ 안에 >, <를 알맞게 써넣으세요.

3-1 (1) 90 ○ 69

(2) 84 ○ 88

3-2 (1) 75 ○ 71

(2) 56 ○ 64

교과서 기초 개념

• 둘씩 짝을 지어 짝수와 홀수 알아보기

1 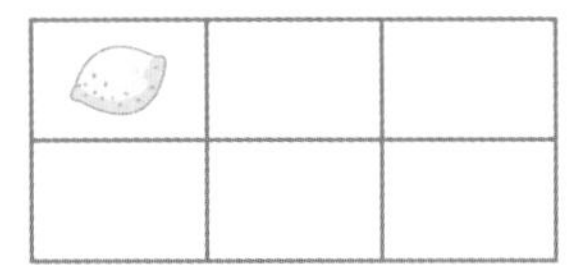

2 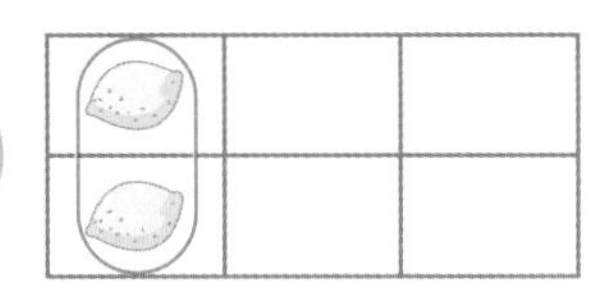

3 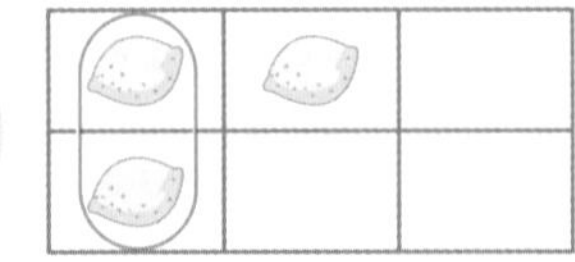

4 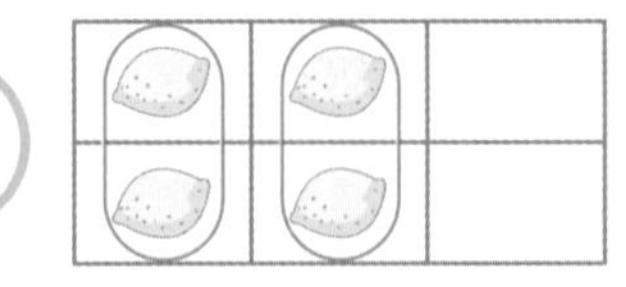

5 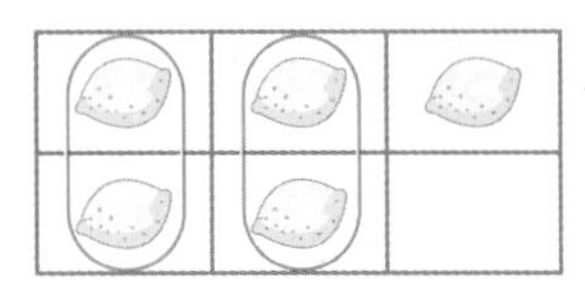

6 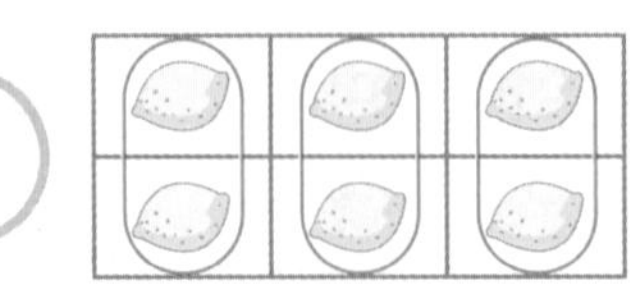

2, 4, 6, 8, 0으로
끝나는 수는 짝수,
1, 3, 5, 7, 9로
끝나는 수는 홀수야.

짝수: 2, 4, 6과 같이 **둘씩 짝을 지을 수 있는 수**
홀수: 1, 3, 5와 같이 **둘씩 짝을 지을 수 없는 수**

▶정답 및 풀이 3쪽

1-1 그림을 보고 짝수에 ○표 하세요.

7 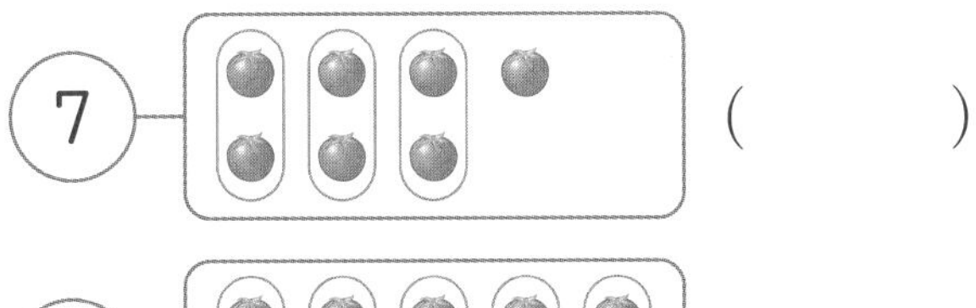 (　　　)

10 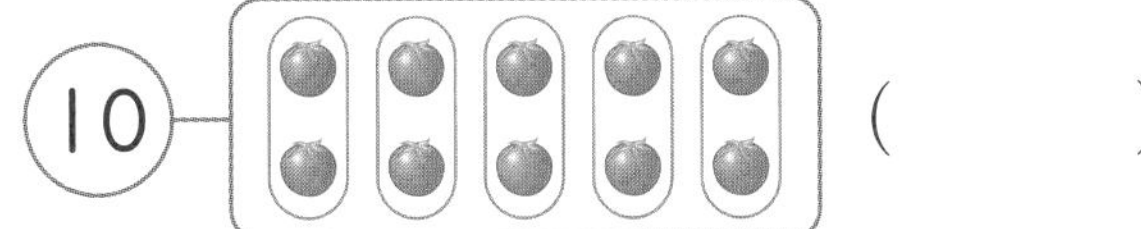 (　　　)

1-2 그림을 보고 홀수에 ○표 하세요.

6 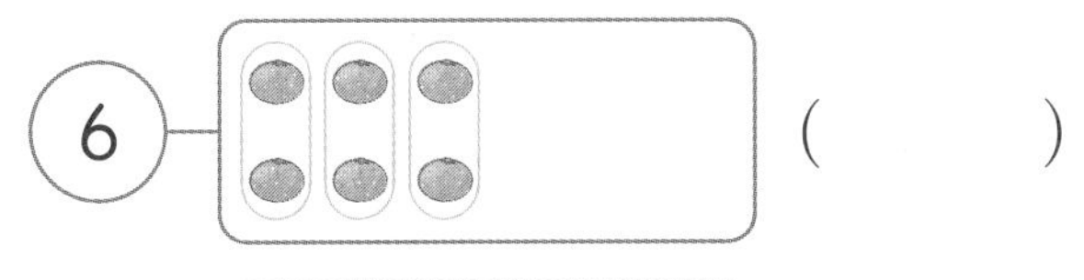 (　　　)

11 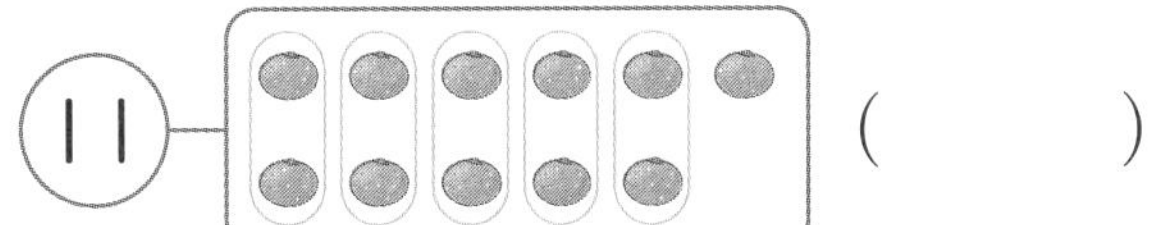 (　　　)

[2-1 ~ 2-2] 수를 세어 쓰고, 짝수인지 홀수인지 ○표 하세요.

2-1

□마리

(짝수 , 홀수)

2-2

□마리

(짝수 , 홀수)

[3-1 ~ 3-2] 짝수는 '짝', 홀수는 '홀'을 ○ 안에 써넣으세요.

3-1

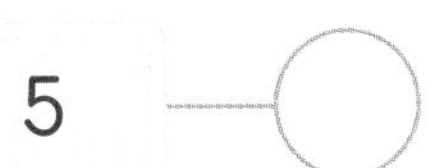

5 — ○

26 — ○

41 — ○

3-2

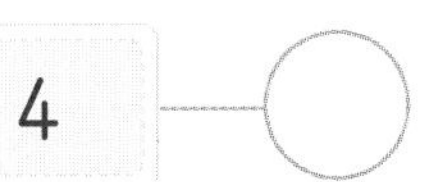

4 — ○

17 — ○

32 — ○

3일 기초 집중 연습

기본 문제 연습

[1-1 ~ 1-2] 두 수의 크기를 비교하여 ○ 안에 >, <를 알맞게 써넣고, 알맞은 말에 ○표 하세요.

1-1

82 ○ 56

82는 56보다 (큽니다 , 작습니다).
56은 82보다 (큽니다 , 작습니다).

1-2

64 ○ 68

64는 68보다 (큽니다 , 작습니다).
68은 64보다 (큽니다 , 작습니다).

2-1 짝수를 따라가며 선을 그어 보세요.

2-2 홀수를 모두 찾아 색칠해 보세요.

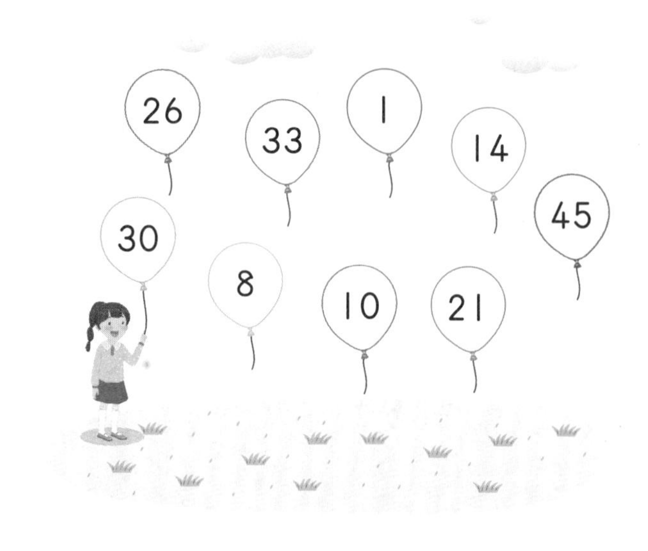

3-1 수가 홀수인 것에 모두 ○표 하세요.

3-2 수가 짝수인 것에 모두 ○표 하세요.

▶정답 및 풀이 4쪽

기초 → 문장제 연습

'더 많은 것'은 더 큰 수를, '더 적은 것'은 더 작은 수를 찾아 구하자.

기초 더 큰 수에 ○표 하세요.

55	51

4-1 자두를 수현이는 55개 땄고, 태연이는 51개 땄습니다. 자두를 더 많이 딴 사람은 누구인가요?

답 ____________

4-2 문구점에 연필이 72자루 있고, 볼펜이 94자루 있습니다. 연필과 볼펜 중에서 더 많은 것은 무엇인가요?

답 ____________

4-3 상현이네 집에는 땅콩 맛 사탕이 80개 있고, 포도 맛 사탕이 83개 있습니다. 땅콩 맛 사탕과 포도 맛 사탕 중에서 더 적은 것은 무엇인가요?

답 ____________

덧셈과 뺄셈(1)

덧셈하기(1)

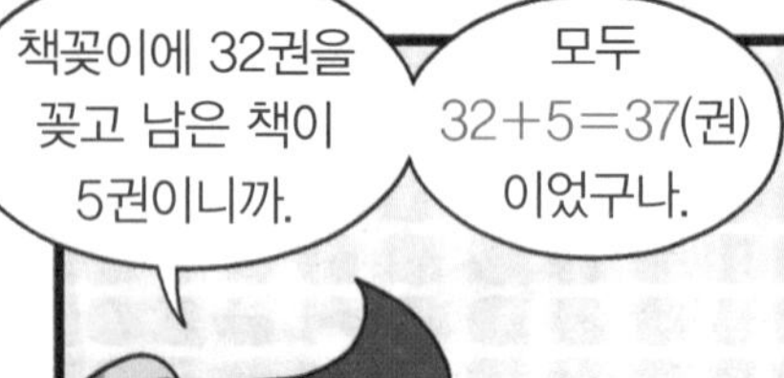

교과서 기초 개념

• (몇십몇)+(몇)

㉮ 32+5의 계산

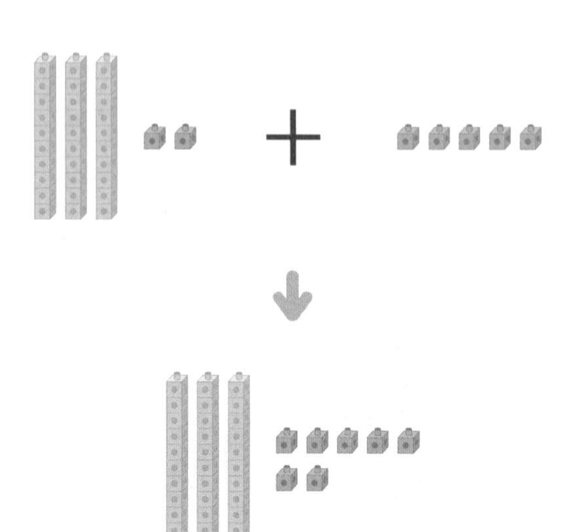

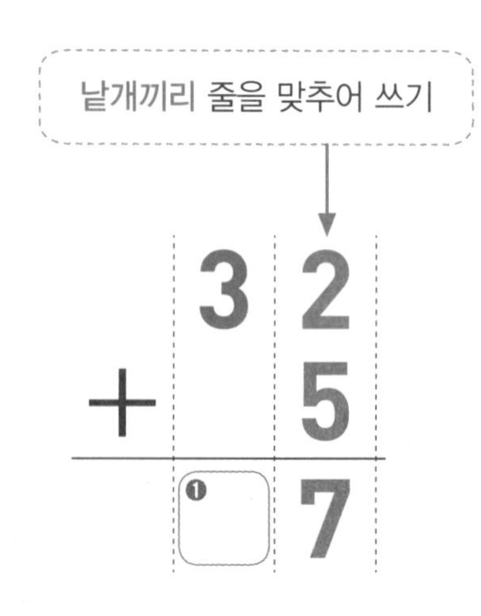

① 낱개끼리 더합니다.

② 10개씩 묶음의 수를 내려 씁니다.

정답 ❶ 3

개념 · 원리 확인

▶ 정답 및 풀이 4쪽

[1-1 ~ 1-2] 그림을 보고 □ 안에 알맞은 수를 써넣으세요.

1-1

$35+4=\square$

1-2

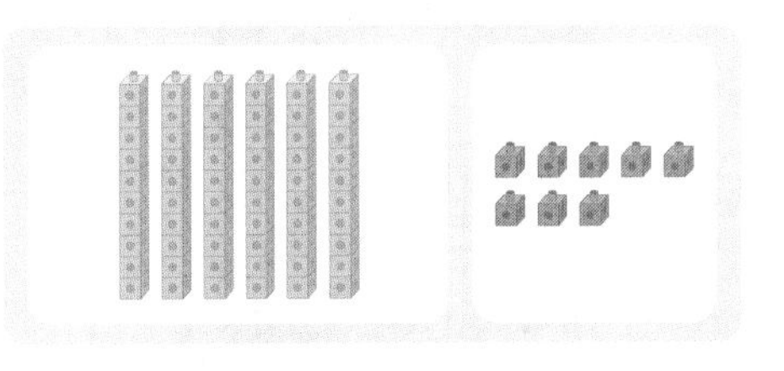

$60+8=\square$

[2-1 ~ 2-2] □ 안에 알맞은 수를 써넣으세요.

2-1

$$\begin{array}{r} 2\ 1 \\ +\quad 7 \\ \hline \square\ \square \end{array}$$

2-2

$$\begin{array}{r} 4 \\ +\ 8\ 3 \\ \hline \square\ \square \end{array}$$

[3-1 ~ 3-2] 덧셈을 해 보세요.

3-1 (1)

$$\begin{array}{r} 5\ 0 \\ +\quad 6 \\ \hline \square \end{array}$$

(2)

$$\begin{array}{r} 5 \\ +\ 3\ 3 \\ \hline \square \end{array}$$

3-2 (1) $72+1=\square$

(2) $4+95=\square$

[4-1 ~ 4-2] 빈칸에 알맞은 수를 써넣으세요.

4-1

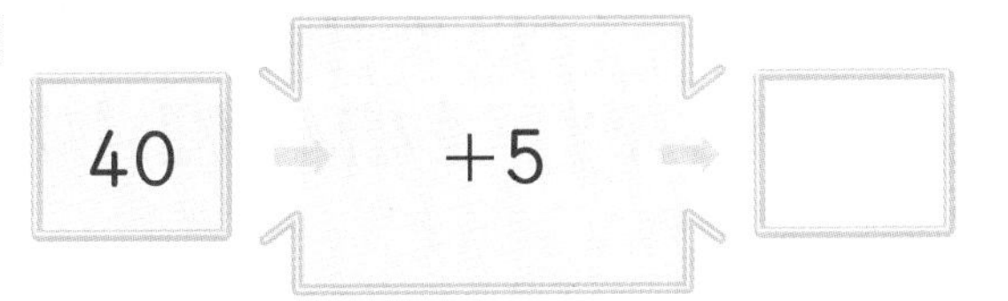

4-2

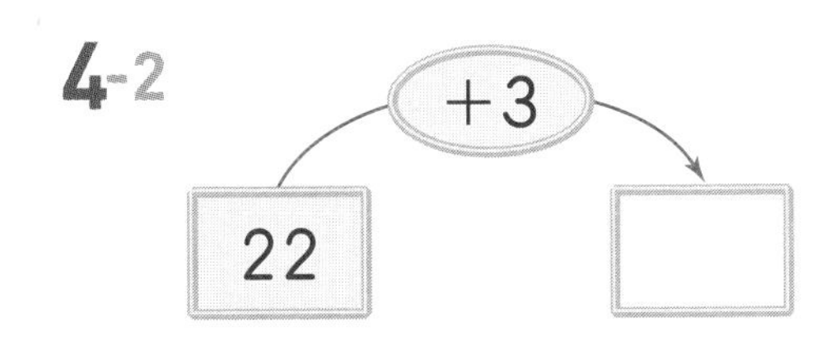

 교과서 기초 개념

• (몇십)+(몇십)

예 40+30의 계산

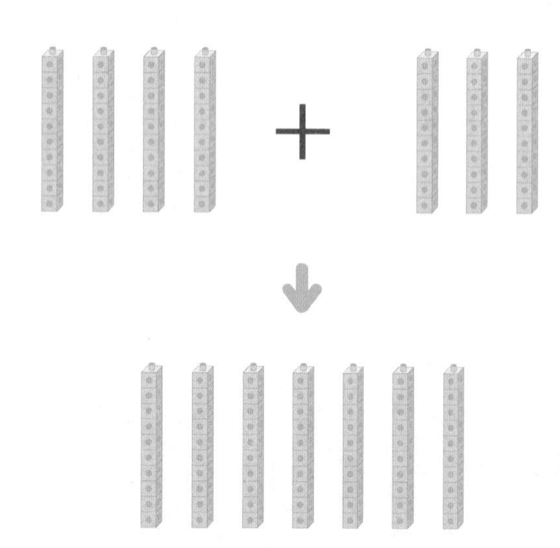

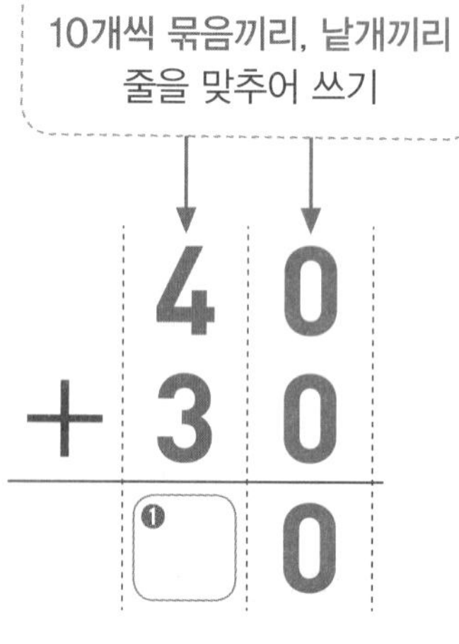

① 낱개의 자리에 **0**을 씁니다.

② **10**개씩 묶음끼리 **더합니다.**

정답 ❶ 7

개념 · 원리 확인

[1-1 ~ 1-2] 그림을 보고 □ 안에 알맞은 수를 써넣으세요.

1-1

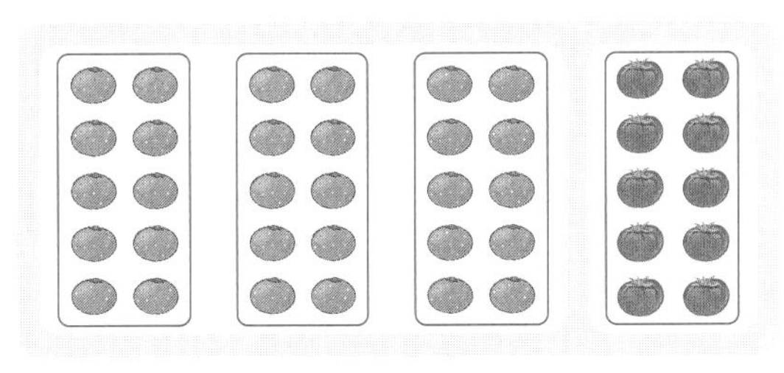

30+10=□

1-2

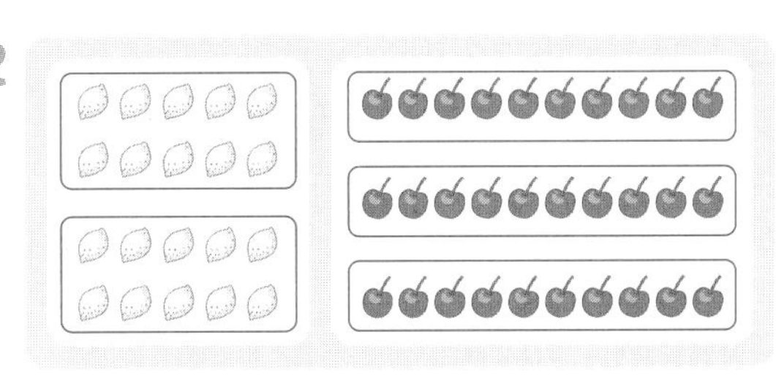

20+30=□

[2-1 ~ 2-2] □ 안에 알맞은 수를 써넣으세요.

2-1

	4	0
+	2	0
	□	□

2-2

	7	0
+	1	0
	□	□

[3-1 ~ 3-2] 그림을 보고 덧셈을 해 보세요.

3-1

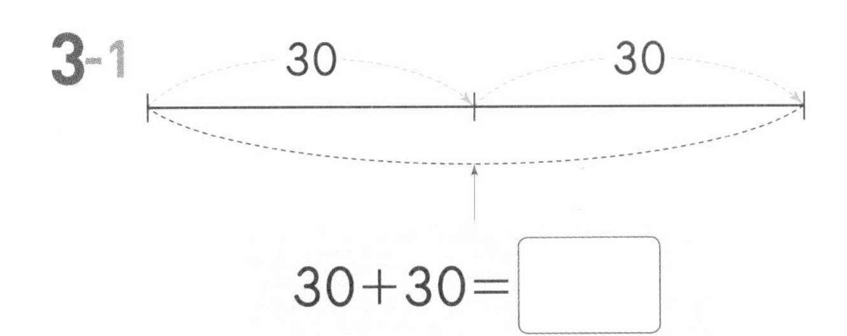

30+30=□

3-2

20 70

20+70=□

4-1 두 수의 합을 구해 보세요.

40 50

□+□=□

4-2 빈칸에 두 수의 합을 써넣으세요.

10	60

4일 기초 집중 연습

기본 문제 연습

[1-1 ~ 1-2] 덧셈을 해 보세요.

1-1 4+52=☐

1-2 10+80=☐

[2-1 ~ 2-2] 다음에서 말하는 수는 얼마인지 구해 보세요.

2-1

47보다 2만큼 더 큰 수

(　　　　　　)

2-2

50보다 20만큼 더 큰 수

(　　　　　　)

3-1 23+4의 계산에서 잘못된 곳을 찾아 바르게 계산해 보세요.

$$\begin{array}{r} 2\ 3 \\ +\ 4 \\ \hline 6\ 3 \end{array} \rightarrow \boxed{}$$

3-2 36+2의 계산에서 잘못된 곳을 찾아 바르게 계산해 보세요.

$$\begin{array}{r} 3\ 6 \\ +\ 2 \\ \hline 5\ 6 \end{array} \rightarrow \boxed{}$$

4-1 두 수를 골라 합이 50이 되도록 덧셈식을 써 보세요.

10　30　40

10 + ☐ =50

4-2 두 수를 골라 합이 70이 되도록 덧셈식을 써 보세요.

20　30　40

☐ + ☐ =70

▶정답 및 풀이 5쪽

연산 → 문장제 연습 '모두 몇인지'를 구할 때에는 덧셈으로 구하자.

연산 덧셈을 해 보세요.

20+10=☐

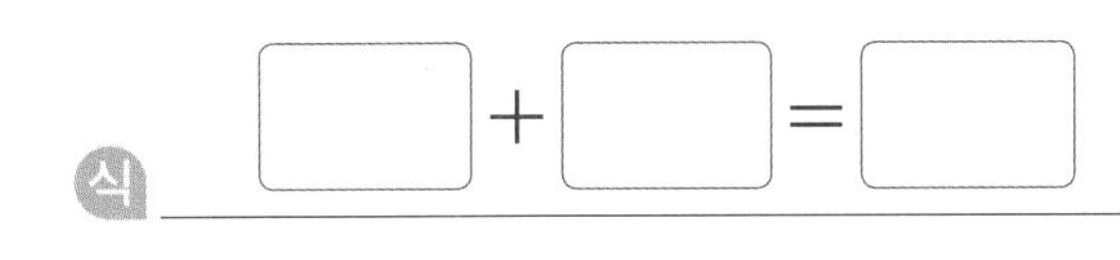

5-1 세호가 동화책을 어제 20쪽 읽고 오늘 10쪽 읽었습니다. 세호가 어제와 오늘 읽은 동화책은 모두 몇 쪽인가요?

식 ☐+☐=☐

답 ______

5-2 어머니께서 당근 11개와 오이 6개를 사 오셨습니다. 당근과 오이는 모두 몇 개인가요?

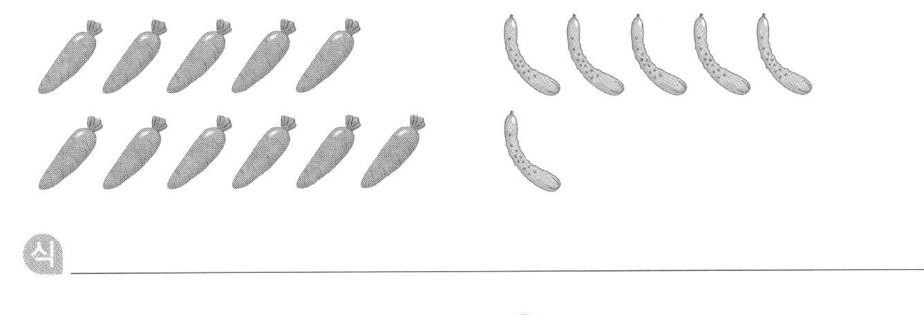

식 ______

답 ______

5-3 쟁반에 꽈배기 25개와 도넛 3개가 담겨 있습니다. 꽈배기와 도넛은 모두 몇 개인가요?

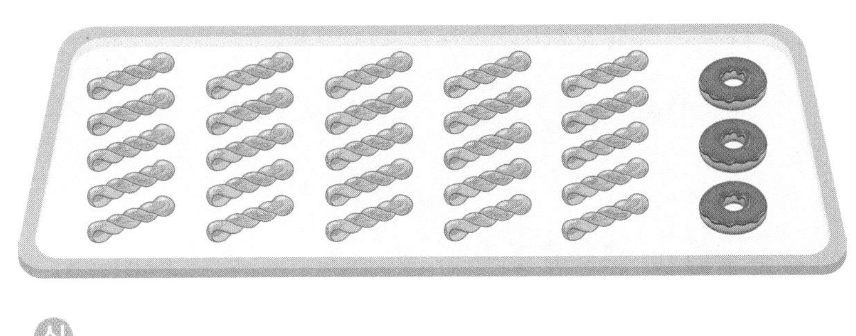

식 ______

답 ______

덧셈하기(3)

교과서 기초 개념

• (몇십몇)+(몇십몇)

예 25+43의 계산

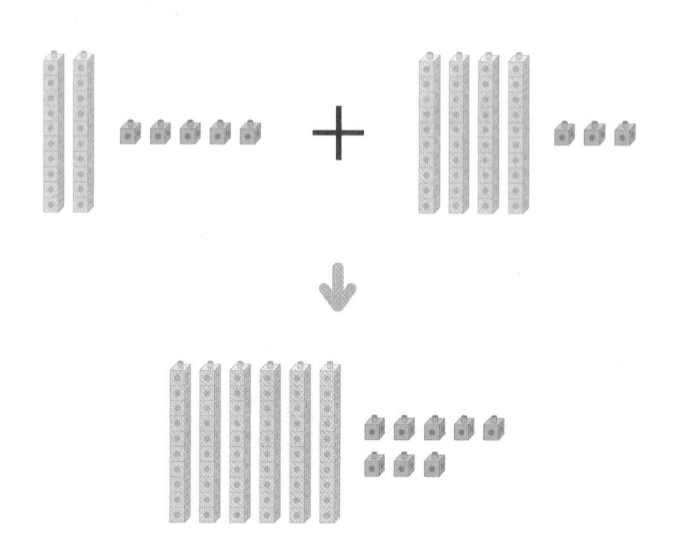

10개씩 묶음끼리, 낱개끼리
줄을 맞추어 쓰기

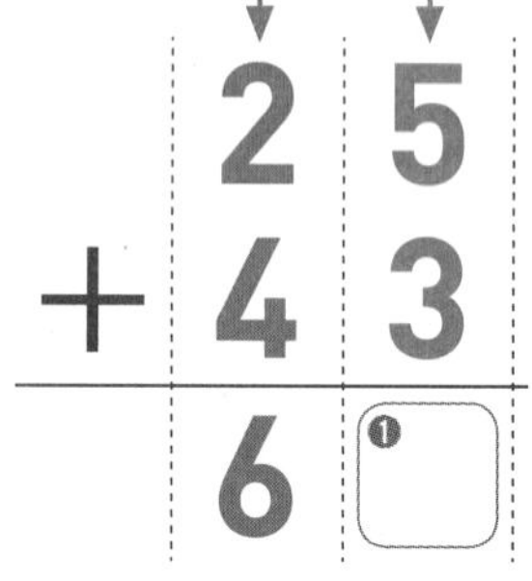

① 낱개끼리 더합니다.

② 10개씩 묶음끼리 더합니다.

정답 ❶ 8

개념 · 원리 확인

▶정답 및 풀이 5쪽

[1-1 ~ 1-2] 그림을 보고 □ 안에 알맞은 수를 써넣으세요.

1-1

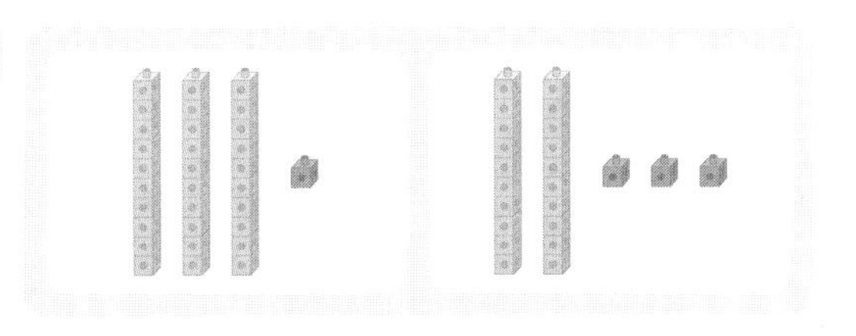

$31+23=\square$

1-2

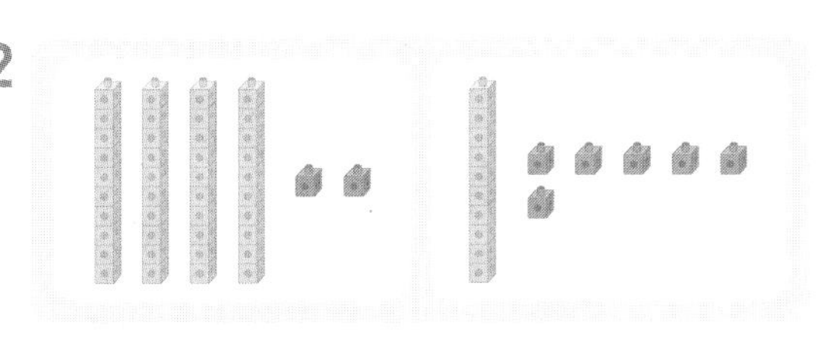

$42+16=\square$

[2-1 ~ 2-2] □ 안에 알맞은 수를 써넣으세요.

2-1

	5	3
+	1	4
	□	□

2-2

	2	2
+	6	0
	□	□

[3-1 ~ 3-2] 세로로 쓰고, 덧셈을 해 보세요.

3-1

$11+76$ → +

3-2

$45+34$ → +

[4-1 ~ 4-2] 다음이 나타내는 수를 구해 보세요.

4-1

40보다 33만큼 더 큰 수

□ + □ = □

4-2

12와 56의 합

□ + □ = □

그림을 보고 덧셈하기

교과서 기초 개념

• **그림을 보고 덧셈식으로 나타내기**

예 딸기 우유와 바나나 우유는 모두 몇 개 있는지 식으로 나타내기

딸기 우유 25개

바나나 우유 13개

20과 10을 더하고, 5와 3을 더해서 구할 수 있어.

25에 10을 더하고, 그 수에 3을 더해서 구할 수도 있어.

모두 몇인지 **구하려면** ↓ 덧셈식**으로 나타내자.**

딸기 우유 수　　바나나 우유 수

$$25 + 13 = 38$$

개념 · 원리 확인

▶ 정답 및 풀이 6쪽

[1-1 ~ 1-2] 물고기는 모두 몇 마리인지 덧셈식으로 나타내어 보세요.

1-1

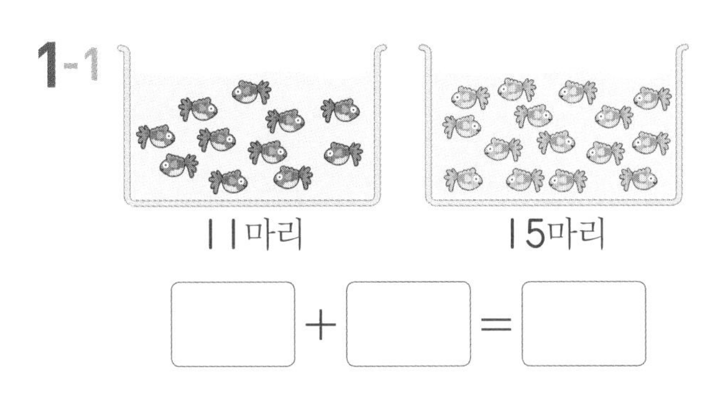

1-2

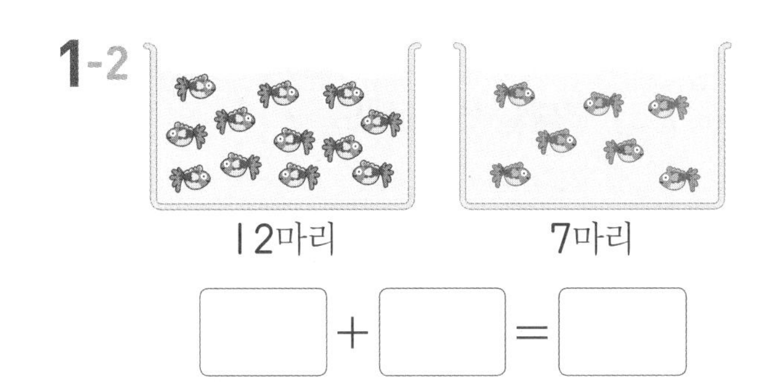

[2-1 ~ 2-2] 색종이는 모두 몇 장인지 덧셈식으로 나타내어 보세요.

2-1

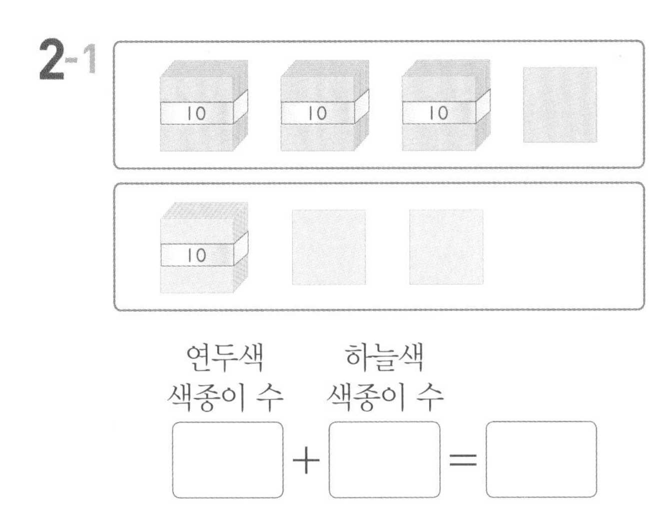

2-2

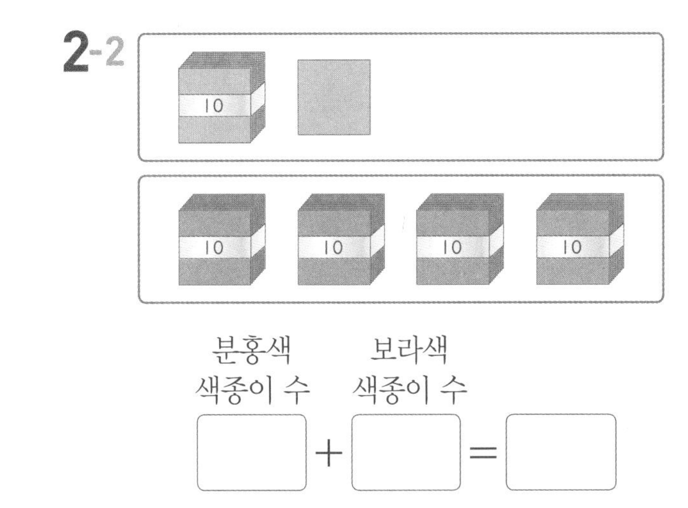

[3-1 ~ 3-2] 덧셈식을 계산한 방법을 설명한 것입니다. □ 안에 알맞은 수를 써넣으세요.

3-1

$36+43$

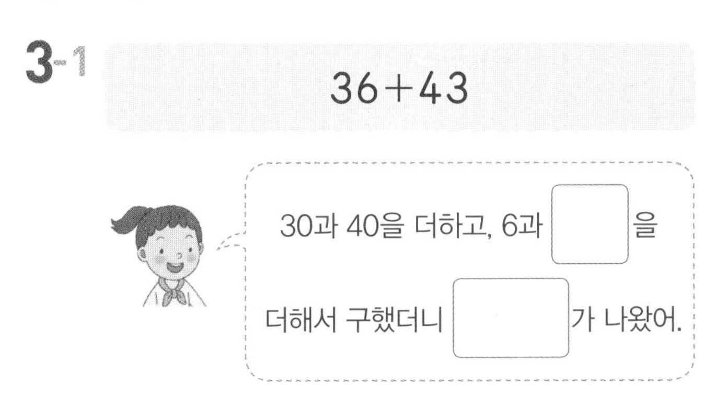

3-2

$62+14$

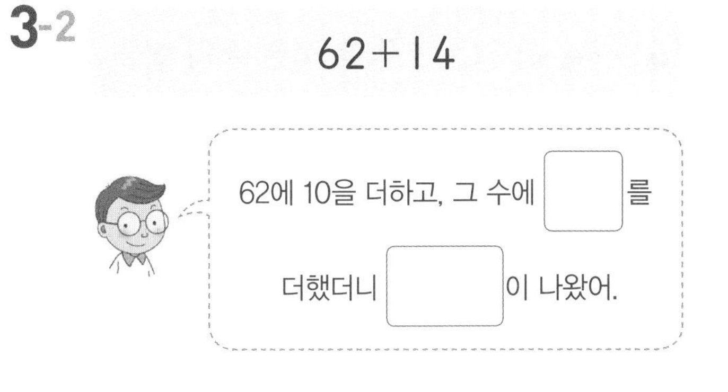

기초 집중 연습

기본 문제 연습

[1-1 ~ 1-2] 덧셈을 해 보세요.

1-1 35+12=☐

1-2 20+65=☐

[2-1 ~ 2-2] ☐ 안에 알맞은 수를 써넣으세요.

2-1

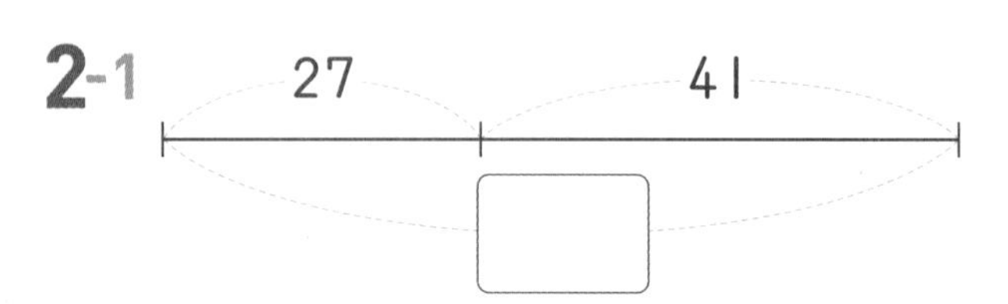

2-2

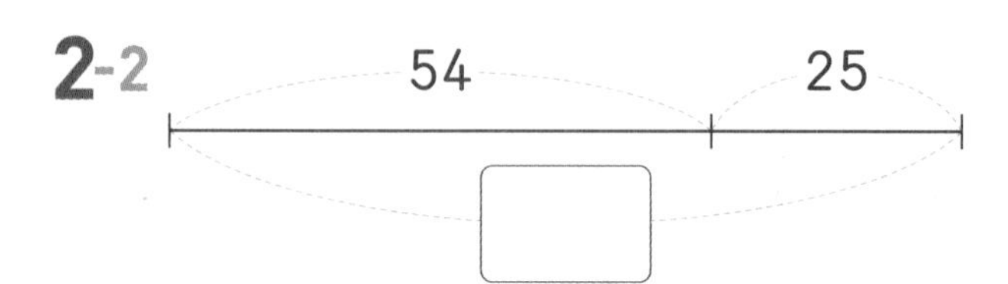

3-1 복숭아와 사과는 모두 몇 개인지 덧셈식으로 나타내어 보세요.

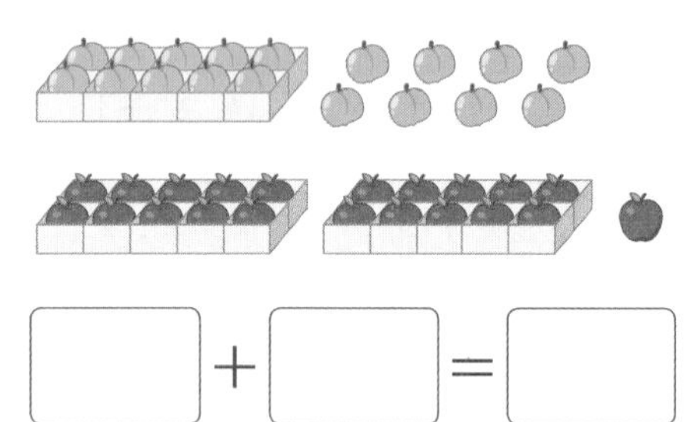

☐+☐=☐

3-2 딸기와 귤은 모두 몇 개인지 덧셈식으로 나타내어 보세요.

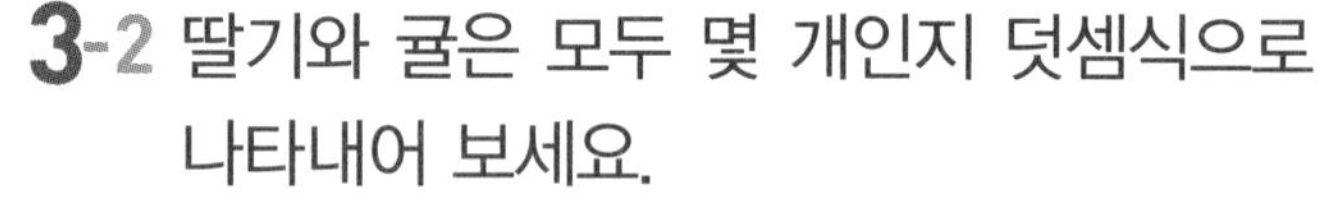

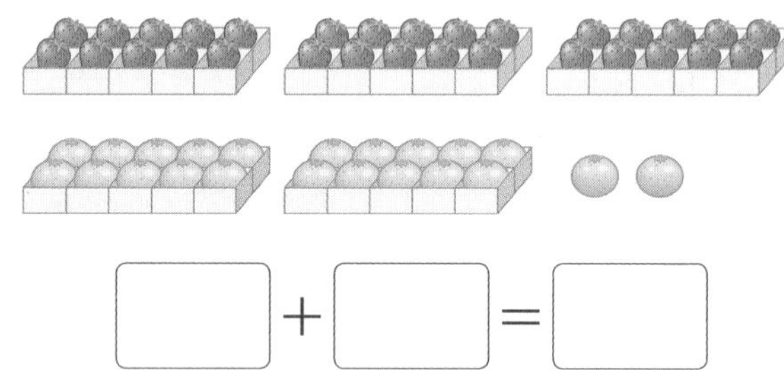

☐+☐=☐

[4-1 ~ 4-2] 같은 모양에 적힌 수의 합을 구해 보세요.

4-1

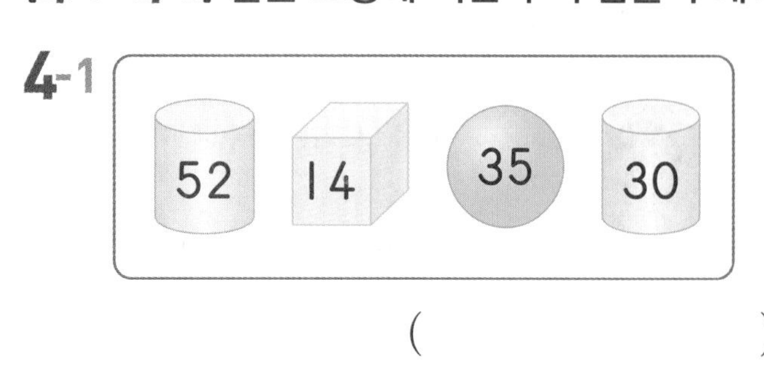

(　　　　　　　　)

4-2

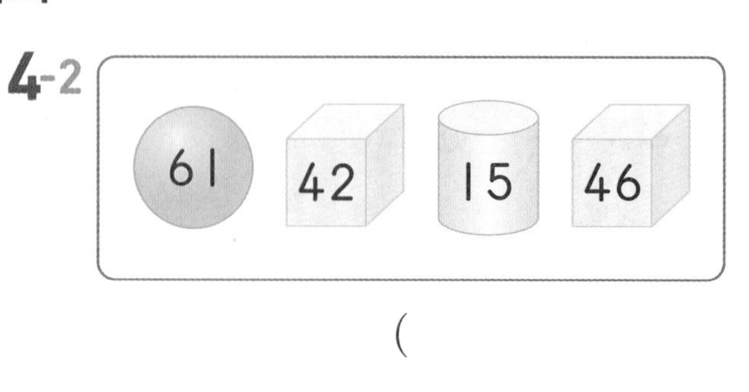

(　　　　　　　　)

▶정답 및 풀이 6쪽

기초 → 기본 연습 '모두 몇인지'를 구할 때에는 수를 세어 덧셈식으로 나타내자.

기초 초록색 연필과 노란색 연필은 모두 몇 자루인지 덧셈식으로 나타내어 보세요.

초록색 연필	분홍색 연필	노란색 연필
10자루	15자루	13자루

□ + □ = □

5-1 초록색 연필과 노란색 연필은 모두 몇 자루인가요?

식 □ + □ = □

답

[5-2~5-3] 그림을 보고 물음에 답하세요.

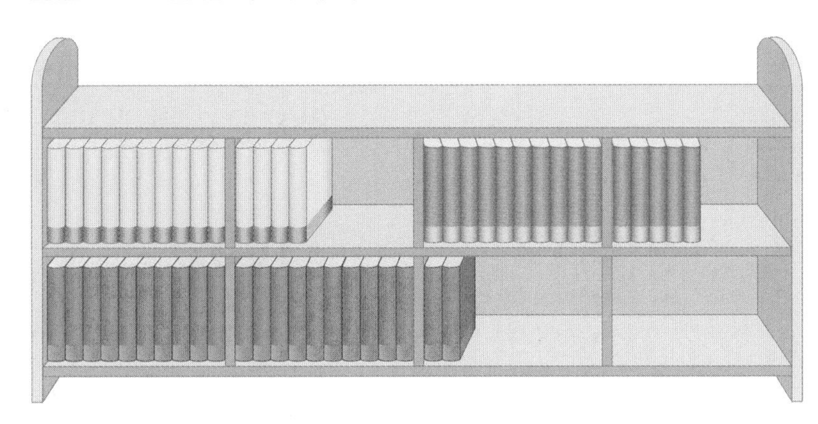

5-2 노란색 책과 빨간색 책은 모두 몇 권인가요?

식

답

5-3 윗줄에 있는 책은 모두 몇 권인가요?

식

답

누구나 100점 맞는 테스트

1 수를 세어 알맞은 수에 ○표 하세요.

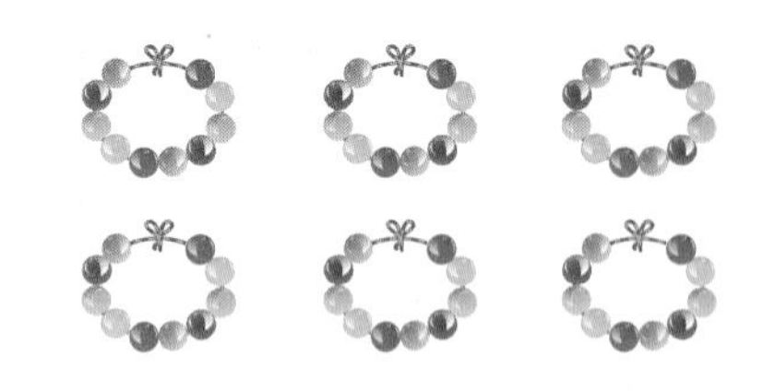

(50 , 60 , 70 , 80 , 90)

2 그림을 보고 빈칸에 알맞은 수를 써넣으세요.

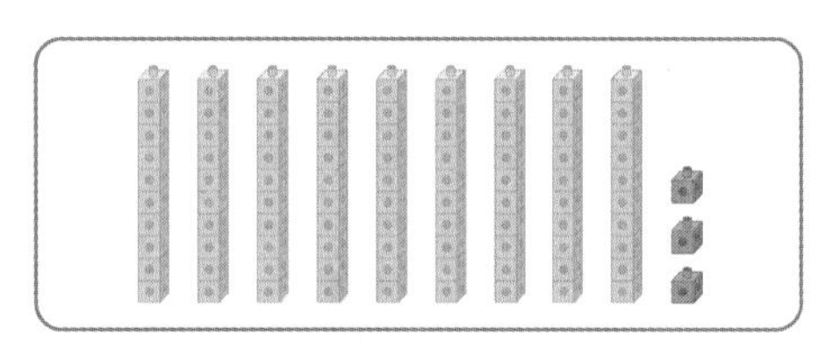

10개씩 묶음	낱개
	3

➜ □

3 덧셈을 해 보세요.

(1) $80+7=$ □

(2) $20+50=$ □

4 그림을 보고 □ 안에 알맞은 수를 써넣으세요.

54　　31

↓

□

5 그림을 보고 □ 안에 수를 쓴 후, 알맞은 말에 ○표 하세요.

도끼는 □개이고,

(짝수 , 홀수)입니다.

▶정답 및 풀이 6쪽

6 알맞게 이어 보세요.

칠십이	육십삼	팔십사
•	•	•
•	•	•
84	72	63
•	•	•
•	•	•
일흔둘	예순셋	여든넷

7 상자를 번호 순서대로 쌓아 놓았습니다. 번호가 없는 상자에 알맞은 번호를 써 보세요.

70	71	72		74	
75		77	78		
		82	83	84	85
86			89		91

8 우유는 모두 몇 개인지 덧셈식으로 나타내어 보세요.

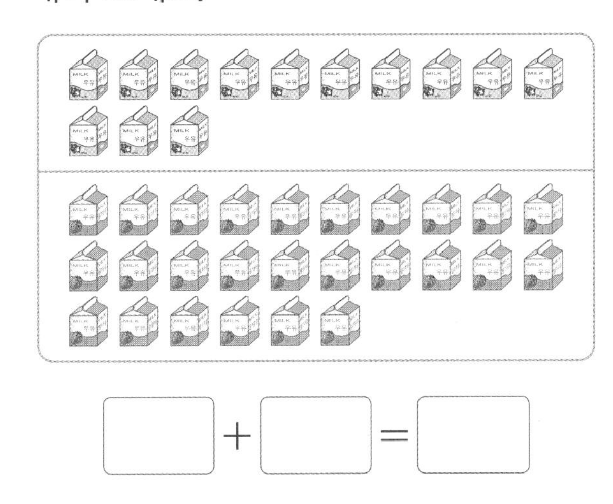

☐ + ☐ = ☐

9 지호는 책을 56쪽 읽었고 세주는 61쪽 읽었습니다. 책을 더 많이 읽은 사람은 누구인가요?

지호: 56쪽

세주: 61쪽

(　　　　　　　　)

10 아버지께서 사과를 12개, 참외를 14개 사 오셨습니다. 사과와 참외는 모두 몇 개인가요?

식 ______________________

답 ______________

재호, 승아, 유현이가 샌드위치를 사러 갔어요.

누가 어떤 샌드위치를 먹었는지
빈칸에 샌드위치의 이름을 알맞게 써넣어 봐~

재호	승아	유현
참치 샌드위치	□ 샌드위치	□ 샌드위치

▶정답 및 풀이 7쪽

납치범을 찾아라!

햄버거 가게 주인이 납치되었는데 가게에서 계단에 적힌 수와 주인이 남긴 쪽지가 발견되었어요. 탐정은 범인을 추리하기 시작했어요.

맨 위 계단에 들어갈 수가 범인의 나이라고 해.
범인을 찾아 ○표 해 봐~

용의자 1	용의자 2	용의자 3

창의 3 수가 더 작은 쪽을 따라가며 길을 그리고, 도착한 장소는 어디인지 써 보세요.

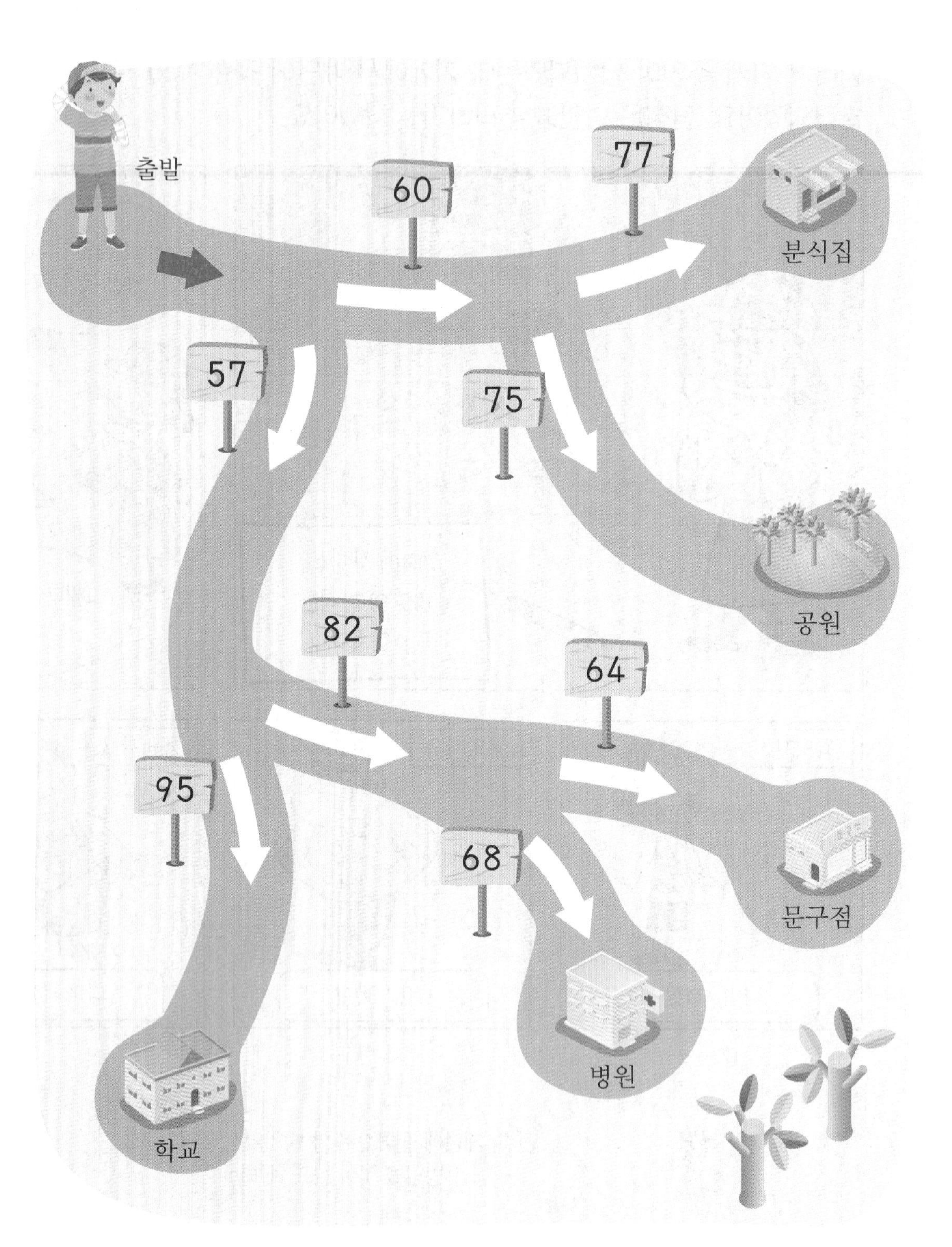

답 ______________

▶정답 및 풀이 7쪽

 재호가 읽고 있던 동화책이 찢어졌습니다. 찢어진 부분의 쪽수를 모두 써 보세요.

답 ______________________

 어머니께서 추석에 어르신들께 선물을 하려고 굴비 4두름을 사 오셨습니다. 어머니께서 사 오신 굴비는 모두 몇 마리인가요?

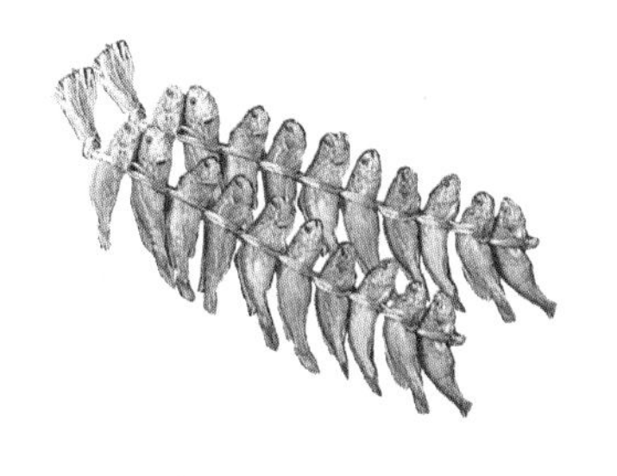

굴비 한 두름은 굴비를 한 줄에 10마리씩 2줄로 엮은 것을 말합니다.

답 ______________________

코딩 6 보기 와 같이 로봇이 명령에 따라 움직입니다. 이때 로봇은 지나간 칸에 쓰여 있는 수 중에서 더 작은 수를 표시한다고 합니다.

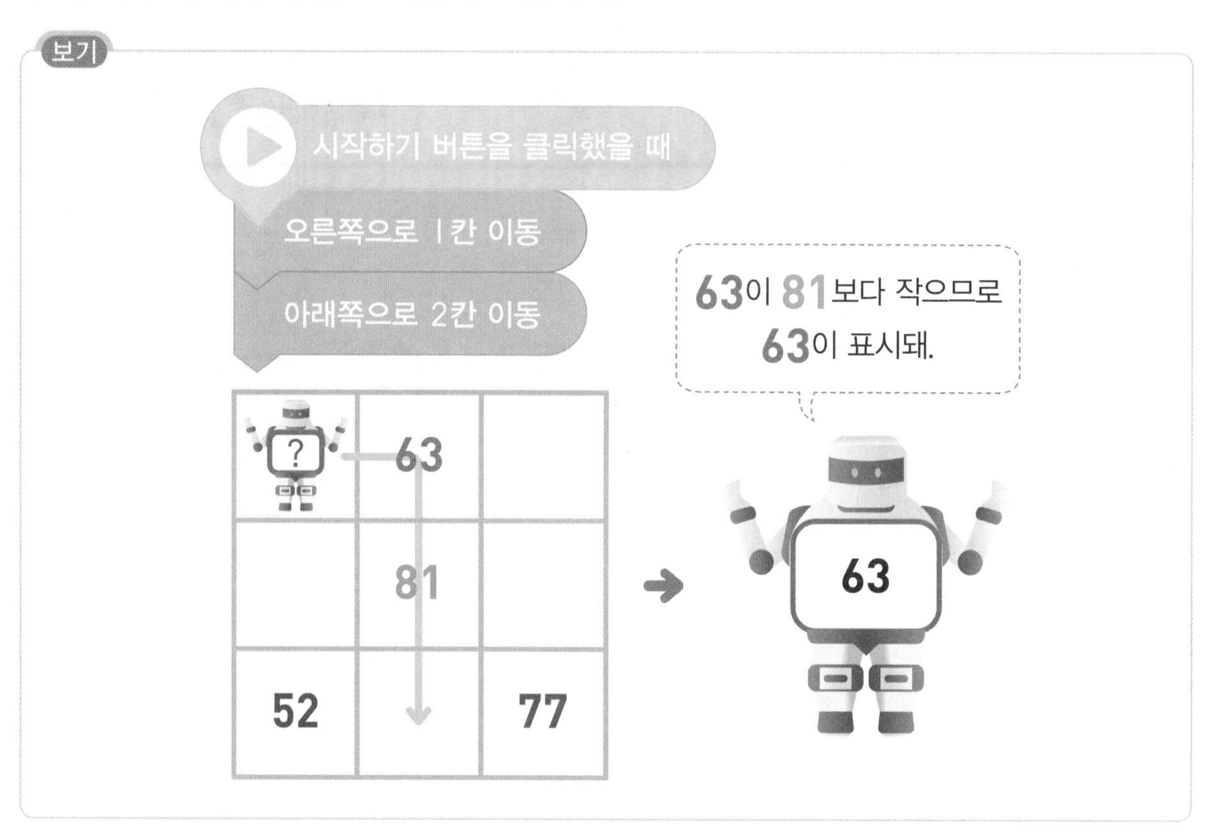

다음 명령에 따라 로봇이 움직일 때 로봇에 표시되는 수를 빈칸에 써넣으세요.

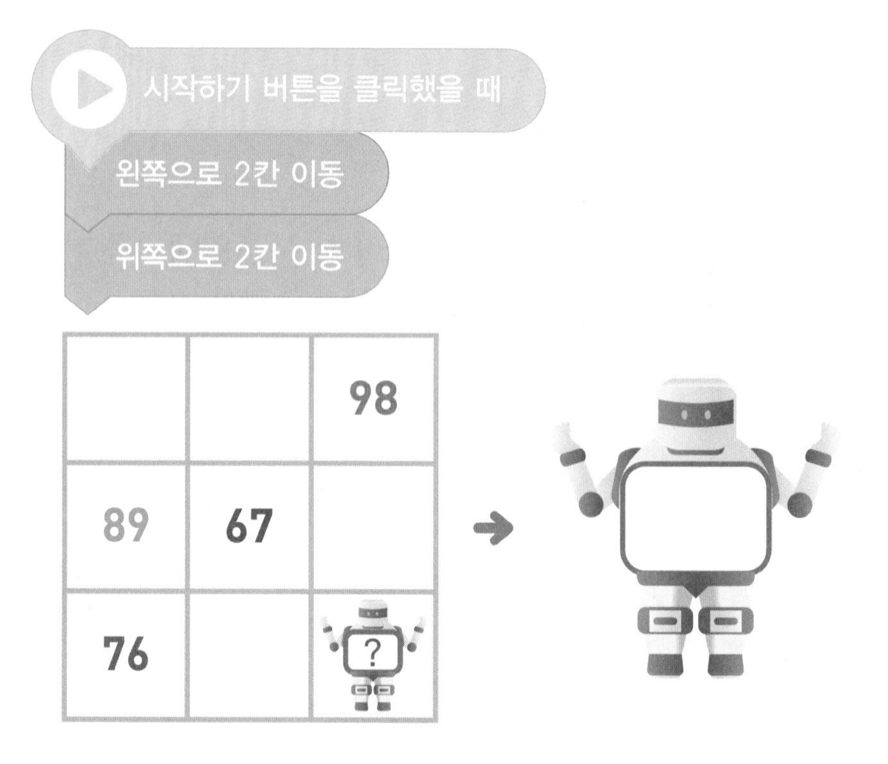

▶정답 및 풀이 7쪽

민호, 민하, 정우가 농구를 하여 얻은 점수입니다. 세 사람의 점수가 각각 몇십몇 점이라면, 얻은 점수가 짝수인 사람은 누구인가요?

 ______________

같은 과일은 같은 숫자를 나타냅니다. □ 안에 알맞은 수를 써넣으세요.

30 + ◯0 = 90

◯ = □

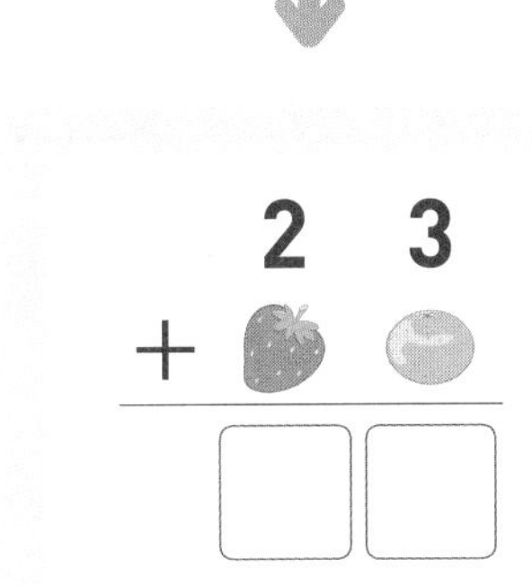

덧셈과 뺄셈(1) / 여러 가지 모양 / 덧셈과 뺄셈(2)

2주에는 무엇을 공부할까? ①

- 1일 뺄셈하기(1), (2)
- 2일 뺄셈하기(3), 그림을 보고 뺄셈하기
- 3일 여러 가지 모양 찾아보기
- 4일 여러 가지 모양 알아보기, 꾸미기
- 5일 세 수의 덧셈, 세 수의 뺄셈

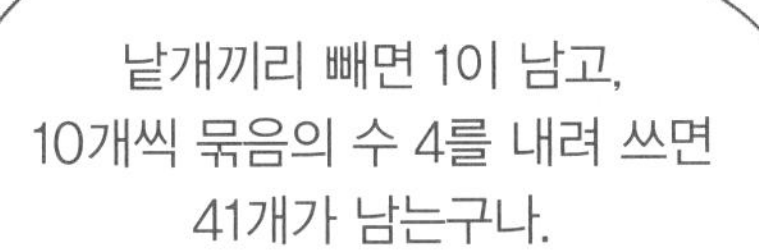

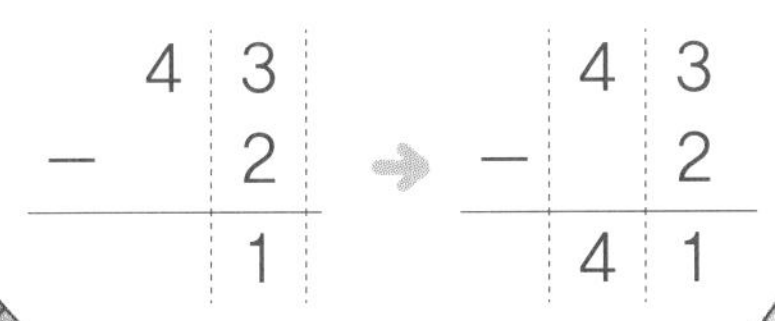

2주에는 무엇을 공부할까? ②

1-1 덧셈과 뺄셈

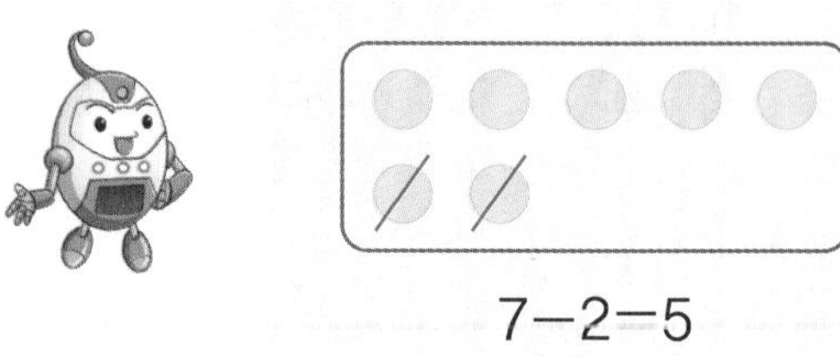

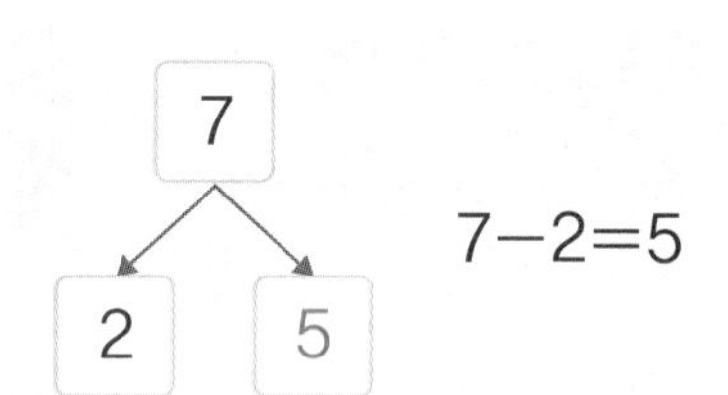

[1-1 ~ 1-2] 그림을 보고 뺄셈을 해 보세요.

1-1

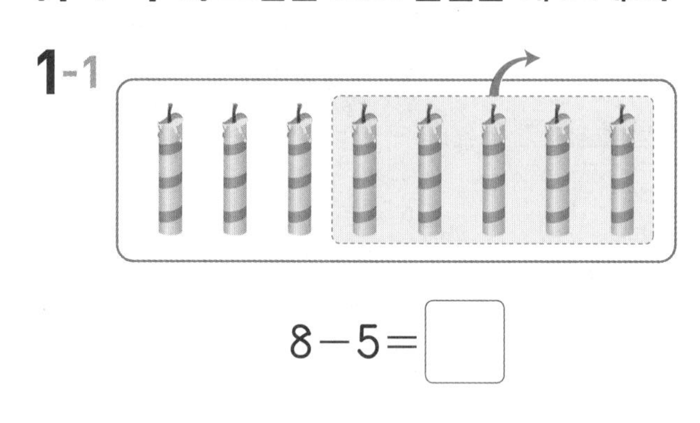

$8-5=\square$

1-2

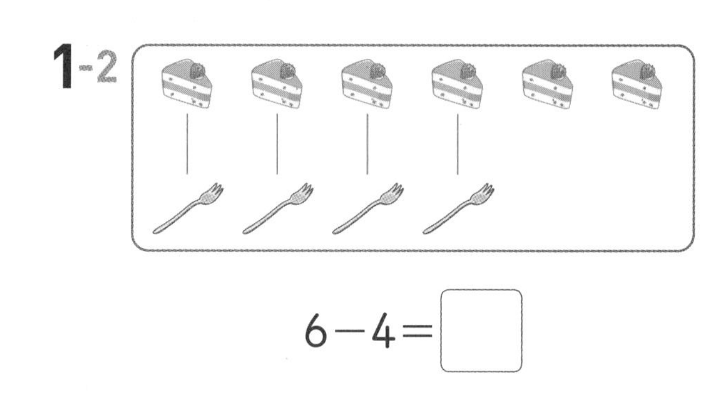

$6-4=\square$

[2-1 ~ 2-2] 가르기를 하여 뺄셈을 해 보세요.

2-1

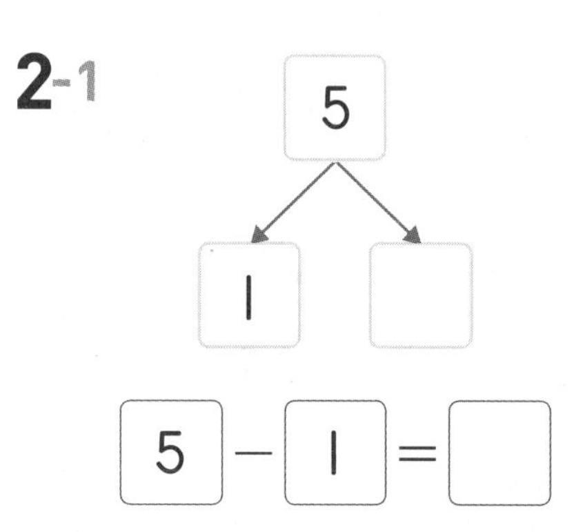

2-2

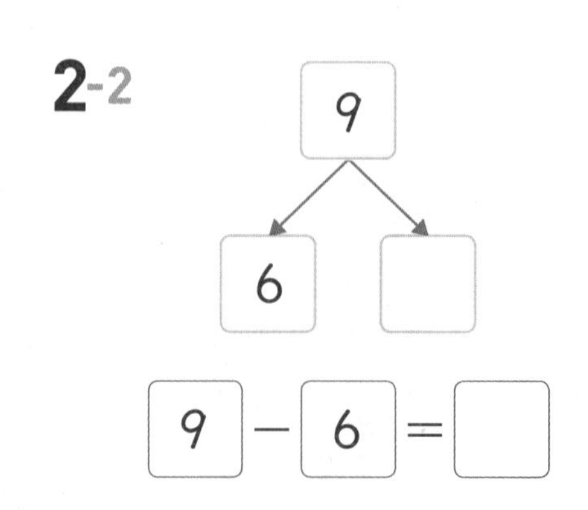

▶정답 및 풀이 8쪽

1-1 여러 가지 모양

3-1 [cube] 모양에 ○표 하세요.

(　　)

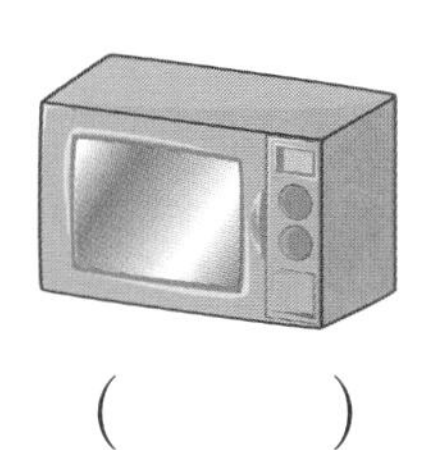
(　　)

3-2 [cylinder] 모양에 ○표 하세요.

(　　)

(　　)

4-1 자동차 바퀴는 어떤 모양으로 만들었는지 찾아 ○표 하세요.

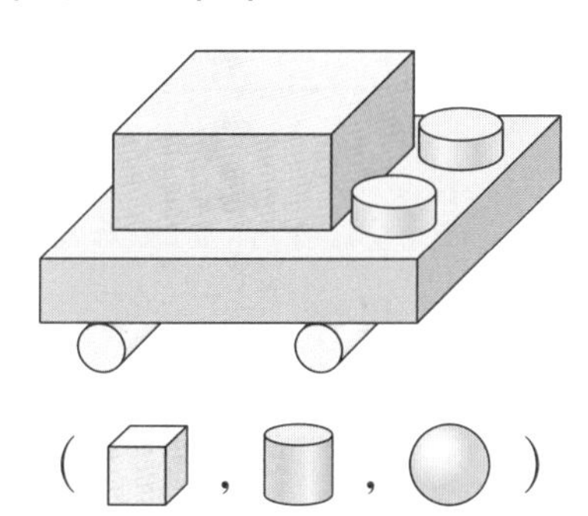

([cube] , [cylinder] , [sphere])

4-2 로봇 머리는 어떤 모양으로 만들었는지 찾아 ○표 하세요.

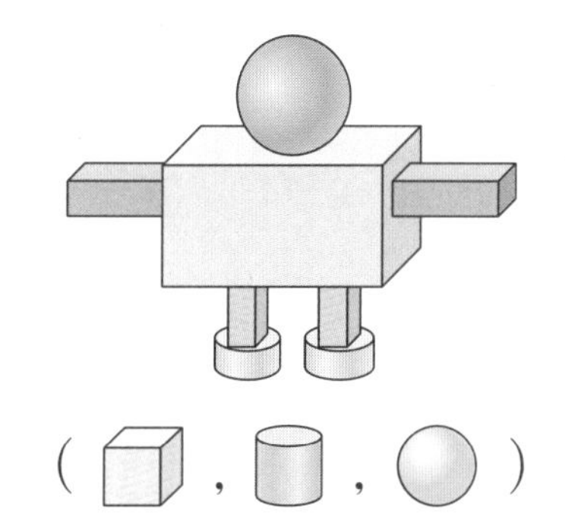

([cube] , [cylinder] , [sphere])

뺄셈하기(1)

오늘 보실 서류가 47개인데, 아직 5개밖에 안 보셔서 47−5=42(개)나 남았다구요.

$$\begin{array}{r} 47 \\ -\ \ 5 \\ \hline 42 \end{array}$$

교과서 기초 개념

• (몇십몇)−(몇)

예 47−5의 계산

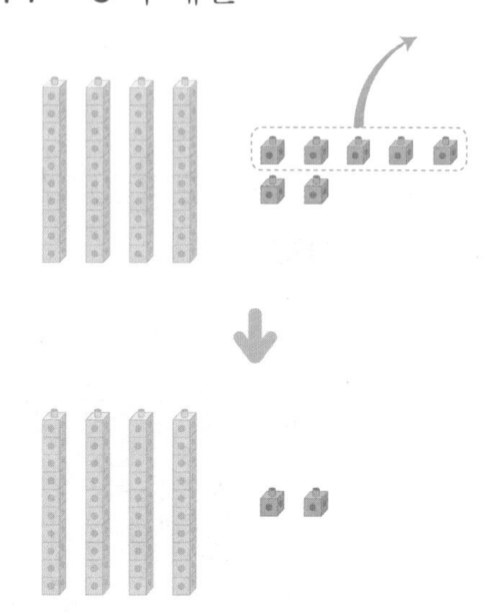

낱개끼리 줄을 맞추어 쓰기

$$\begin{array}{r} 4\ 7 \\ -\quad 5 \\ \hline ❶\square\ 2 \end{array}$$

① 낱개끼리 뺍니다.

② 10개씩 묶음의 수를 내려 씁니다.

정답 ❶ 4

개념 · 원리 확인

▶정답 및 풀이 8쪽

[1-1 ~ 1-2] 그림을 보고 □ 안에 알맞은 수를 써넣으세요.

1-1

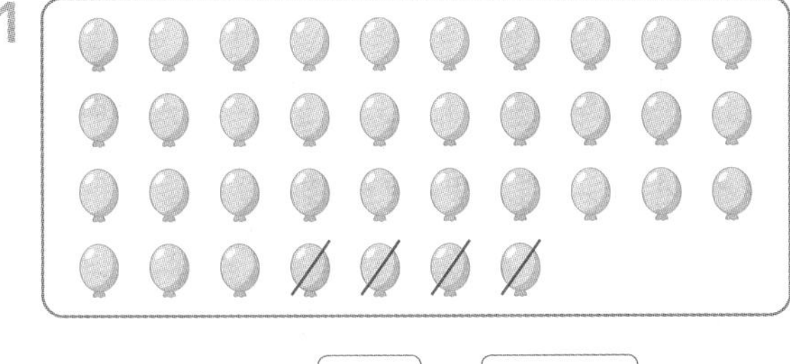

26－5＝□

1-2

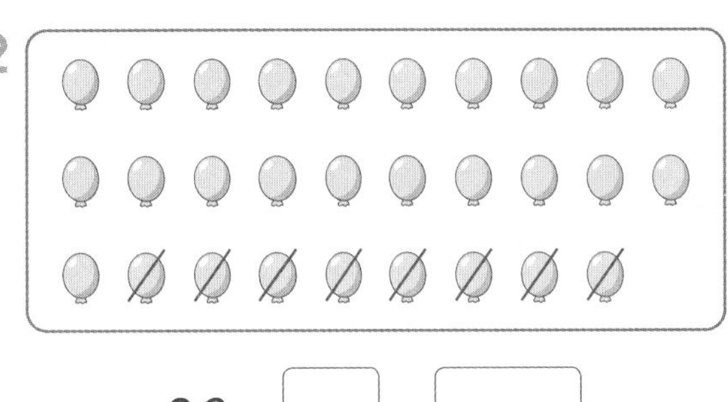

55－3＝□

[2-1 ~ 2-2] 그림을 보고 □ 안에 알맞은 수를 써넣으세요.

2-1

37－□＝□

2-2

29－□＝□

[3-1 ~ 3-2] 뺄셈을 해 보세요.

3-1

	5	8
－		5
	□	□

3-2

	7	4
－		4
	□	□

[4-1 ~ 4-2] 빈칸에 알맞은 수를 써넣으세요.

4-1

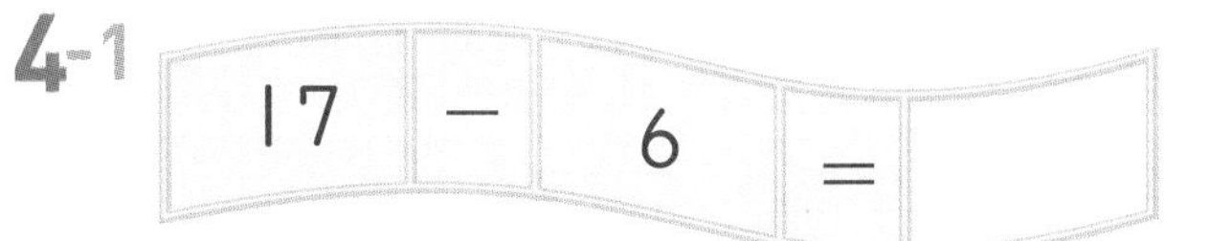

4-2

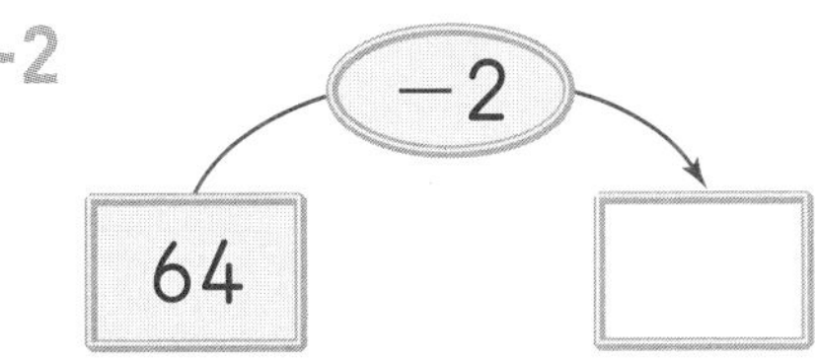

뺄셈하기(2)

교과서 기초 개념

• (몇십)−(몇십)

㉠ 60−20의 계산

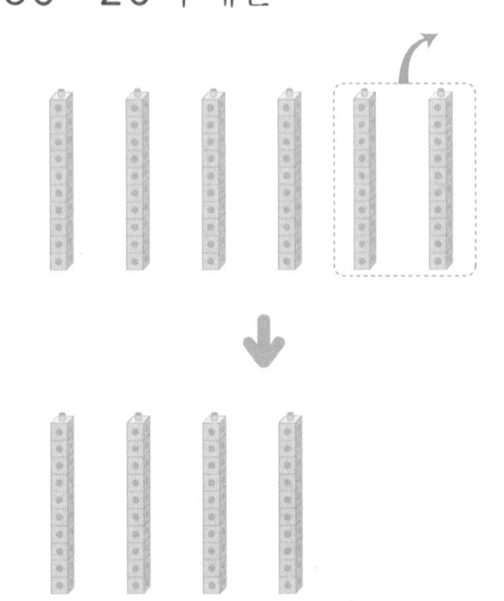

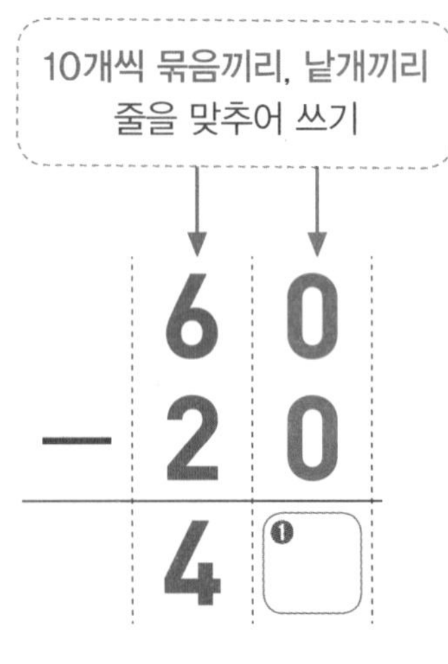

① 낱개의 자리에 **0**을 씁니다.

② **10개씩 묶음끼리 뺍니다.**

정답 ❶ 0

개념 · 원리 확인

▶정답 및 풀이 8쪽

[1-1 ~ 1-2] 그림을 보고 □ 안에 알맞은 수를 써넣으세요.

1-1

50－10=□

1-2

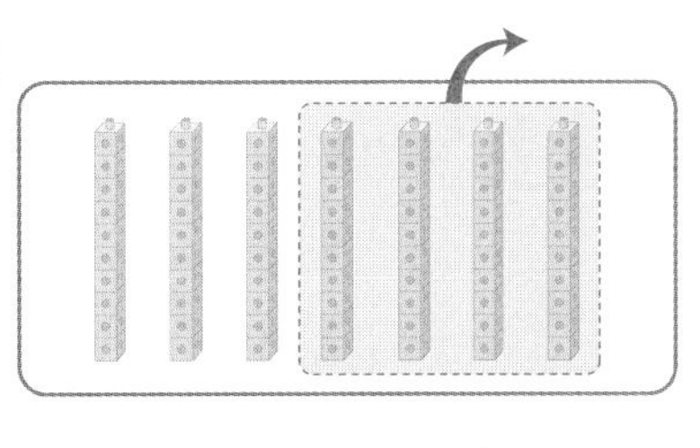

70－40=□

[2-1 ~ 2-2] 뺄셈을 해 보세요.

2-1 (1)

$$\begin{array}{r} 8\ 0 \\ -\ 5\ 0 \\ \hline \square \end{array}$$

(2)

$$\begin{array}{r} 9\ 0 \\ -\ 7\ 0 \\ \hline \square \end{array}$$

2-2 (1) 40－10=□

(2) 60－30=□

[3-1 ~ 3-2] 다음이 나타내는 수를 뺄셈식으로 구해 보세요.

3-1

50보다 40만큼 더 작은 수

□－□=□

3-2

90보다 10만큼 더 작은 수

□－□=□

4-1 두 수의 차를 빈칸에 써넣으세요.

60	40

4-2 차를 찾아 이어 보세요.

80－20 • • 40

70－30 • • 60

기초 집중 연습

기본 문제 연습

[1-1 ~ 1-2] 뺄셈을 해 보세요.

1-1 $36-2=\square$

$37-2=\square$

$38-2=\square$

1-2 $47-5=\square$

$47-6=\square$

$47-7=\square$

2-1 79－5의 계산에서 잘못된 곳을 찾아 바르게 계산해 보세요.

$$\begin{array}{r} 7\ 9 \\ -\ 5\ \ \ \\ \hline 2\ 9 \end{array} \rightarrow \square$$

2-2 50－40의 계산에서 잘못된 곳을 찾아 바르게 계산해 보세요.

$$\begin{array}{r} 5\ 0 \\ -\ 4\ 0 \\ \hline 9\ 0 \end{array} \rightarrow \square$$

3-1 두 수를 골라 차가 20이 되도록 뺄셈식을 써 보세요.

60　40　10

$60-\square=20$

3-2 두 수를 골라 차가 60이 되도록 뺄셈식을 써 보세요.

20　50　80

$\square-\square=60$

▶정답 및 풀이 9쪽

연산 → 문장제 연습 '남은 것이 몇인지'를 구할 때에는 뺄셈으로 구하자.

연산 뺄셈을 해 보세요.

25－3=□

4-1 사탕이 25개 있습니다. 그중에서 3개를 먹었다면 남은 사탕은 몇 개인가요?

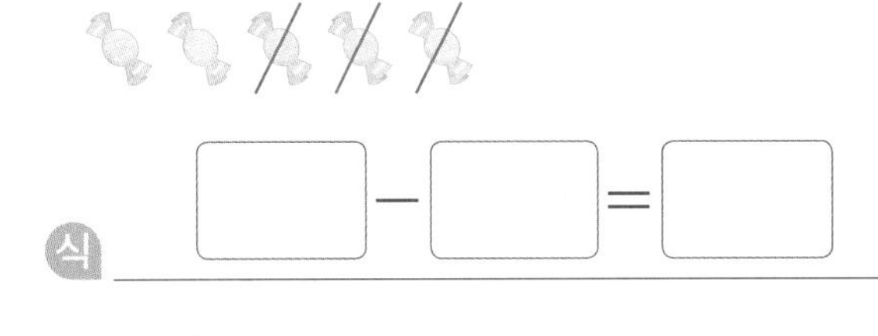

식 □－□=□

답 ______

4-2 은서는 수수깡을 40개 샀습니다. 그중에서 30개를 사용했다면 남은 수수깡은 몇 개인가요?

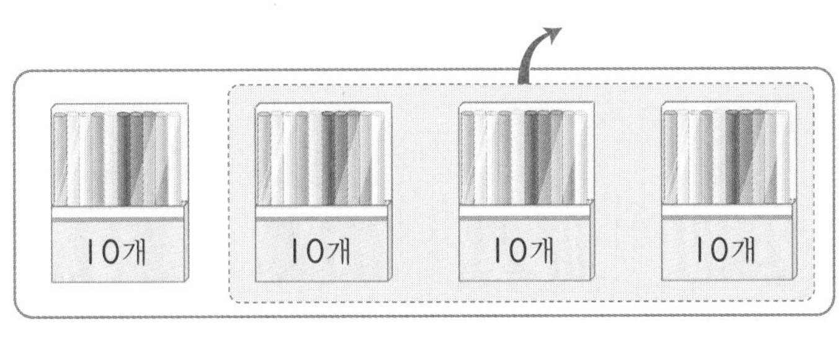

식 ______

답 ______

4-3 주차장에 자동차가 37대 있습니다. 그중에서 7대가 주차장에서 나갔다면 남은 자동차는 몇 대인가요?

식 ______

답 ______

뺄셈하기(3)

교과서 기초 개념

• (몇십몇)－(몇십몇)

㉠ 38－17의 계산

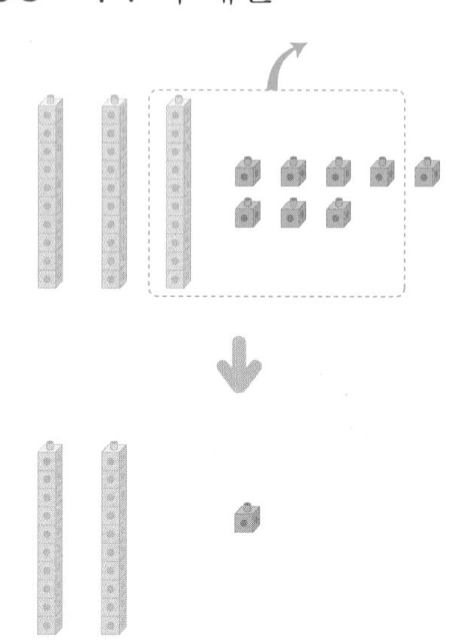

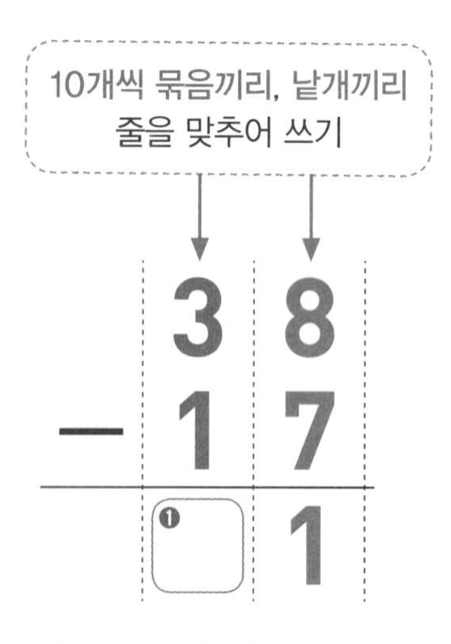

① 낱개끼리 **뺍니다.**

② **10**개씩 묶음끼리 **뺍니다.**

정답 ❶ 2

개념 · 원리 확인

▶정답 및 풀이 9쪽

[1-1 ~ 1-2] 그림을 보고 □ 안에 알맞은 수를 써넣으세요.

1-1

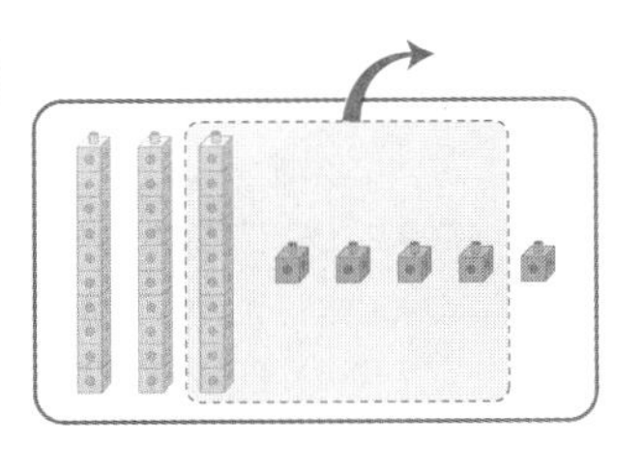

35－14=□

1-2

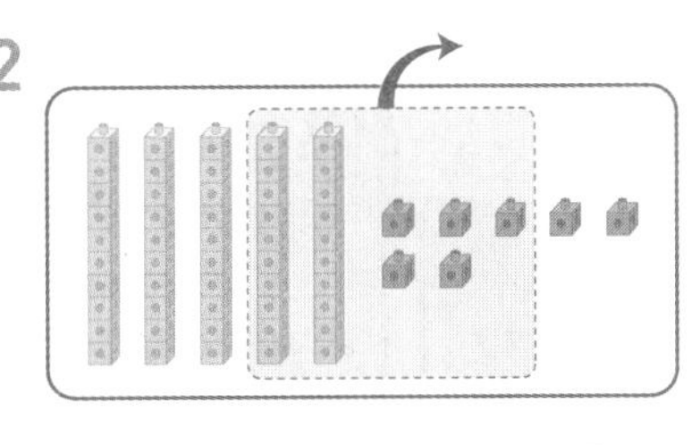

57－25=□

[2-1 ~ 2-2] □ 안에 알맞은 수를 써넣으세요.

2-1

	8	8
－	2	3
	□	□

2-2

	7	4
－	6	2
	□	□

3-1 뺄셈을 해 보세요.

(1) 59－17=□

(2) 94－43=□

3-2 뺄셈을 바르게 했으면 ○표, 그렇지 않으면 ×표 하세요.

65－43=28

(　　　　　　　)

[4-1 ~ 4-2] 빈칸에 알맞은 수를 써넣으세요.

4-1

46 → －16 → □

4-2

87 → －35 → □

2일 덧셈과 뺄셈(1) 그림을 보고 뺄셈하기

교과서 기초 개념

- **그림을 보고 뺄셈식으로 나타내기**

㉥ 딸기 우유는 바나나 우유보다 몇 개 더 많은지 식으로 나타내기

딸기 우유 25개

바나나 우유 13개

20에서 10을 빼고, 5에서 3을 빼서 구할 수 있어.

25에서 10을 빼고, 그 수에서 3을 빼서 구할 수도 있어.

몇 개 더 많은지 구하려면  **뺄셈식으로 나타내자.**

딸기 우유 수 바나나 우유 수

$$25 - 13 = 12$$

▶정답 및 풀이 9쪽

1-1 노란색 구슬은 초록색 구슬보다 몇 개 더 많은지 뺄셈식으로 나타내어 보세요.

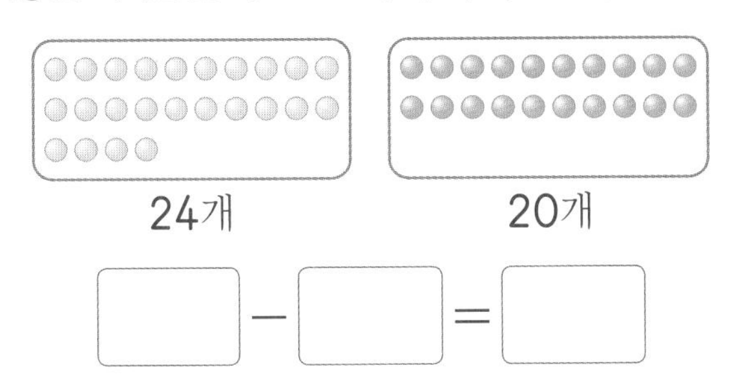

☐ − ☐ = ☐

1-2 빨간색 구슬은 파란색 구슬보다 몇 개 더 많은지 뺄셈식으로 나타내어 보세요.

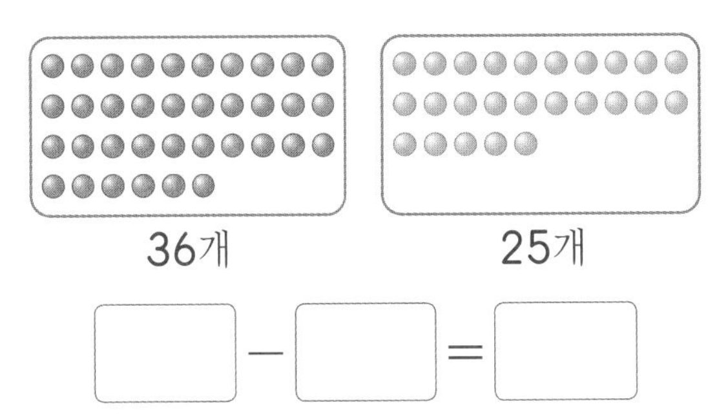

☐ − ☐ = ☐

2-1 사과를 11개 먹는다면 몇 개가 남는지 뺄셈식으로 나타내어 보세요.

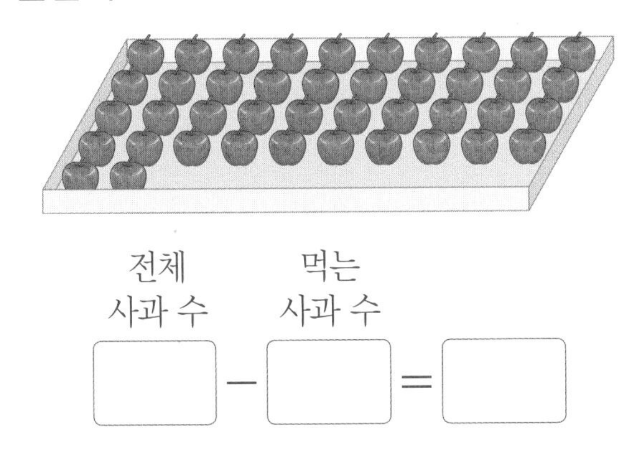

전체 사과 수 ☐ − 먹는 사과 수 ☐ = ☐

2-2 달걀이 23개 팔린다면 몇 개가 남는지 뺄셈식으로 나타내어 보세요.

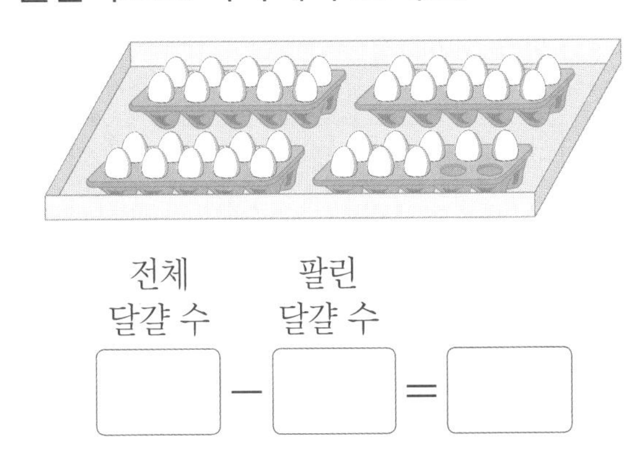

전체 달걀 수 ☐ − 팔린 달걀 수 ☐ = ☐

[3-1~3-2] 뺄셈식을 계산한 방법을 설명한 것입니다. ☐ 안에 알맞은 수를 써넣으세요.

3-1

56−42

50에서 40을 빼고, 6에서 ☐를 빼서 구했더니 ☐가 되었어.

3-2

89−37

89에서 30을 빼고, 그 수에서 ☐을 뺐더니 ☐가 되었어.

2일

기초 집중 연습

기본 문제 연습

[1-1 ~ 1-2] 뺄셈을 해 보세요.

1-1 (1)
$$\begin{array}{r} 6\ 3 \\ -\ 2\ 3 \\ \hline \square \end{array}$$

(2)
$$\begin{array}{r} 5\ 8 \\ -\ 4\ 6 \\ \hline \square \end{array}$$

1-2 (1) $19-10=\square$

(2) $77-25=\square$

2-1 남는 달걀이 몇 개인지 뺄셈식으로 나타내어 보세요.

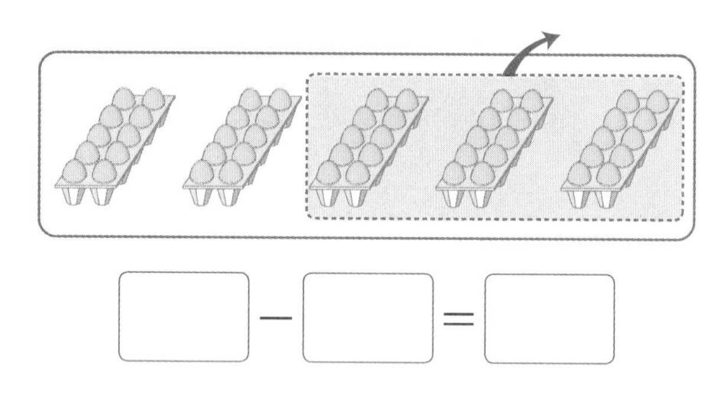

$\square - \square = \square$

2-2 남는 색종이가 몇 장인지 뺄셈식으로 나타내어 보세요.

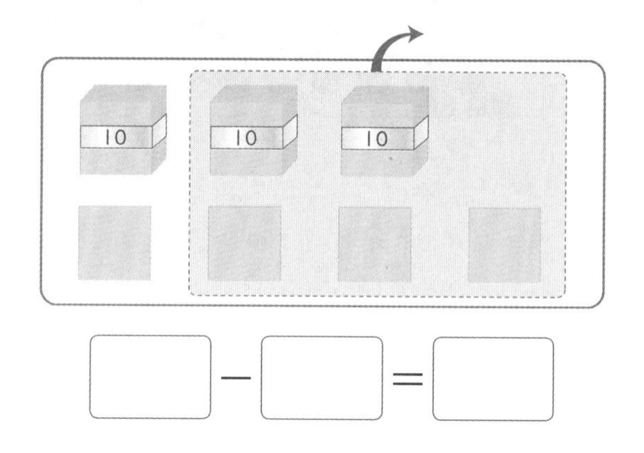

$\square - \square = \square$

3-1 차가 같은 것끼리 이어 보세요.

65−32 •	• 59−31
78−50 •	• 87−54

3-2 짝을 지은 두 수의 차를 구하여 오른쪽의 빈칸에 써넣으세요.

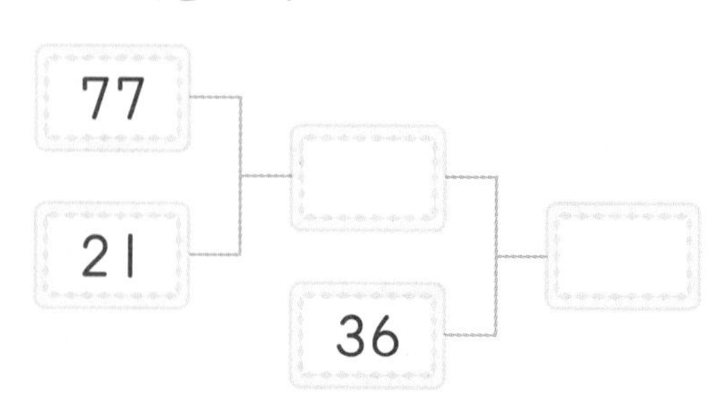

▶정답 및 풀이 10쪽

기초 → 기본 연습 '몇 개 더 많은지'를 구할 때에는 수를 세어 뺄셈식으로 나타내자.

기초 단추는 공깃돌보다 몇 개 더 많은지 뺄셈식으로 나타내어 보세요.

단추	구슬	공깃돌
25개	11개	14개

☐ − ☐ = ☐

4-1 단추는 공깃돌보다 몇 개 더 많은가요?

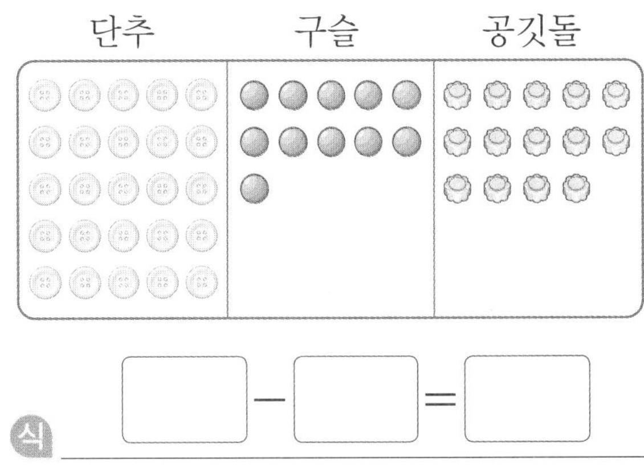

식 ☐ − ☐ = ☐

답 ____________

[4-2~4-3] 그림을 보고 물음에 답하세요.

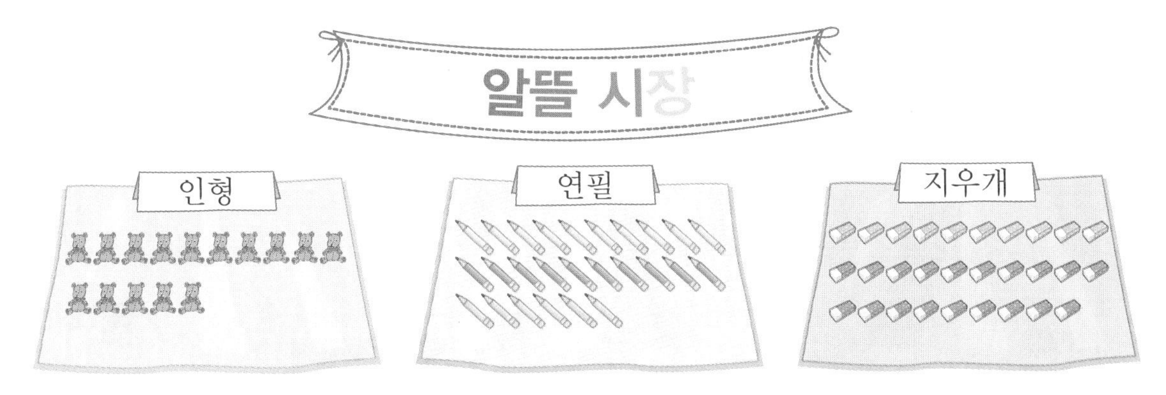

4-2 지우개는 인형보다 몇 개 더 많은가요?

식 ____________

답 ____________

4-3 연필이 11자루 팔린다면 몇 자루가 남을까요?

식 ____________

답 ____________

3일 여러 가지 모양

여러 가지 모양 찾아보기(1)

교과서 기초 개념

- □, △, ○ 모양의 물건 찾아보기

□ 모양은 네모 모양

△ 모양은 세모 모양

○ 모양은 동그라미 모양이라고 하면 좋겠어.

개념·원리 확인

▶정답 및 풀이 10쪽

1-1 □ 모양을 찾아 연필로 따라 그려 보세요.

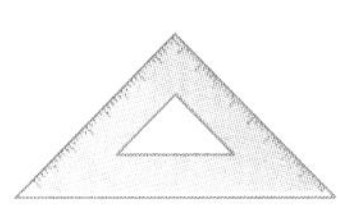

1-2 △ 모양을 찾아 연필로 따라 그려 보세요.

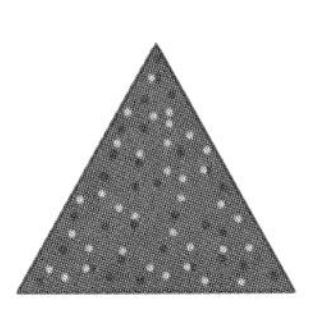

2-1 알맞은 모양에 ○표 하세요.

은 (□ , △ , ○) 모양

2-2 알맞은 모양에 ○표 하세요.

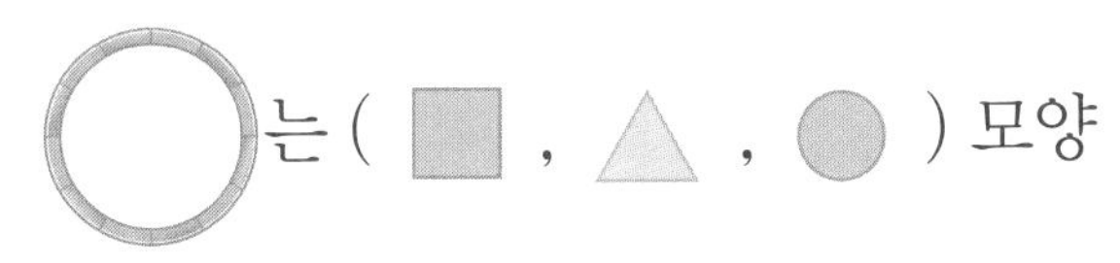

는 (□ , △ , ○) 모양

3-1 □ 모양에는 □표, △ 모양에는 △표, ○ 모양에는 ○표 하세요.

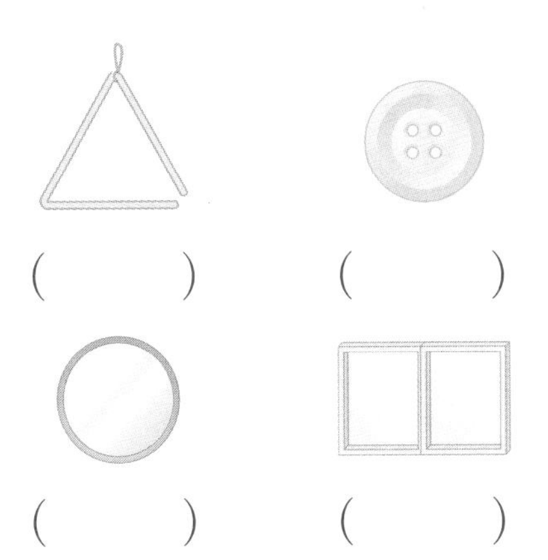

( ) ( )

( ) ( )

3-2 관계있는 것끼리 이어 보세요.

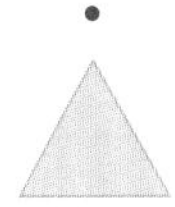

4-1 △ 모양이 아닌 것을 찾아 ×표 하세요.

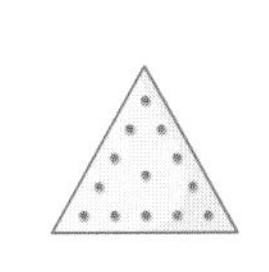

( ) ( ) ( )

4-2 □ 모양이 아닌 것을 찾아 ×표 하세요.

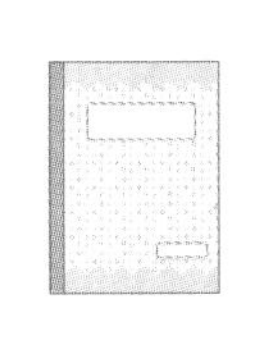

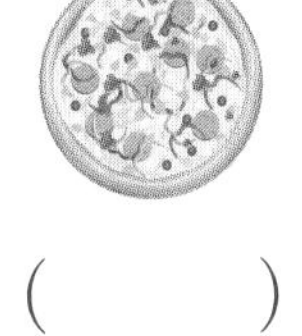

( ) ( ) ( )

여러 가지 모양 찾아보기(2)

교과서 기초 개념

• ■, ▲, ● 모양의 물건을 같은 모양끼리 모으기

▶ 정답 및 풀이 11쪽

1-1 어떤 모양을 모았는지 ○표 하세요.

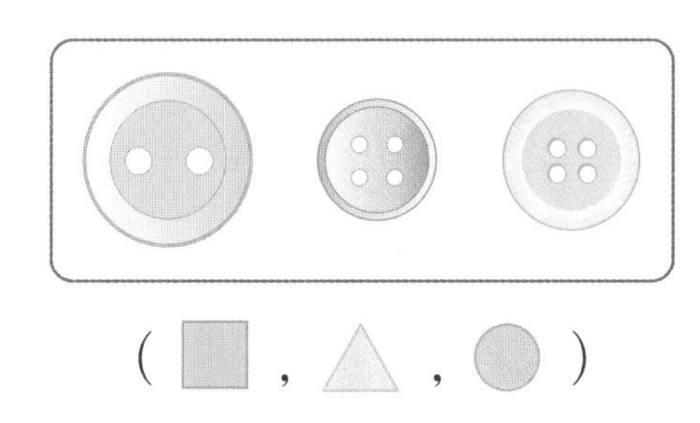

(□ , △ , ○)

1-2 어떤 모양을 모았는지 ○표 하세요.

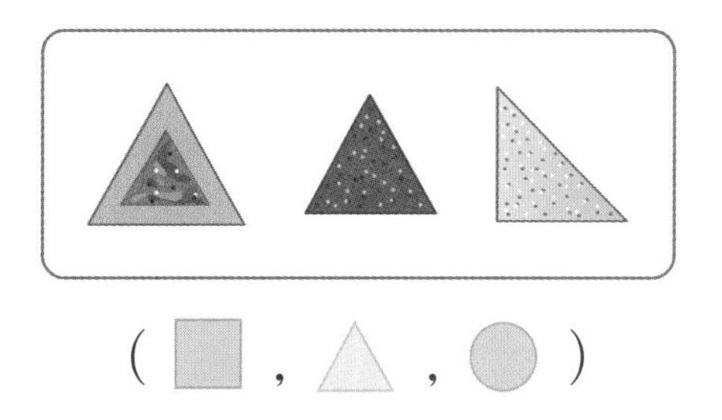

(□ , △ , ○)

[2-1 ~ 2-2] 같은 모양끼리 모았으면 ○표, 그렇지 않으면 ×표 하세요.

2-1

(   )

2-2

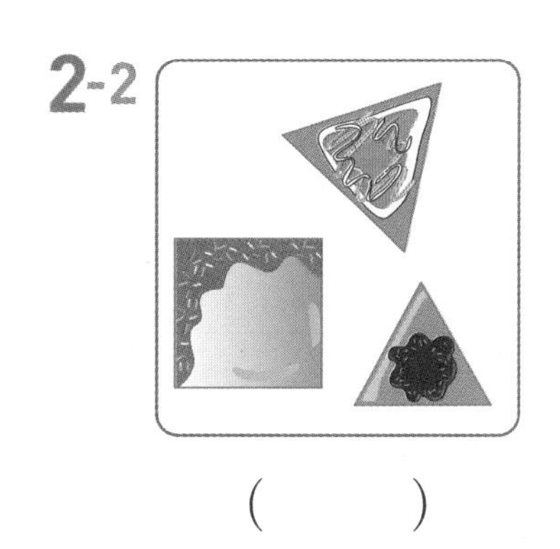

(   )

[3-1 ~ 3-2] 주어진 모양과 같은 모양을 모두 찾아 색칠해 보세요.

3-1

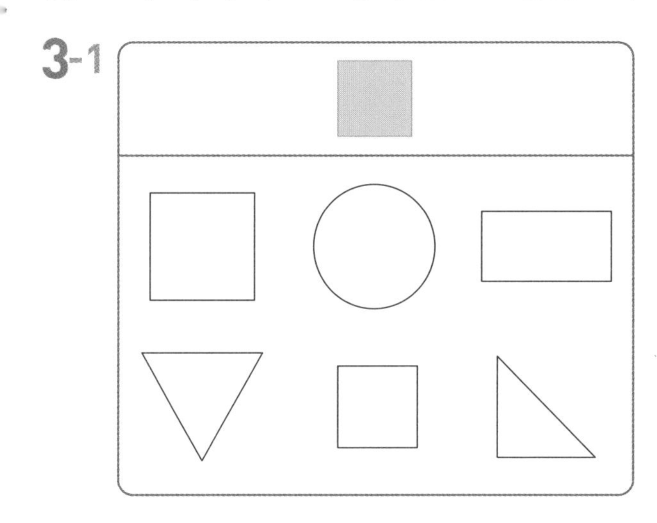

3-2

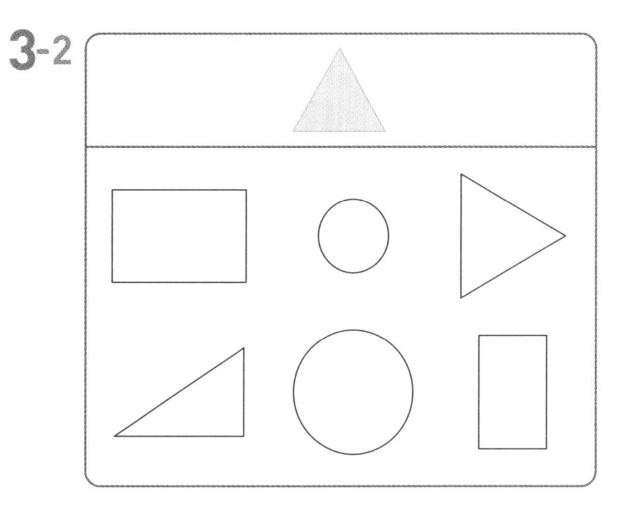

3일 기초 집중 연습

기본 문제 연습

1-1 ● 모양을 찾아 ○표 하세요.

( ) ( ) ( )

1-2 ▲ 모양을 찾아 ○표 하세요.

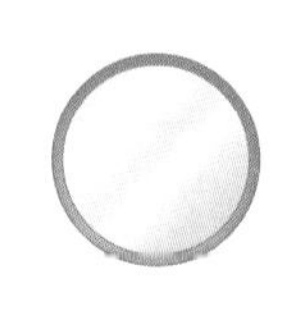

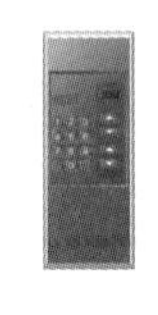

( ) ( ) ( )

2-1 모양이 같은 것끼리 같은 색으로 칠해 보세요.

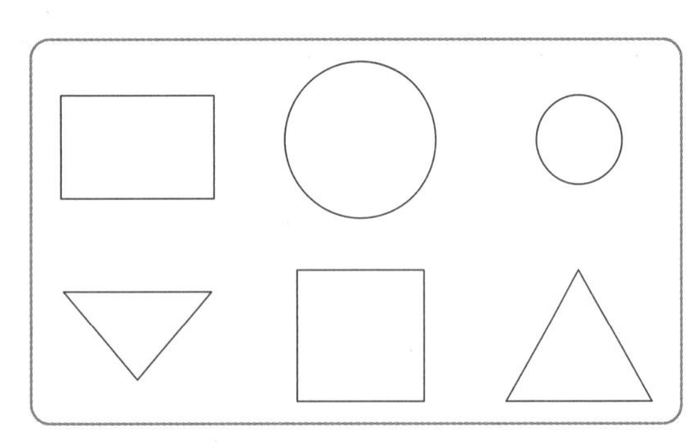

2-2 모양이 같은 것끼리 이어 보세요.

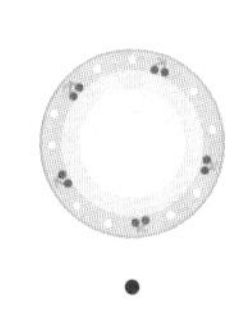

3-1 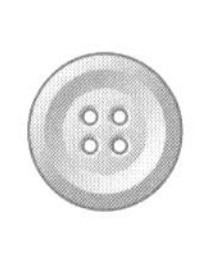 과 모양이 <u>다른</u> 물건을 찾아 ○표 하세요.

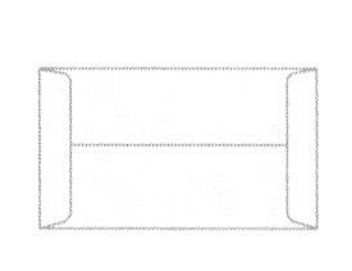

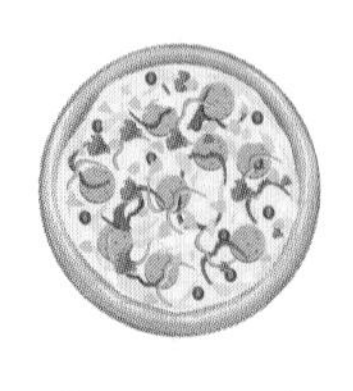

( ) ( ) ( )

3-2  와 모양이 <u>다른</u> 물건을 찾아 ○표 하세요.

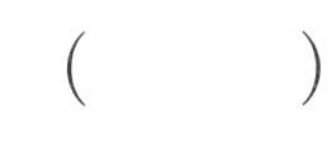

( ) ( ) ( )

▶정답 및 풀이 11쪽

기초 → 기본 연습 찾으려고 하는 모양에 표시를 한 후 개수를 세어 보자.

기초 ▢ 모양에 모두 ○표 하세요.

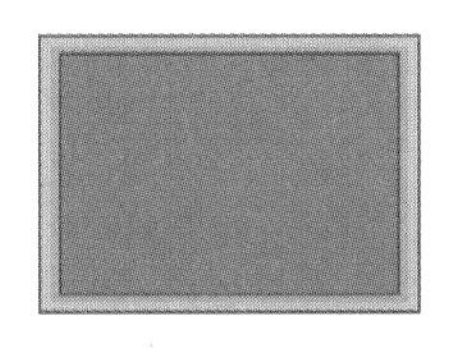

(　　　)

(　　　)

(　　　)

(　　　)

4-1 ▢ 모양이 아닌 것은 몇 개인가요?

(　　　　　　　)

4-2 △ 모양이 아닌 것은 모두 몇 개인가요?

  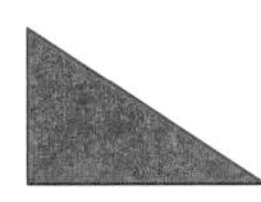   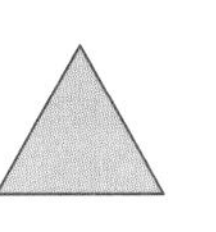

(　　　　　　　)

4-3 ○ 모양이 아닌 것은 모두 몇 개인가요?

(　　　　　　　)

2주 3일

4일 여러 가지 모양

여러 가지 모양 알아보기

교과서 기초 개념

• □, △, ○ 모양을 본뜨고 알아보기

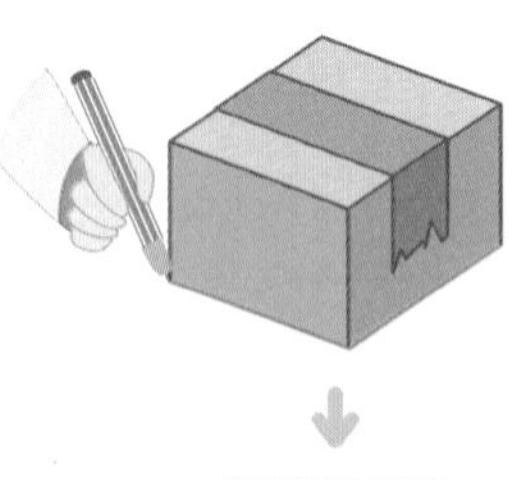

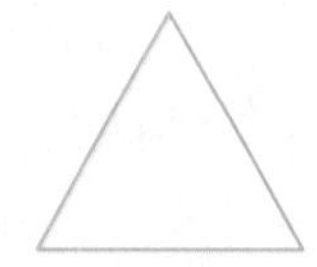

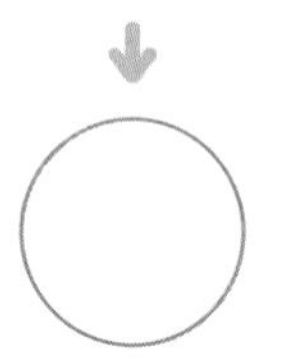

뾰족한 곳이 4군데	뾰족한 곳이 3군데	뾰족한 곳이 없음.
편평한 선이 4군데	편평한 선이 3군데	편평한 선이 없음.

▶정답 및 풀이 11쪽

[1-1 ~ 1-2] 다음과 같이 도장 찍기를 했을 때 나타나는 모양에 ○표 하세요.

1-1

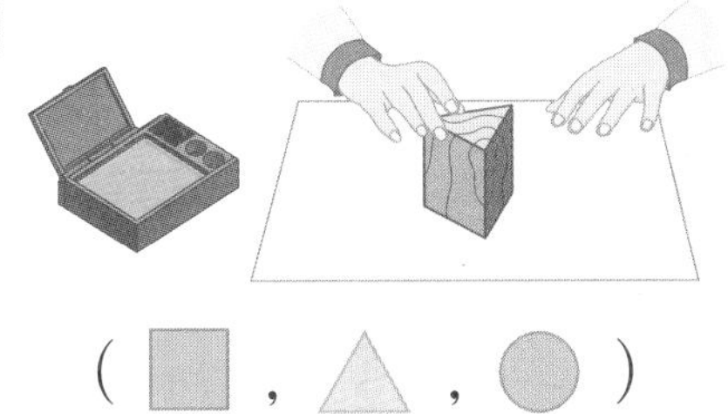

1-2

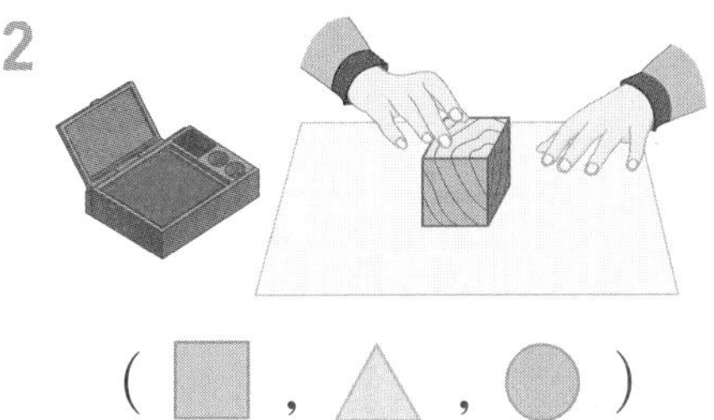

[2-1 ~ 2-2] 주어진 모양에서 뾰족한 곳에 모두 ○표 하고, 뾰족한 곳은 몇 군데 있는지 써 보세요.

2-1

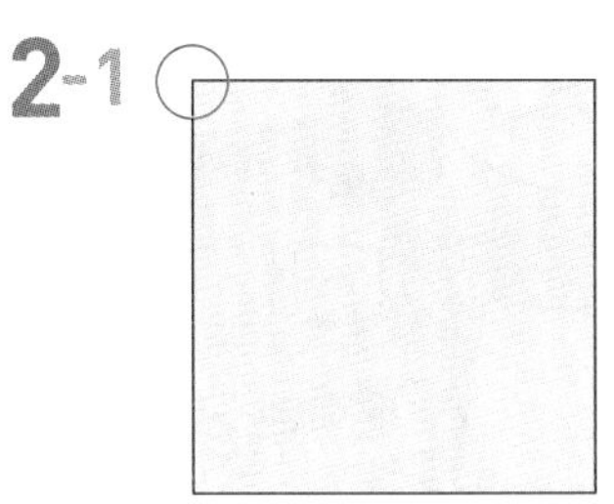

□군데

2-2

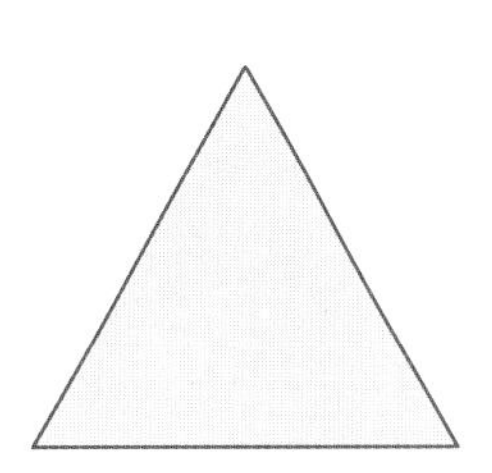

□군데

[3-1 ~ 3-2] 주어진 모양에서 편평한 선을 따라 모두 긋고, 편평한 선은 몇 군데 있는지 써 보세요.

3-1

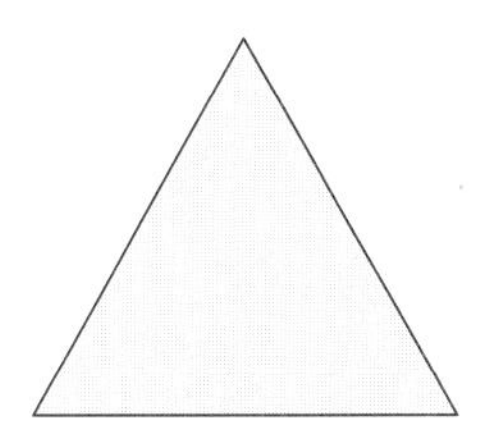

□군데

3-2

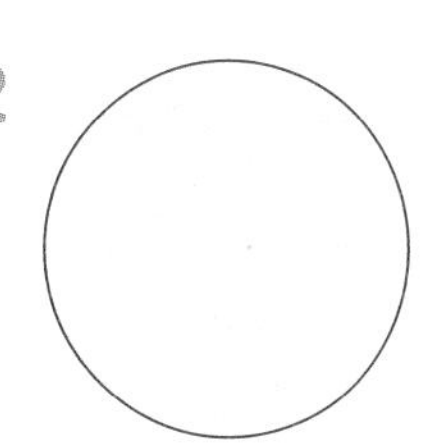

□군데

4-1 알맞은 모양에 ○표 하세요.

뾰족한 곳이 없어요.

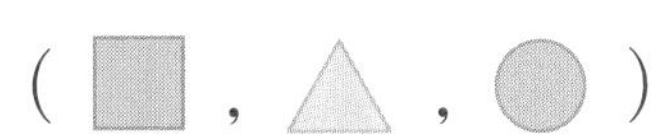

4-2 알맞은 모양에 ○표 하세요.

편평한 선이 4군데 있어요.

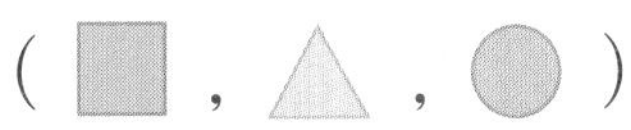
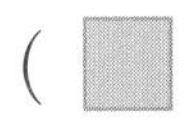
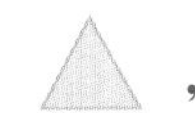

2주 4일

여러 가지 모양

여러 가지 모양 꾸미기

 교과서 기초 개념

- □, △, ○ 모양으로 여러 가지 모양 꾸미기

㉮ 모양을 꾸미는 데 이용한 여러 가지 모양의 수 세어 보기

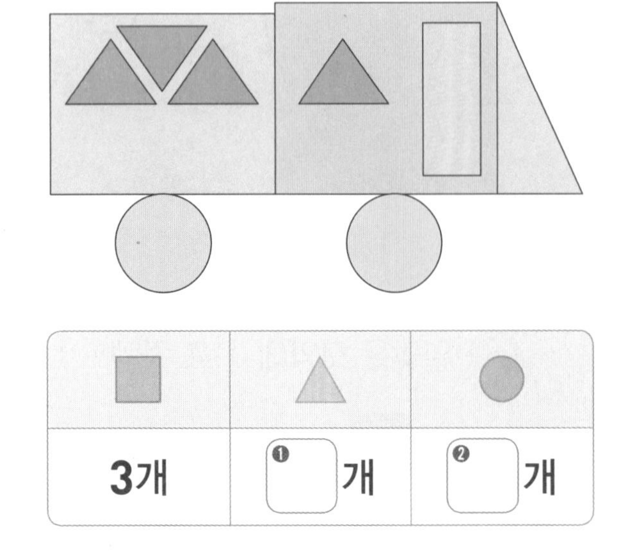

□	△	○
3개	❶ □개	❷ □개

정답 ❶ 5 ❷ 2

▶정답 및 풀이 12쪽

1-1 초록색 모양 조각은 어떤 모양인지 찾아 ○표 하세요.

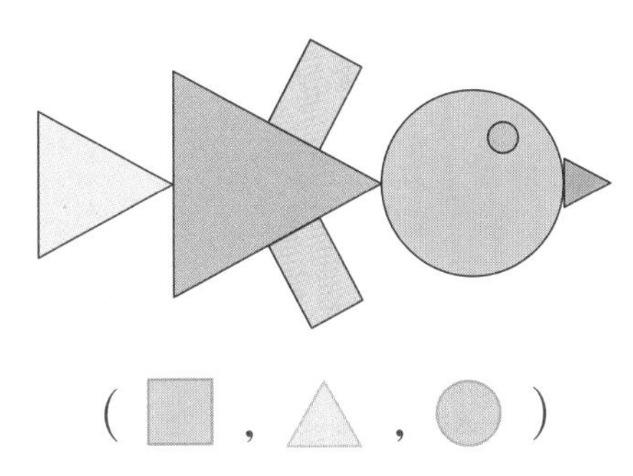

(□ , △ , ○)

1-2 하늘색 모양 조각은 어떤 모양인지 찾아 ○표 하세요.

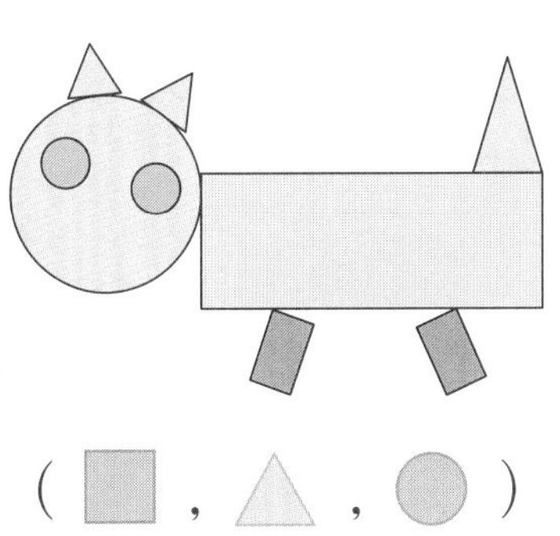

(□ , △ , ○)

2-1 □, △, ○ 모양을 이용하여 꾸민 잠자리입니다. 알맞게 이어 보세요.

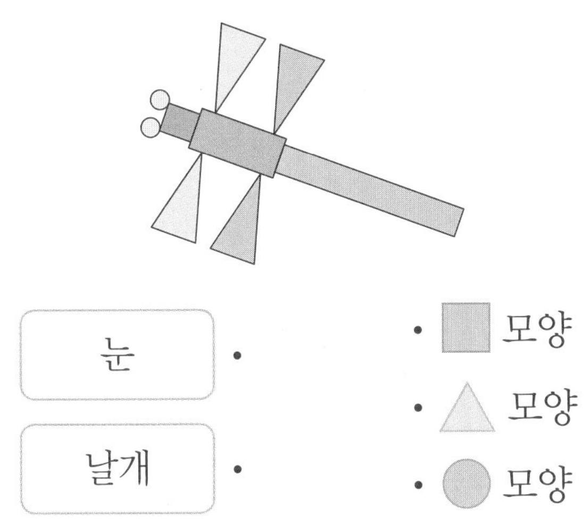

2-2 □, △, ○ 모양을 이용하여 꾸민 집입니다. 바르게 설명한 것의 기호를 쓰세요.

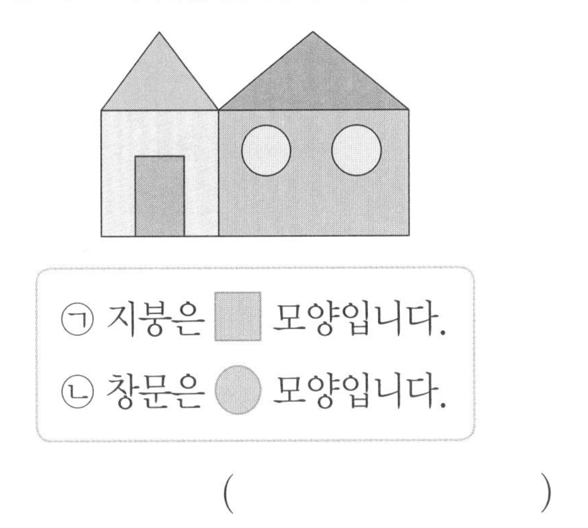

(   )

3-1 □ 모양은 몇 개인가요?

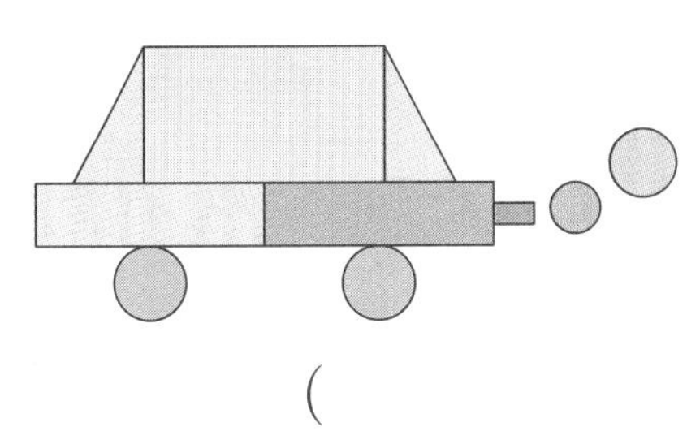

(   )

3-2 △ 모양은 몇 개인가요?

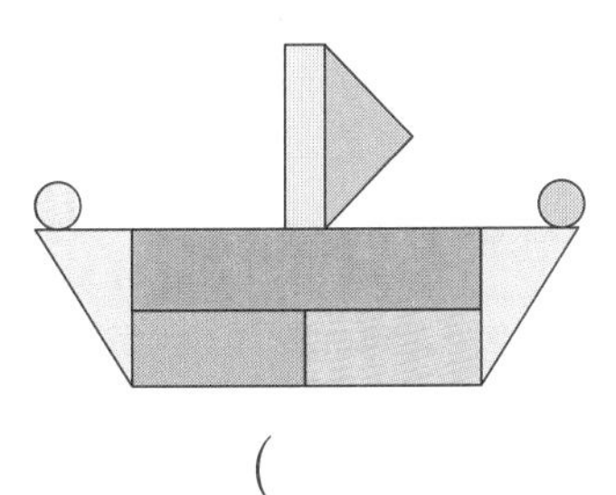

(   )

4일 기초 집중 연습

기본 문제 연습

[1-1 ~ 1-2] 몸으로 여러 가지 모양을 만들었습니다. 만든 모양에 ○표 하세요.

1-1

(□ , △ , ○)

1-2

(□ , △ , ○)

[2-1 ~ 2-2] 다음 모양을 꾸미는 데 이용한 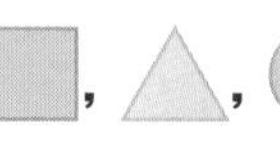 모양은 몇 개씩인지 써 보세요.

2-1

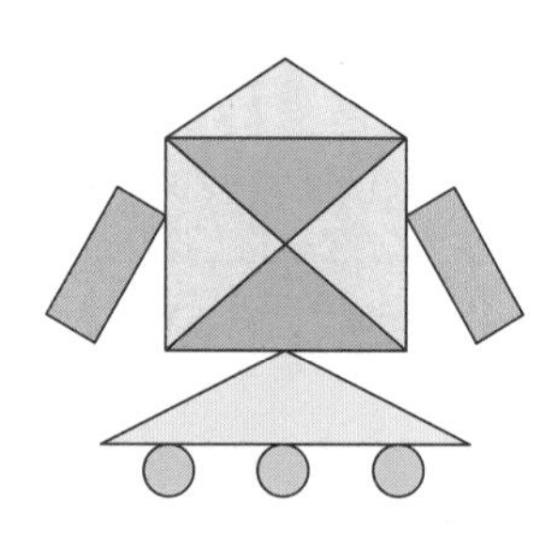

□	△	○

2-2

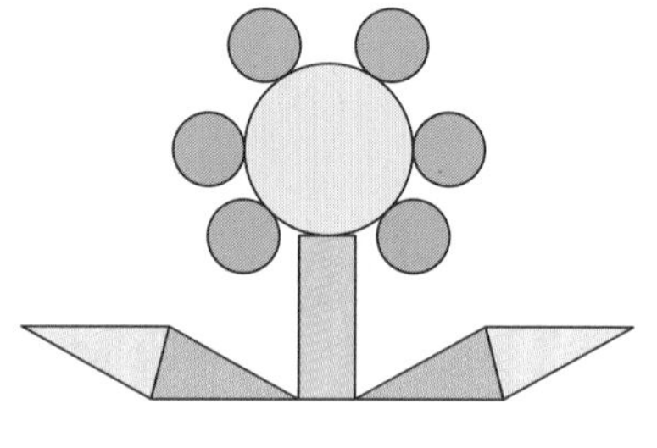

□	△	○

3-1 바르게 설명한 사람의 이름을 써 보세요.

( )

3-2 뾰족한 곳이 3군데인 모양은 모두 몇 개인가요?

( )

▶정답 및 풀이 12쪽

기초 → 기본 연습 본뜨기와 도장 찍기를 하면 바닥에 닿은 모양이 나타난다.

기초 그림과 같이 물건을 종이 위에 대고 본떴을 때 나타나는 모양을 그려 보세요.

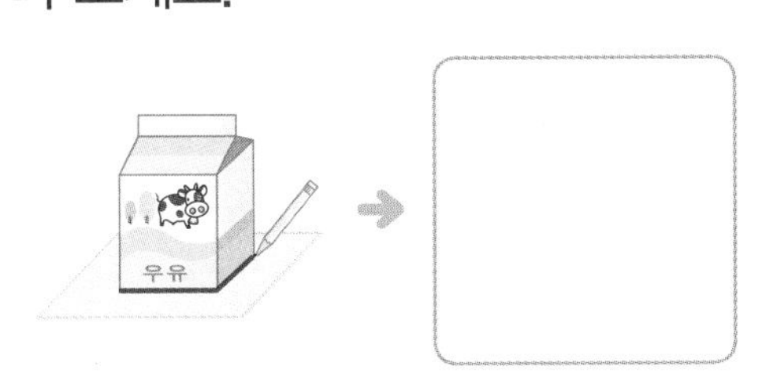

4-1 그림과 같이 본떴을 때 나타나는 모양이 다른 하나를 찾아 ○표 하세요.

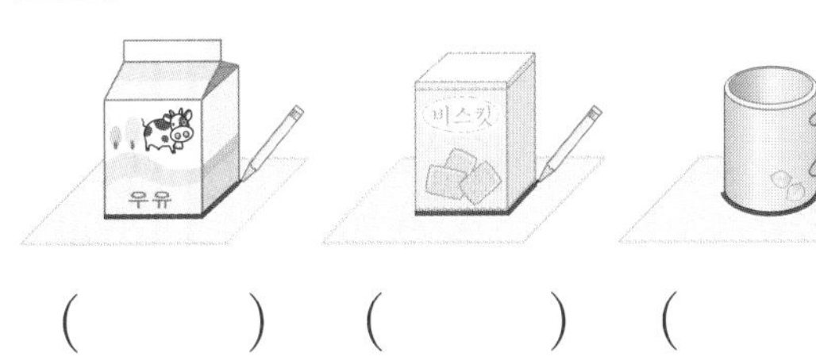

( ) ( ) ( )

4-2 물감을 묻혀 다음과 같이 찍었을 때 나타나는 모양이 다른 하나에 ○표 하세요.

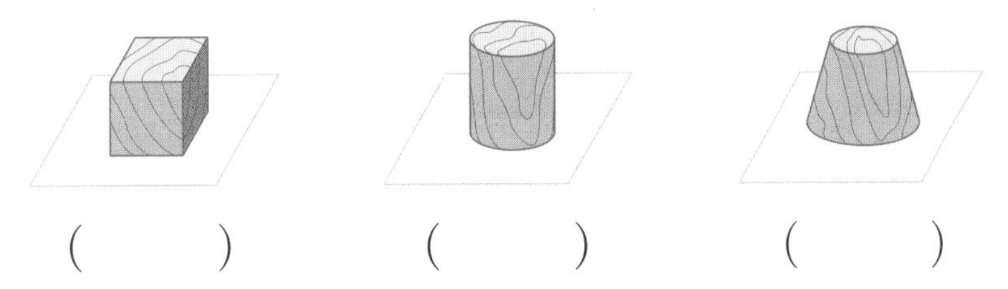

( ) ( ) ( )

4-3 그림과 같이 잘랐을 때 나타나는 모양이 다른 하나에 ○표 하세요.

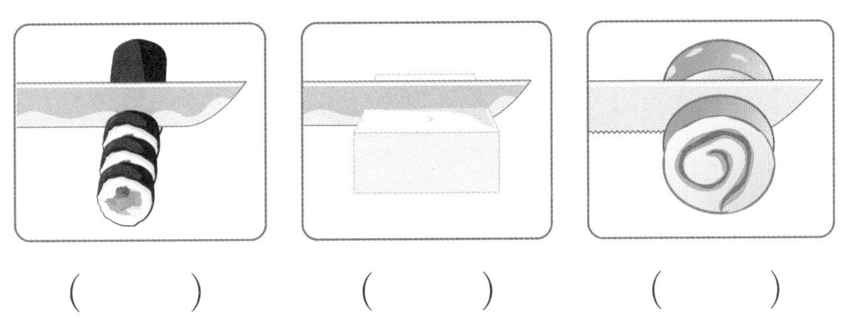

( ) ( ) ( )

2주 4일

교과서 기초 개념

• 세 수의 덧셈하기

㉮ 2+1+4의 계산

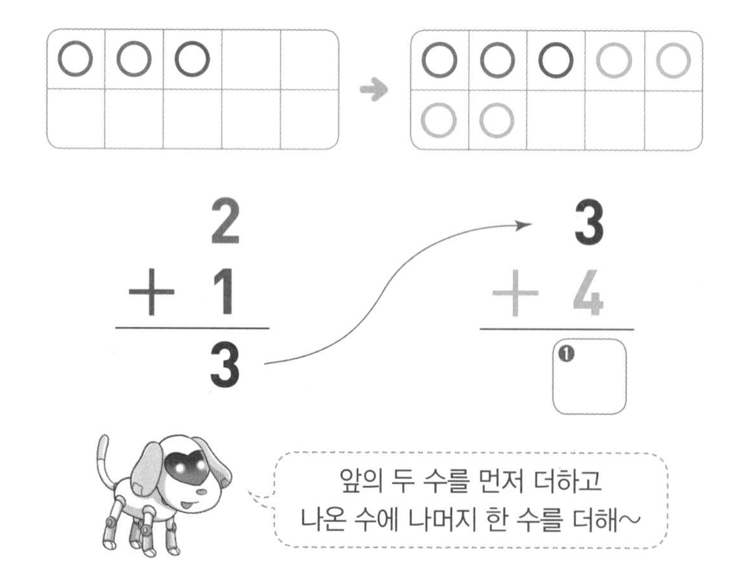

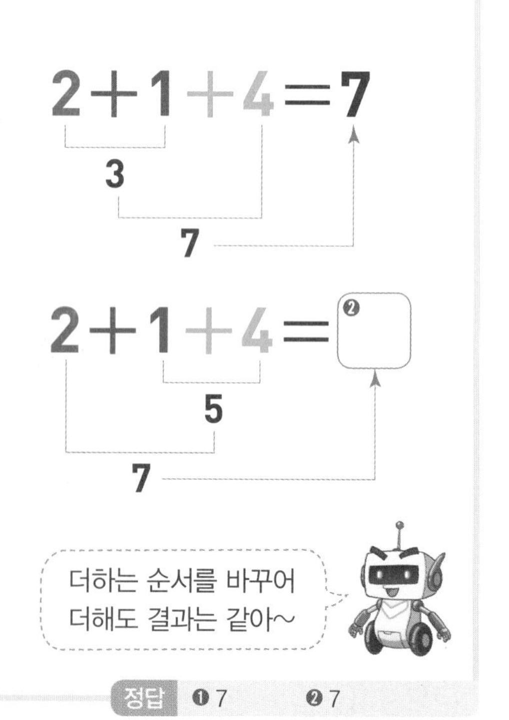

정답 ❶ 7 ❷ 7

개념 · 원리 확인

▶정답 및 풀이 12쪽

[1-1 ~ 1-2] 그림을 보고 □ 안에 알맞은 수를 써넣으세요.

1-1

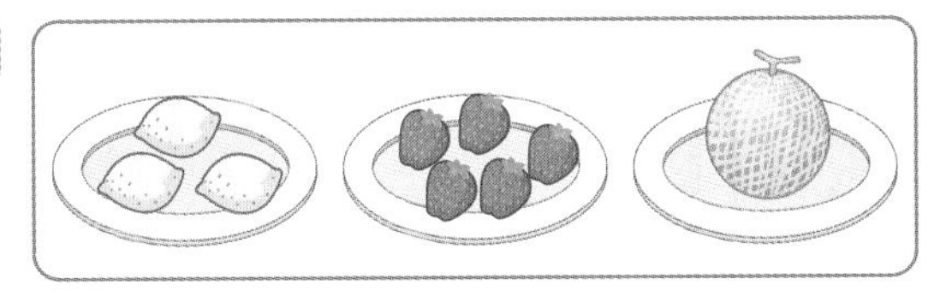

3+5+1=□

1-2

1+3+4=□

[2-1 ~ 2-2] 주어진 수만큼 ○를 그려서 세 수의 덧셈을 해 보세요.

2-1 2+1+5=□

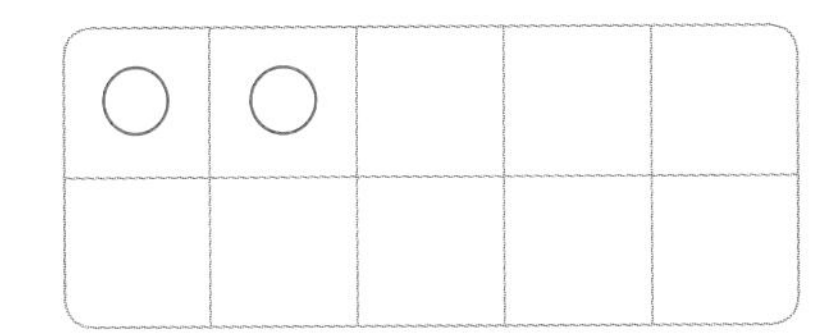

2-2 2+2+3=□

[3-1 ~ 3-2] □ 안에 알맞은 수를 써넣으세요.

3-1

$$\begin{array}{r} 3 \\ +\ 4 \\ \hline \square \end{array} \rightarrow \begin{array}{r} \square \\ +\ 1 \\ \hline \square \end{array}$$

➜ 3+4+1=□

3-2

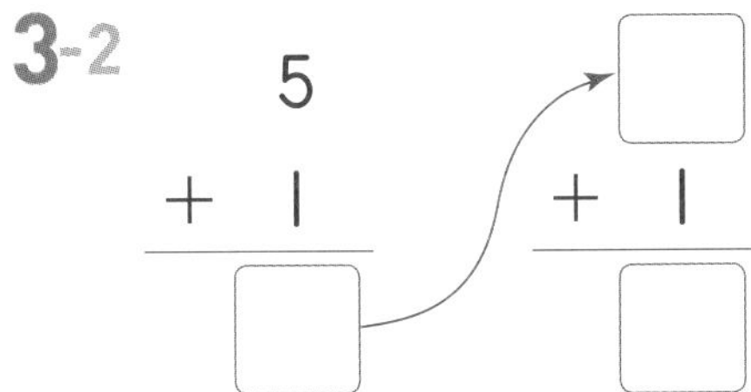

$$\begin{array}{r} 5 \\ +\ 1 \\ \hline \square \end{array} \rightarrow \begin{array}{r} \square \\ +\ 1 \\ \hline \square \end{array}$$

➜ 5+1+1=□

[4-1 ~ 4-2] □ 안에 알맞은 수를 써넣으세요.

4-1 1+2+3=□

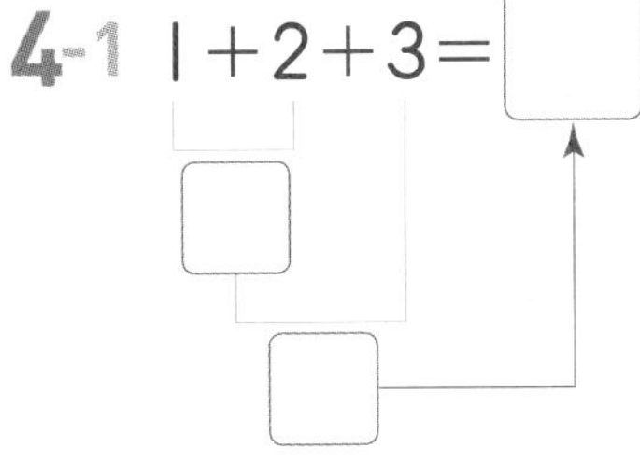

4-2 1+4+4=□

5일 덧셈과 뺄셈(2) 세 수의 뺄셈

교과서 기초 개념

• **세 수의 뺄셈하기**

예 $9-3-2$의 계산

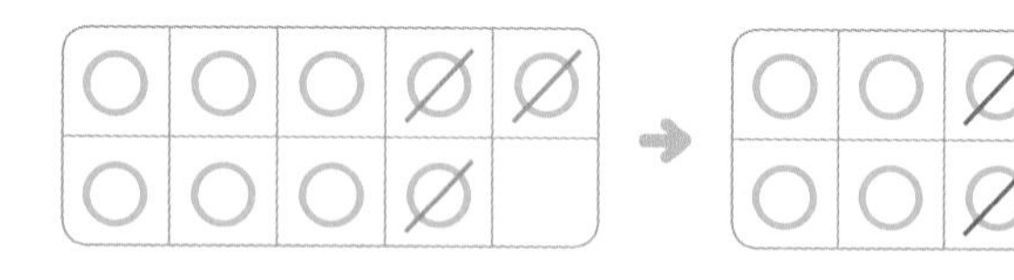

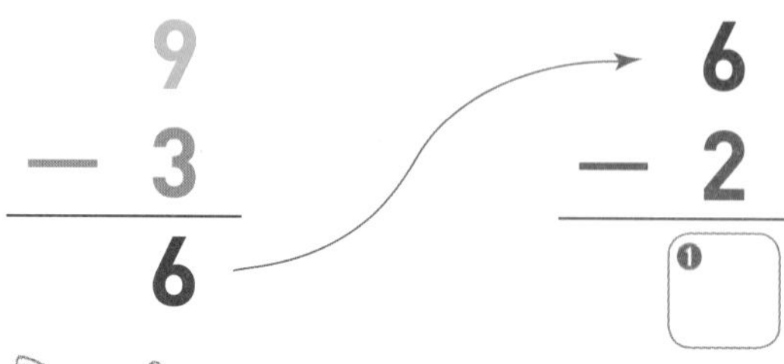

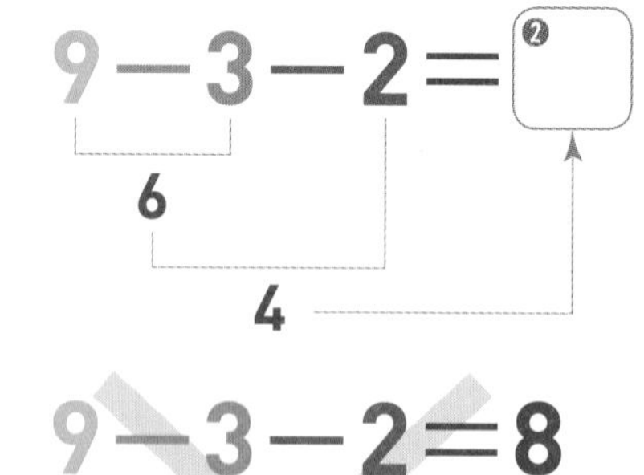

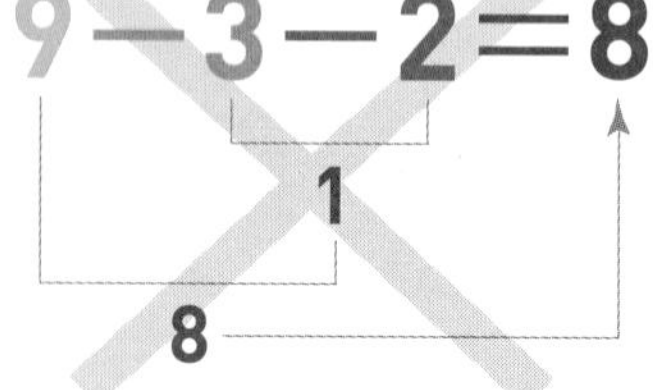

정답 ❶ 4 ❷ 4

개념·원리 확인

▶정답 및 풀이 13쪽

[1-1 ~ 1-2] 그림을 보고 ☐ 안에 알맞은 수를 써넣으세요.

1-1

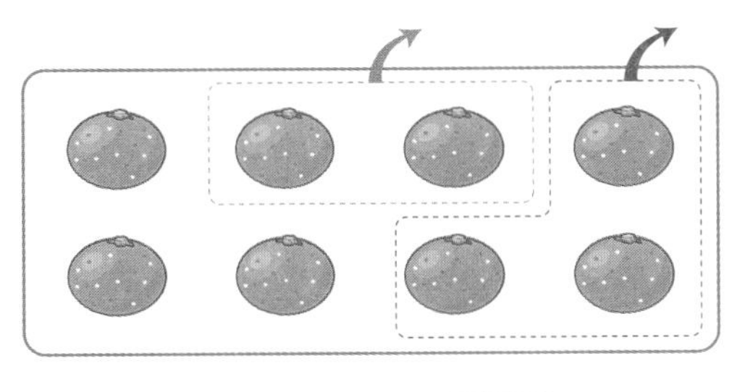

$8-3-2=$ ☐

1-2

$7-3-3=$ ☐

[2-1 ~ 2-2] ○를 빼는 수만큼 /으로 지워서 세 수의 뺄셈을 해 보세요.

2-1 $9-2-4=$ ☐

○	○	○	○	○
○	○	○	○	

2-2 $8-2-1=$ ☐

○	○	○	○	
○	○	○	○	

[3-1 ~ 3-2] ☐ 안에 알맞은 수를 써넣으세요.

3-1

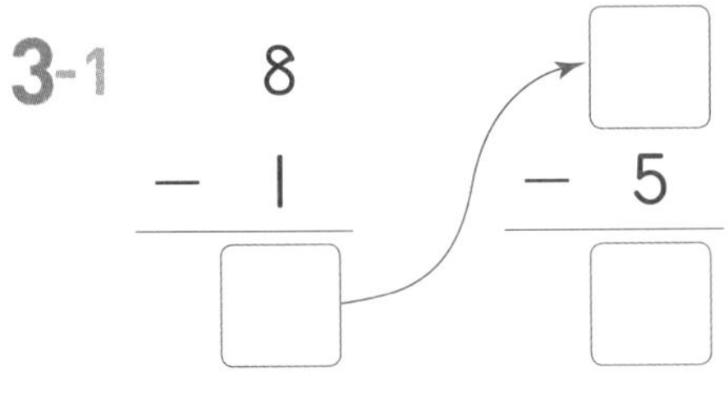

➜ $8-1-5=$ ☐

3-2 $7-3-2=$ ☐

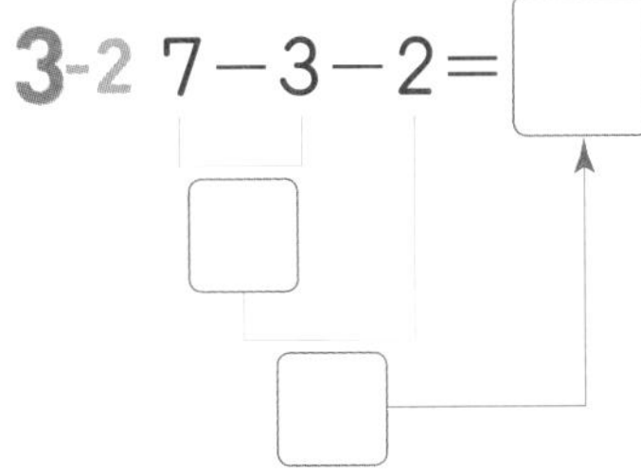

2주 5일

5일 기초 집중 연습

기본 문제 연습

[1-1 ~ 1-2] 계산해 보세요.

1-1 $5+2+2=\square$

1-2 $7-3-1=\square$

[2-1 ~ 2-2] 그림에 알맞은 식을 만들고 계산해 보세요.

2-1

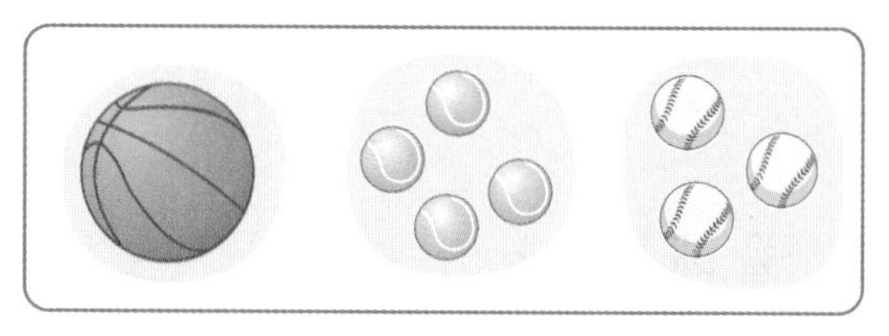

$\square+\square+\square=\square$

2-2

$6-1-\square=\square$

[3-1 ~ 3-2] 바르게 계산했으면 ○표, 그렇지 않으면 ×표 하세요.

3-1

$6-4-1=3$

3

3

(　　)

3-2

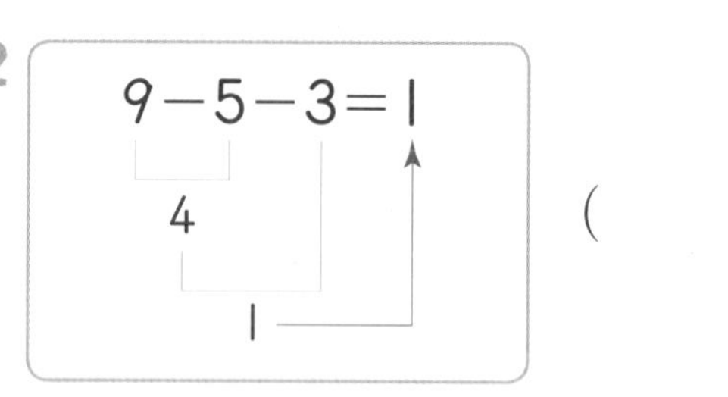

(　　)

[4-1 ~ 4-2] 세 수의 합을 식을 만들어 구해 보세요.

4-1

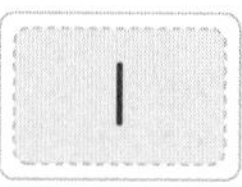

1　2　4

식 ____________________

4-2

5　1　3

식 ____________________

▶정답 및 풀이 13쪽

연산 → 문장제 연습 '남은 것'을 구할 때에는 주거나, 버리거나, 먹은 것의 수를 빼자.

연산 계산해 보세요.

$5-3-1=\square$

이 세 수의 뺄셈식이
어떤 상황에서 이용될까요?

5-1 은재는 풍선을 5개 샀습니다. 그중 3개를 지호에게 주고, 1개는 터져서 버렸습니다. 남은 풍선은 몇 개인가요?

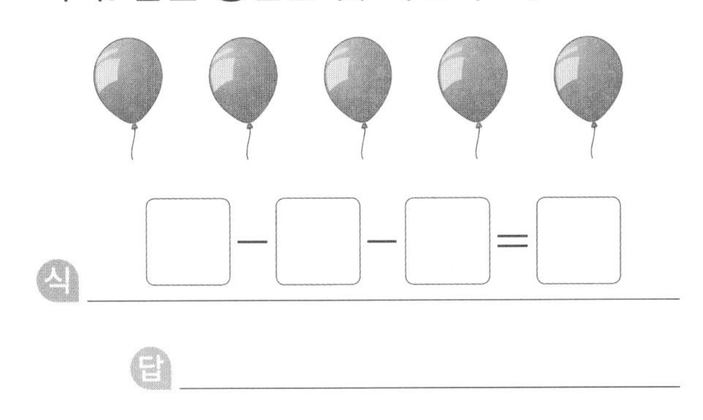

식 $\square-\square-\square=\square$

답 ______

5-2 어묵 꼬치가 8개 있습니다. 그중 준수가 2개를 먹고, 동생이 2개를 먹었습니다. 남은 어묵 꼬치는 몇 개인가요?

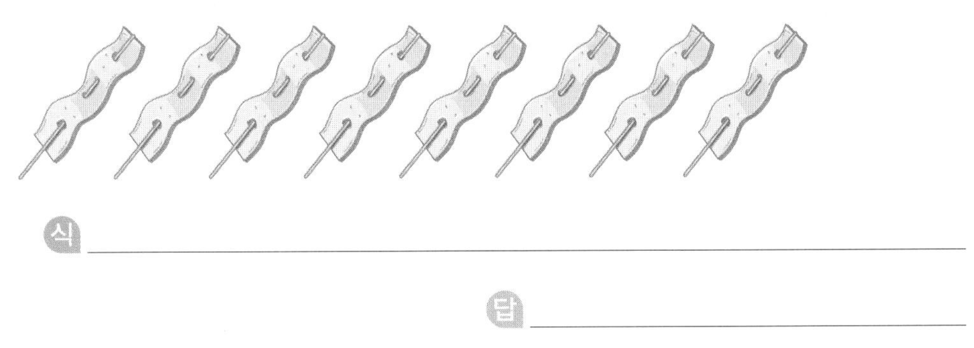

식 ______

답 ______

5-3 유림이는 장미를 7송이 샀습니다. 그중 3송이를 친구에게 주고, 4송이는 시들어서 버렸습니다. 남은 장미는 몇 송이인가요?

식 ______

답 ______

누구나 100점 맞는 테스트

1 그림을 보고 □ 안에 알맞은 수를 써넣으세요.

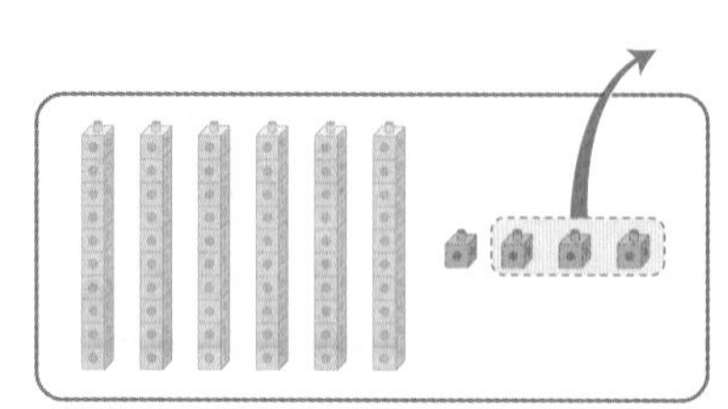

64－3=□

2 그림과 같이 물건을 종이 위에 대고 본떴을 때 나타나는 모양에 ○표 하세요.

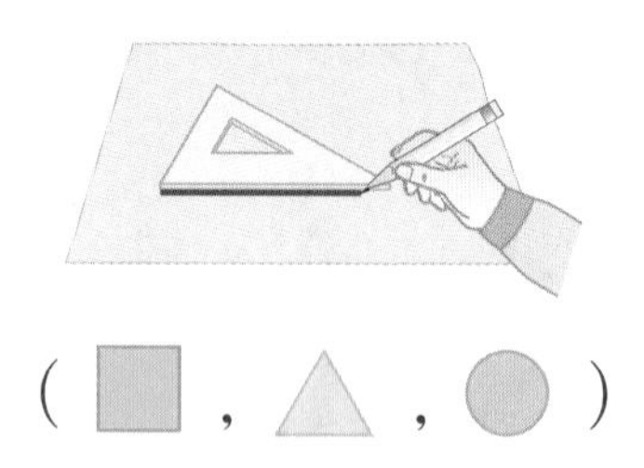

(■ , ▲ , ●)

3 뺄셈을 해 보세요.

(1)
$$\begin{array}{r} 80 \\ -\ 60 \\ \hline \square \end{array}$$

(2)
$$\begin{array}{r} 75 \\ -\ 31 \\ \hline \square \end{array}$$

4 그림에 알맞은 식을 만들고 계산해 보세요.

□+□+□=□

5 토마토가 28개 있습니다. 그중 5개를 먹었다면 남은 토마토는 몇 개인가요?

식 ______________________

답 ______________________

▶정답 및 풀이 13쪽

6 바르게 계산한 것에 ○표 하세요.

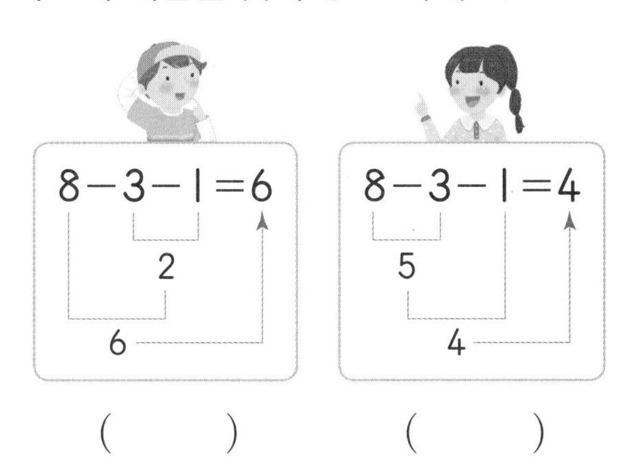

( )　　( )

7 다음과 모양이 같은 물건을 찾아 기호를 써 보세요.

( )

8 탱크 모양을 꾸미는 데 이용한 ■, ▲, ● 모양은 각각 몇 개인지 써 보세요.

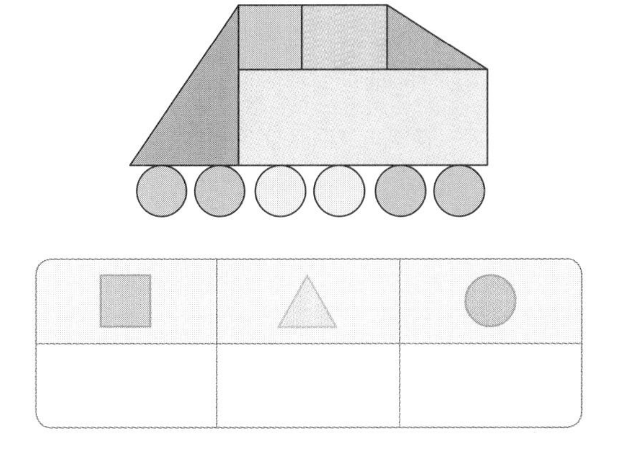

9 ■, ▲, ● 모양을 각각 모두 찾아 기호를 써 보세요.

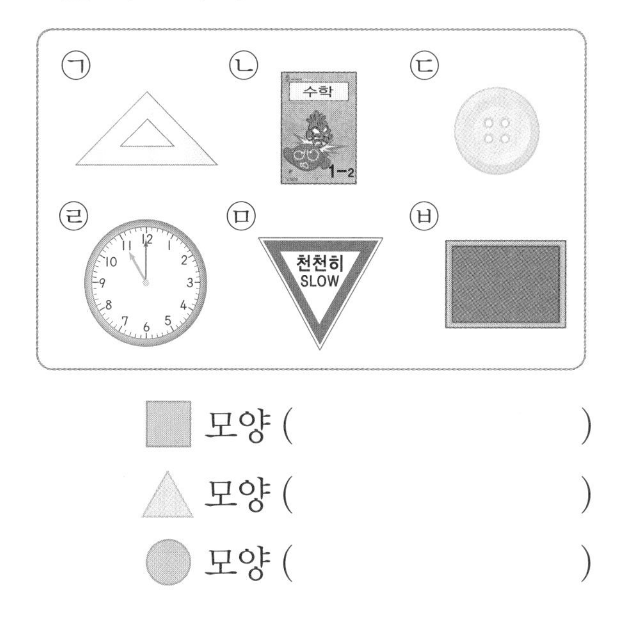

■ 모양 ( )

▲ 모양 ( )

● 모양 ( )

10 보라색 책은 하늘색 책보다 몇 권 더 많은가요?

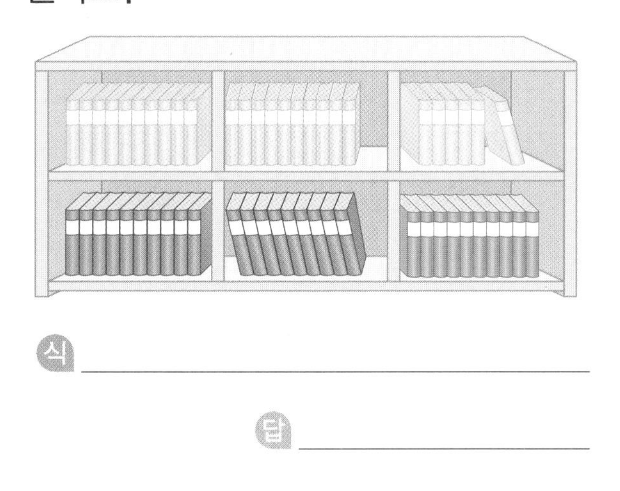

식 ____________________

답 ____________________

특강 창의·융합·코딩

창의 1 시은, 다현, 유성이가 자전거를 타다가 잠시 쉬고 있어요.

○, × 표시를 해 가면서
유성이의 자전거 색깔을 알아볼까?

	시은	다현	유성
빨간색 자전거	○	×	×
초록색 자전거	×		
파란색 자전거	×		

답 유성이의 자전거 색깔은 ☐ 색입니다.

▶정답 및 풀이 14쪽

열쇠에 맞는 자물쇠를 찾아라!

헨젤과 그레텔은 숲속에서 길을 잃고 헤매고 있었어요.

그레텔이 발견한 열쇠로 열 수 있는
자물쇠를 찾아 ○표 해 봐~

[3~5] 여러 나라의 국기를 보고 물음에 답하세요.

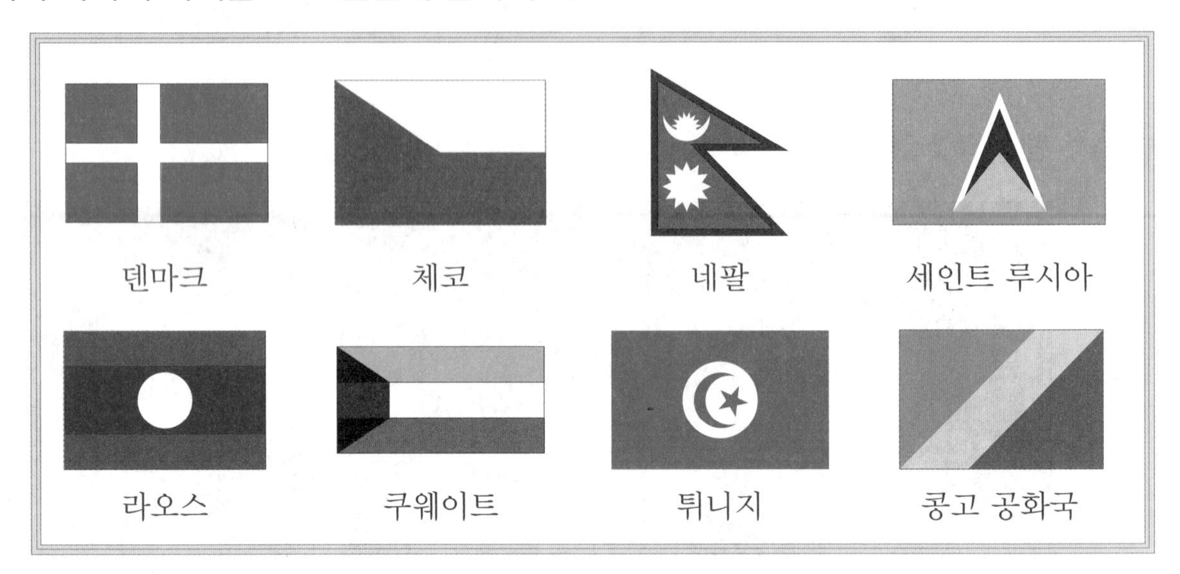

융합 3 ■ 모양을 찾을 수 있는 국기는 모두 몇 개인가요?

융합 4 ▲ 모양을 찾을 수 있는 국기는 모두 몇 개인가요?

융합 5 ● 모양을 찾을 수 있는 국기는 모두 몇 개인가요?

답 ______________

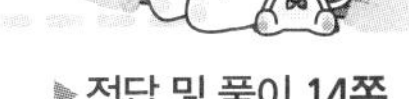

▶정답 및 풀이 14쪽

옳은 식이 되도록 길을 따라 선을 그어 보세요.

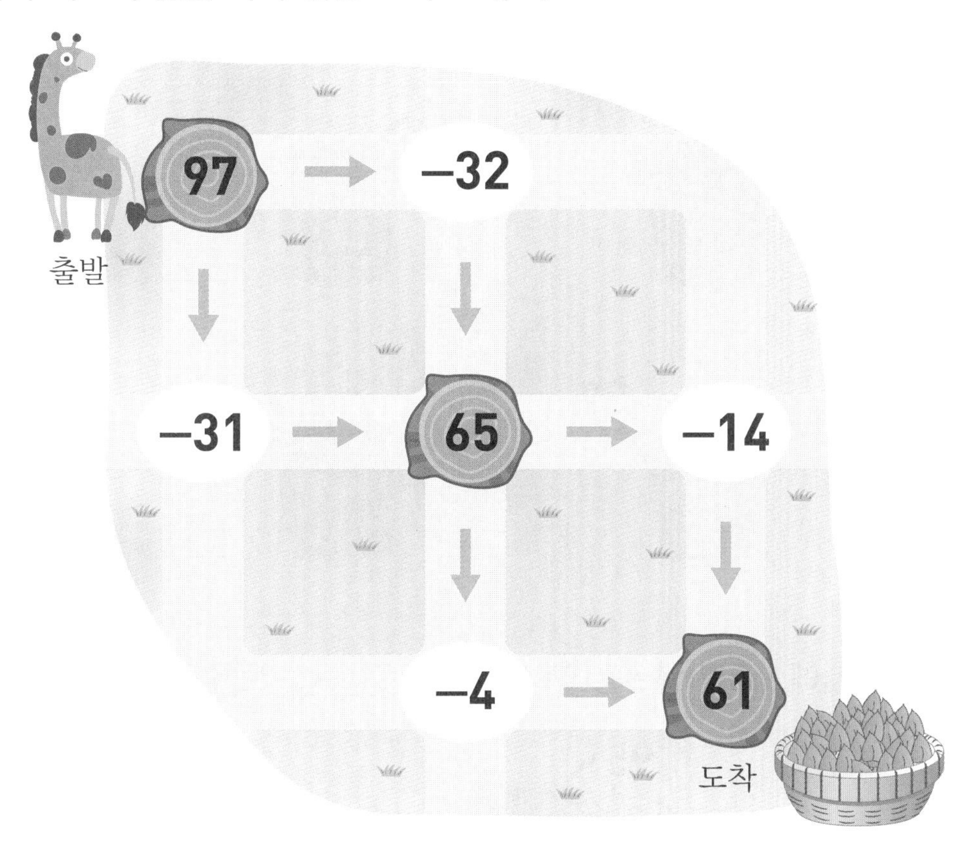

나무 조각에 물감을 묻혀 찍을 때 나타날 수 있는 모양을 모두 찾아 ○표 하세요.

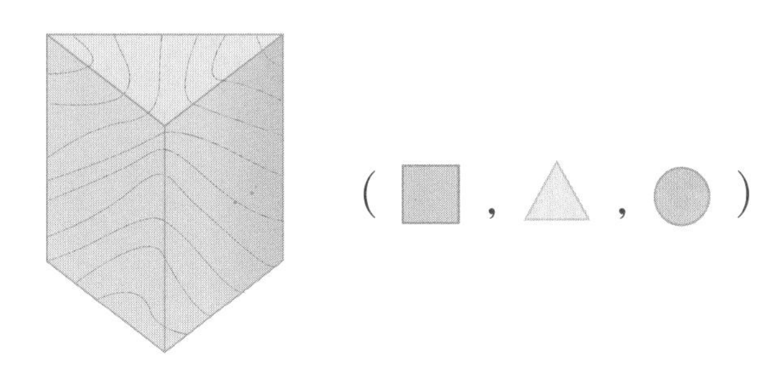

특강 창의·융합·코딩

창의 8 보기 와 같이 규칙에 따라 수가 바뀌어 나오는 모자가 있습니다.

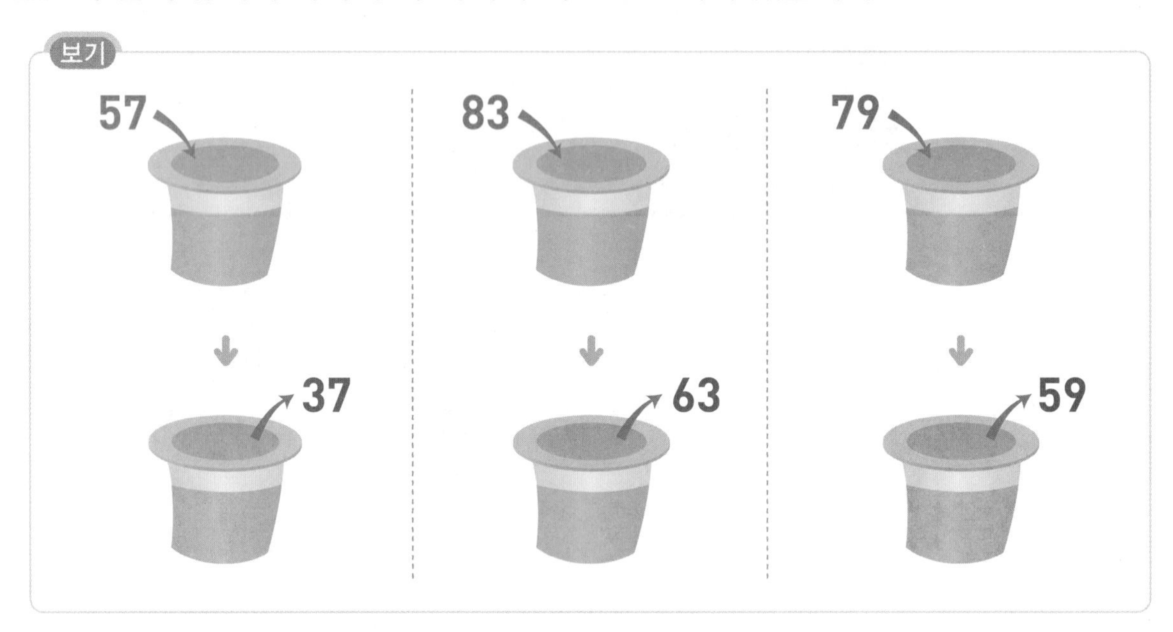

이 모자에 95를 넣으면 얼마가 나오는지 구해 보세요.

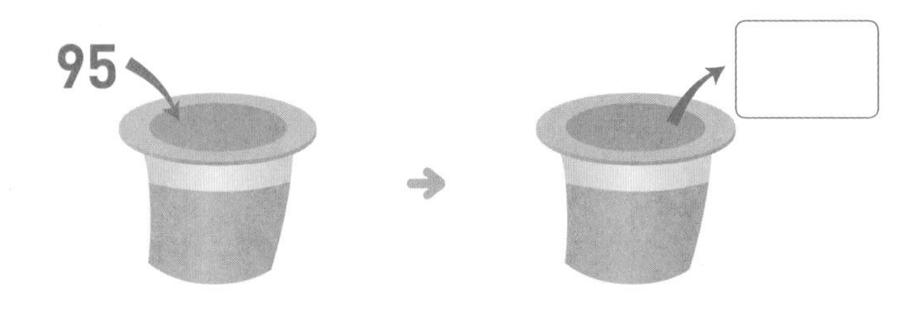

창의 9 보기 와 같이 면봉을 주어진 수만큼 사용하여 ▢ 모양을 만들어 보세요.

▶정답 및 풀이 14쪽

코딩 10 보기 와 같이 분홍색 카드부터 시작하여 왼쪽의 명령에 따라 움직이면서 계산해 보세요.

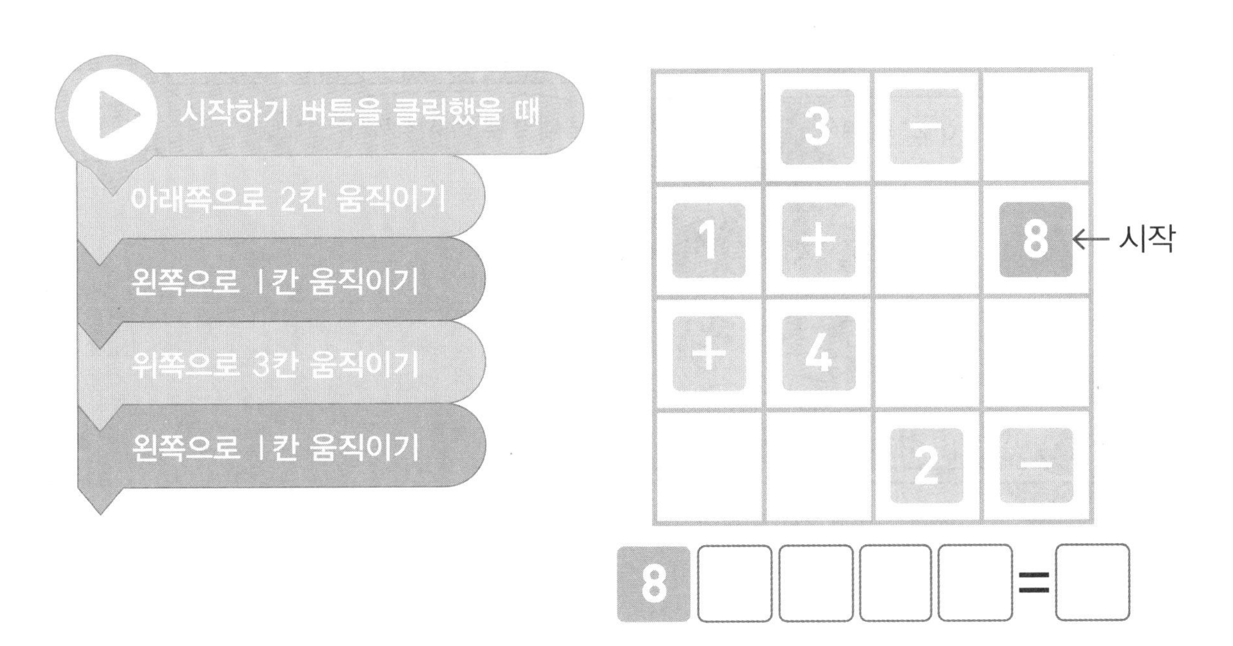

덧셈과 뺄셈(2) / 시계 보기와 규칙 찾기

3주에는 무엇을 공부할까? ①

- 1일 두 수를 더하기, 10이 되는 더하기
- 2일 10에서 빼기, 10을 만들어 더하기
- 3일 몇 시, 몇 시 30분
- 4일 규칙 찾기(1), (2)
- 5일 규칙을 찾아 여러 가지 방법으로 나타내기, 규칙을 만들어 무늬 꾸미기

3주에는 무엇을 공부할까? ②

1-1 50까지의 수

9보다 1만큼 더 큰 수를 10이라고 하고 십 또는 열이라고 읽어.

10은 8보다 2만큼 더 큰 수, 7보다 3만큼 더 큰 수 라고도 나타낼 수 있어.

1-1 그림을 보고 □ 안에 알맞은 수를 써넣으세요.

●●●●●●●●●●

9보다 1만큼 더 큰 수는 □ 입니다.

1-2 그림을 보고 □ 안에 알맞은 수를 써넣으세요.

8보다 □ 만큼 더 큰 수는 10입니다.

2-1 10이 되도록 ○를 더 그려 보세요.

♥	♥	♥	♥	♥
♥	♥			

2-2 10이 되도록 △를 더 그려 보세요.

▲	▲	▲	▲	▲

1-2 여러 가지 모양

■ 모양은 뾰족한 곳이 4군데, ▲ 모양은 뾰족한 곳이 3군데 있고, ● 모양은 뾰족한 곳이 없어.

■, ▲, ● 모양을 이용하여 여러 가지 모양을 꾸밀 수 있어.

3-1 ▲ 모양의 물건에 ○표 하세요.

( ) ( ) ( )

3-2 ■ 모양의 물건에 ○표 하세요.

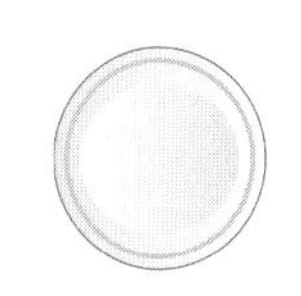

( ) ( ) ( )

4-1 다음 모양을 꾸미는 데 이용한 모양에 ○표 하세요.

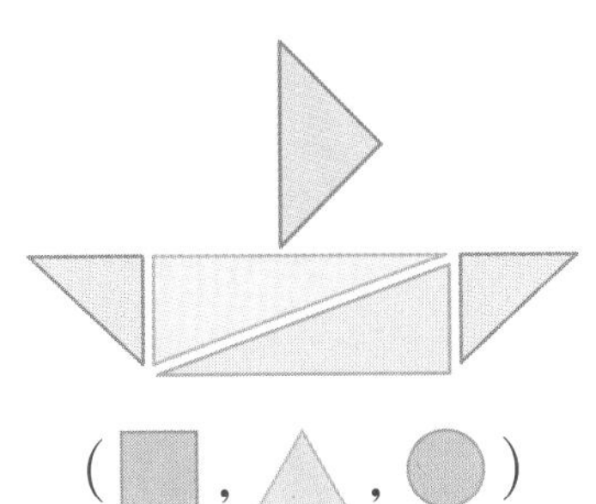

(■, ▲, ●)

4-2 다음 모양을 꾸미는 데 이용하지 않은 모양에 ×표 하세요.

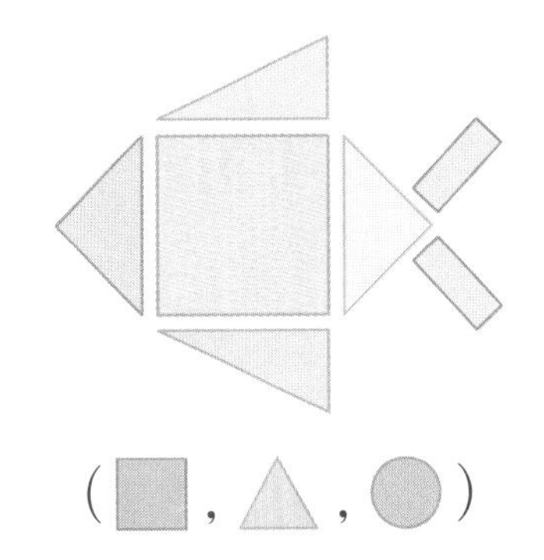

(■, ▲, ●)

두 수를 더하기

교과서 기초 개념

• 이어 세기로 두 수를 더하기

예 8 9 10 11 → $8+3=$ ❶

모형이 **8**개하고 **3**개 더 있으므로 8하고 9, 10, 11입니다.

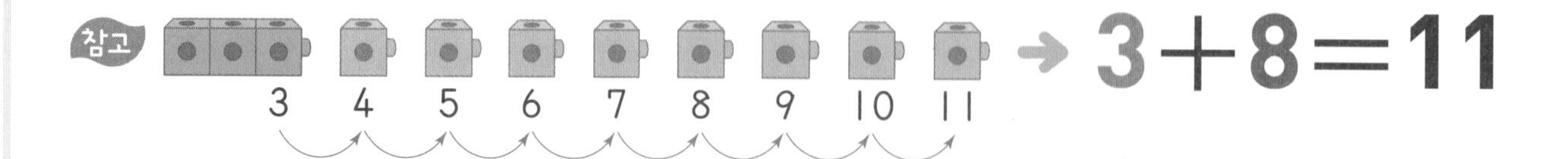

참고 3 4 5 6 7 8 9 10 11 → $3+8=11$

두 수를 바꾸어 더해도 합은 같아.

정답 ❶ 11

개념 · 원리 확인

▶정답 및 풀이 15쪽

1-1 □ 안에 알맞은 수를 써넣으세요.

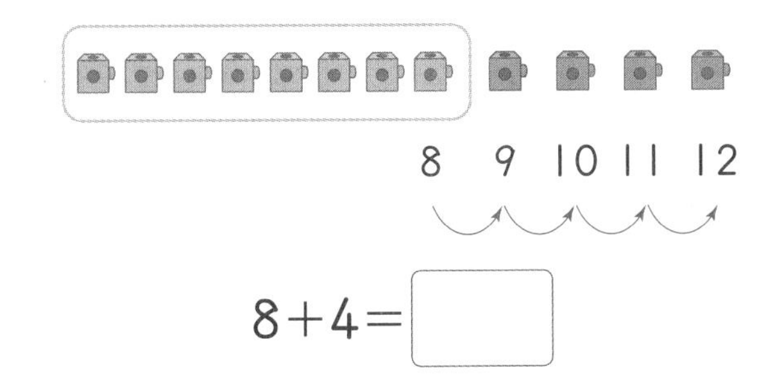

$8+4=$ □

1-2 □ 안에 알맞은 수를 써넣으세요.

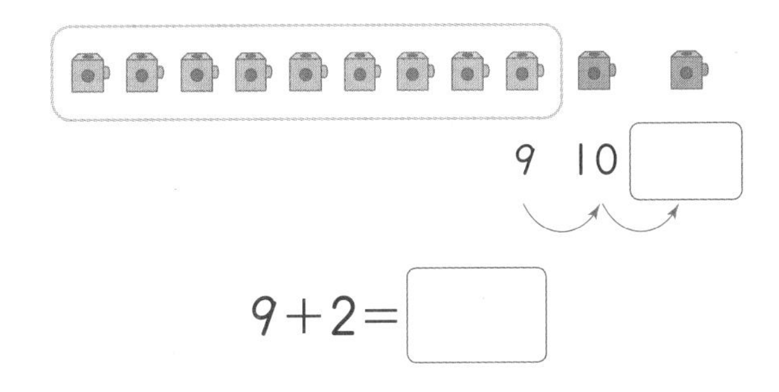

$9+2=$ □

2-1 그림을 보고 두 수를 더해 보세요.

$5+8=$ □

2-2 그림을 보고 두 수를 더해 보세요.

$6+9=$ □

3-1 그림을 보고 두 수를 바꾸어 더해 보세요.

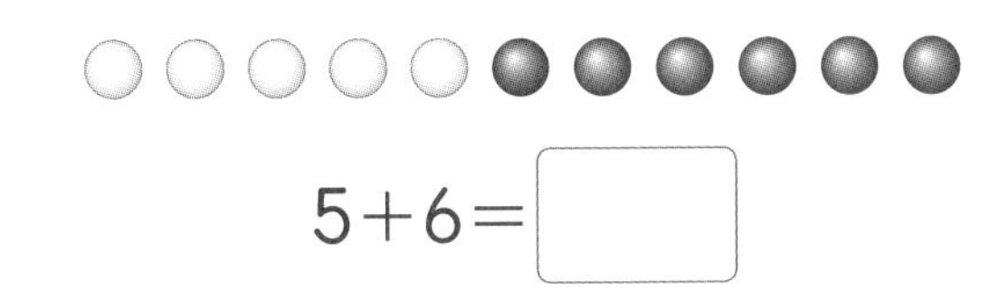

$5+6=$ □

$6+5=$ □

3-2 그림을 보고 두 수를 바꾸어 더해 보세요.

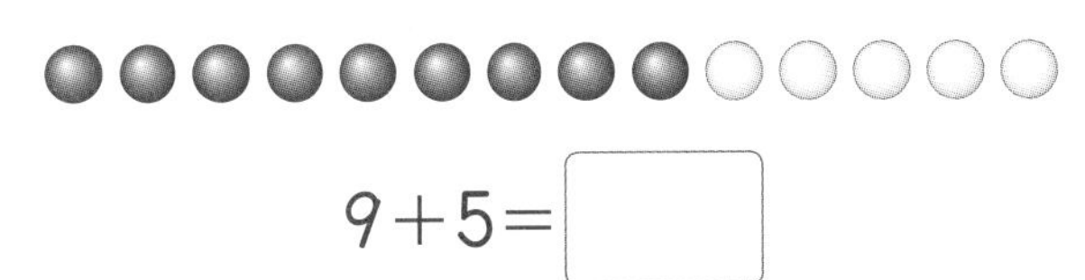

$9+5=$ □

$5+9=$ □

10이 되는 더하기

교과서 기초 개념

• 10이 되는 더하기

1+9=10

2+8=10

3+7=10

4+6=10

5+5=10

6+4=10

7+3=10

8+2=10

9+❶☐=10

정답 ❶ 1

개념 · 원리 확인

▶ 정답 및 풀이 15쪽

[1-1 ~ 1-2] 모형을 보고 □ 안에 알맞은 수를 써넣으세요.

1-1

$3+7=\square$

1-2

$9+1=\square$

[2-1 ~ 2-2] 그림을 보고 □ 안에 알맞은 수를 써넣으세요.

2-1

$4+\square=10$

2-2

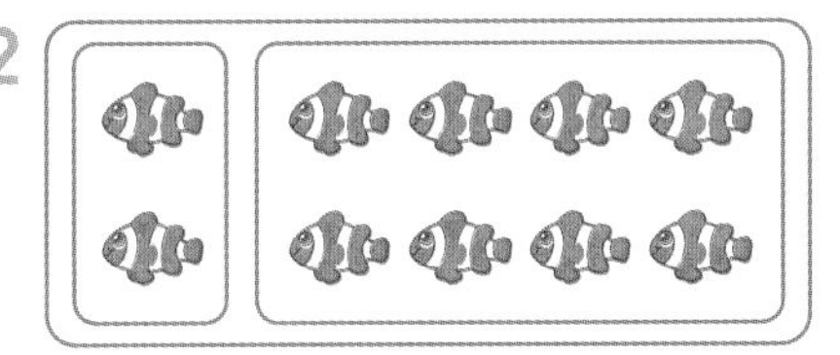

$\square+8=10$

3-1 그림에 맞는 덧셈식을 만들어 보세요.

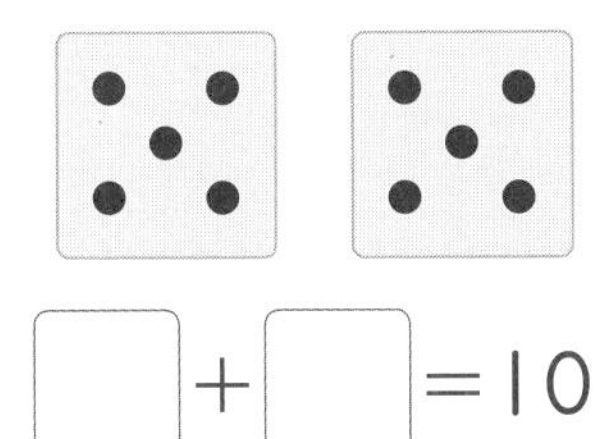

$\square+\square=10$

3-2 그림에 맞는 덧셈식을 만들어 보세요.

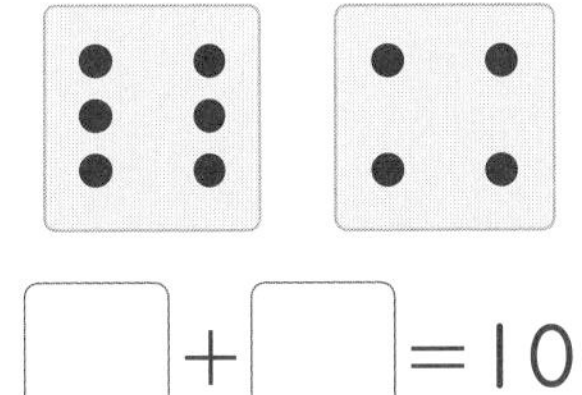

$\square+\square=10$

[4-1 ~ 4-2] 10이 되도록 ○를 더 그려 넣고, □ 안에 알맞은 수를 써넣으세요.

4-1

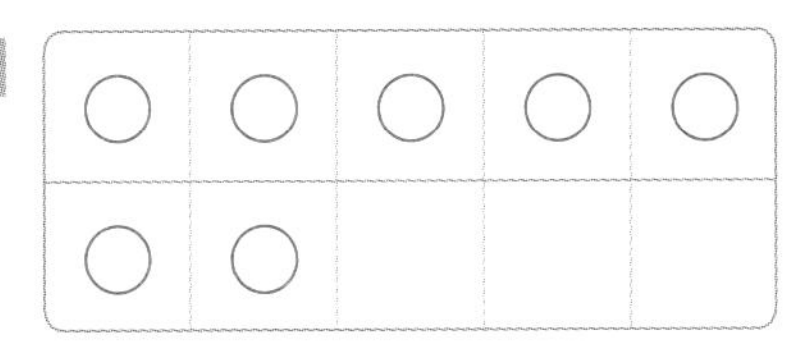

$7+\square=10$

4-2

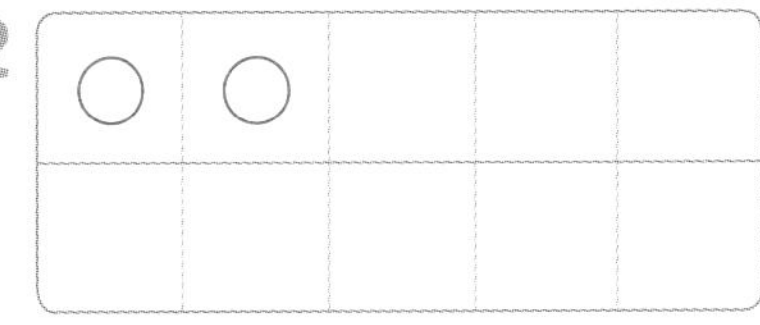

$2+\square=10$

기초 집중 연습

기본 문제 연습

1-1 그림을 보고 ☐ 안에 알맞은 수를 써넣으세요.

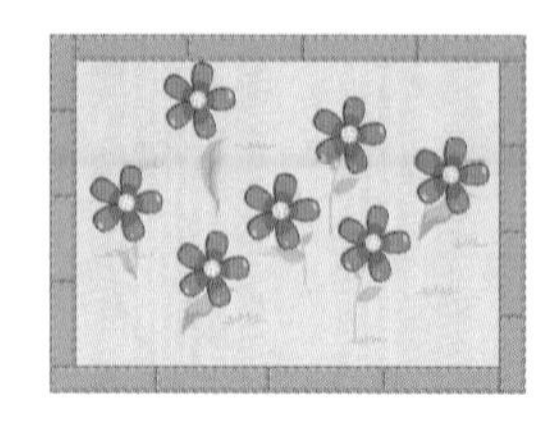

5+☐=☐

1-2 그림을 보고 ☐ 안에 알맞은 수를 써넣으세요.

☐+2=☐

2-1 ☐ 안에 알맞은 수를 써넣으세요.

9+☐=10

2-2 ☐ 안에 알맞은 수를 써넣으세요.

☐+4=10

3-1 합이 같은 것끼리 이어 보세요.

4+8 ·	· 8+4
9+2 ·	· 2+9

3-2 합이 같은 것끼리 이어 보세요.

7+6 ·	· 9+5
5+9 ·	· 6+7

4-1 더해서 10이 되는 덧셈식에 ○표 하세요.

7+2　　5+5

4-2 더해서 10이 되는 덧셈식에 ○표 하세요.

1+9　　4+7

▶정답 및 풀이 16쪽

연산 → 문장제 연습 '모두 몇인지'를 구할 때에는 덧셈으로 구하자.

연산 그림을 보고 두 수를 더해 보세요.

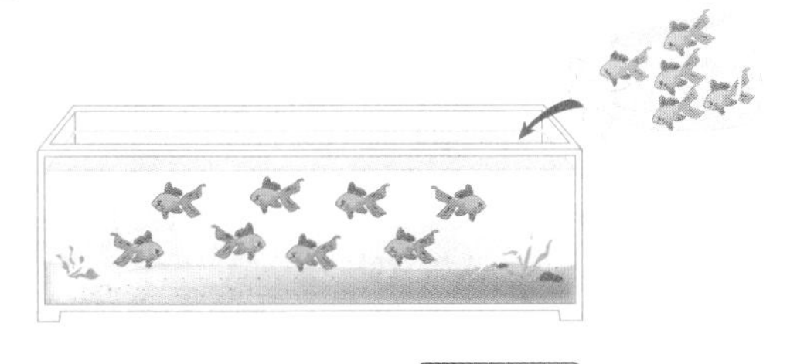

8+5=☐

5-1 어항에 금붕어가 8마리 있습니다. 5마리를 더 넣는다면 금붕어는 모두 몇 마리인가요?

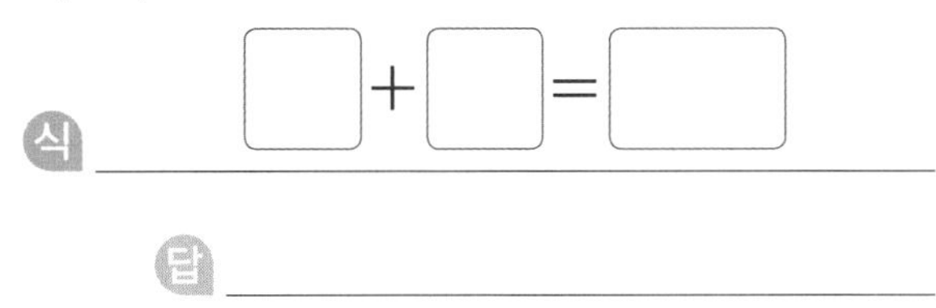

식 ☐+☐=☐

답 ______

5-2 꽃밭에 나비가 7마리 있습니다. 4마리가 더 날아온다면 나비는 모두 몇 마리인가요?

식 ______

답 ______

5-3 추석을 맞이하여 민하가 송편을 빚었습니다. 민하가 빚은 송편은 모두 몇 개인가요?

식 ______

답 ______

10에서 빼기

*현상금: 사람을 찾는 일에 상으로 내거는 돈

교과서 기초 개념

• 10에서 빼기

구슬	식
○○○○○○○○○⊘	10−1=9
○○○○○○○○⊘⊘	10−2=8
○○○○○○○⊘⊘⊘	10−3=7
○○○○○○⊘⊘⊘⊘	10−4=6
○○○○○⊘⊘⊘⊘⊘	10−5=5
○○○○⊘⊘⊘⊘⊘⊘	10−6=4
○○○⊘⊘⊘⊘⊘⊘⊘	10−7=3
○○⊘⊘⊘⊘⊘⊘⊘⊘	10−8=2
○⊘⊘⊘⊘⊘⊘⊘⊘⊘	10−9=1

/으로 지우고 남은 구슬의 수를 세어 봐.

개념 · 원리 확인

▶정답 및 풀이 16쪽

[1-1 ~ 1-2] 그림을 보고 □ 안에 알맞은 수를 써넣으세요.

1-1

울타리 안에 남은 병아리는 □마리

입니다. ➔ $10-2=$ □

1-2

빵은 음료수보다 □개 더 많습니다.

➔ $10-5=$ □

2-1 그림을 보고 뺄셈을 해 보세요.

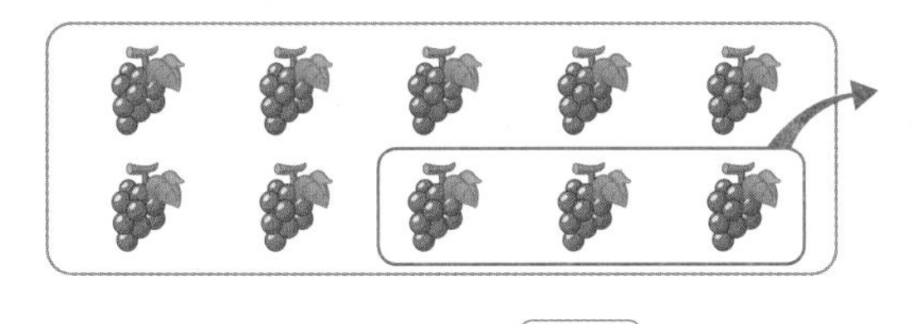

$10-3=$ □

2-2 그림을 보고 뺄셈을 해 보세요.

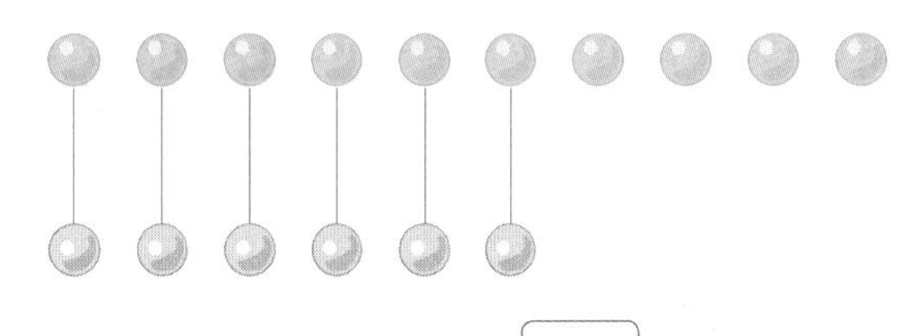

$10-6=$ □

[3-1 ~ 3-2] 식에 맞게 ○를 /으로 지우고, □ 안에 알맞은 수를 써넣으세요.

3-1

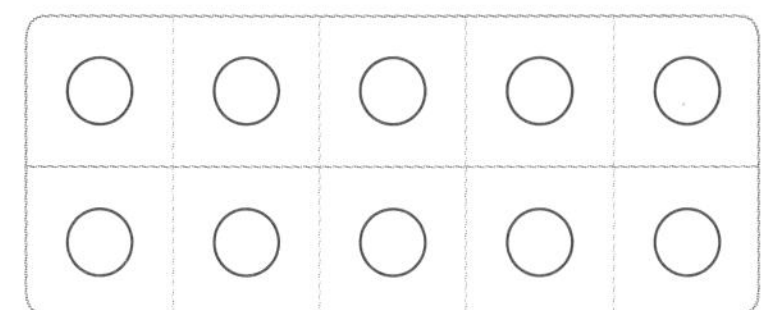

$10-4=$ □

3-2

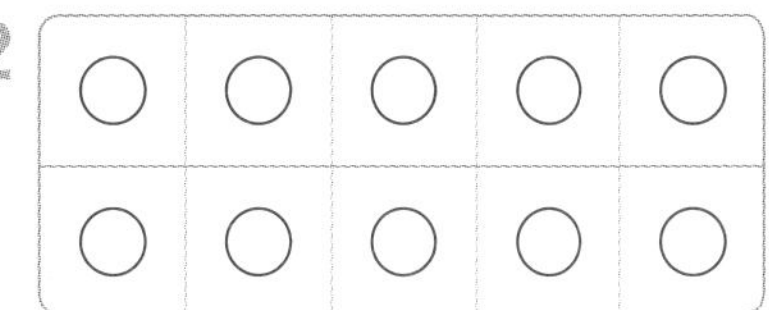

$10-7=$ □

2일 덧셈과 뺄셈(2) 10을 만들어 더하기

교과서 기초 개념

• 10을 만들어 더하기

㉔ 7+3+4 계산하기

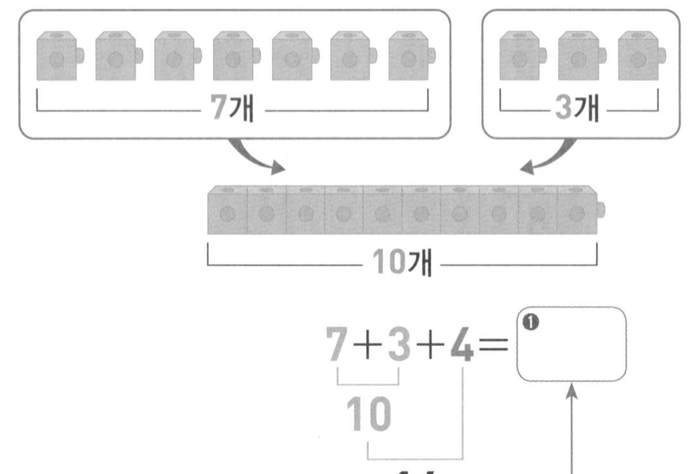

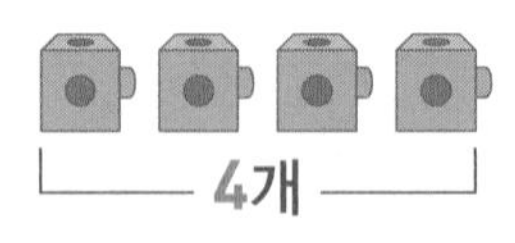

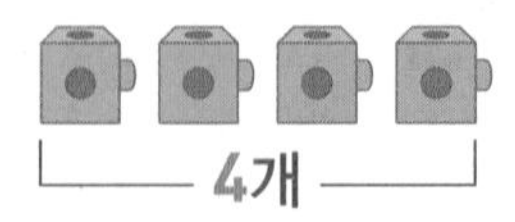

7+3+4= ❶ [ ]
10
14

더해서 10이 되는 두 수를 먼저 더해서 계산해.

정답 ❶ 14

[1-1 ~ 1-2] 그림을 보고 □ 안에 알맞은 수를 써넣으세요.

1-1

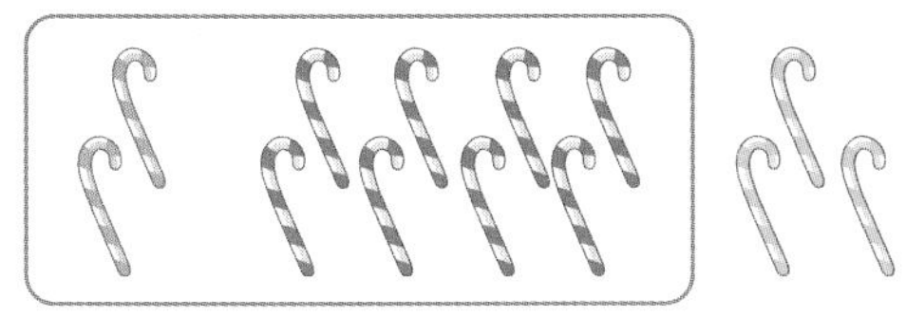

2+8+3=□

10

□

1-2

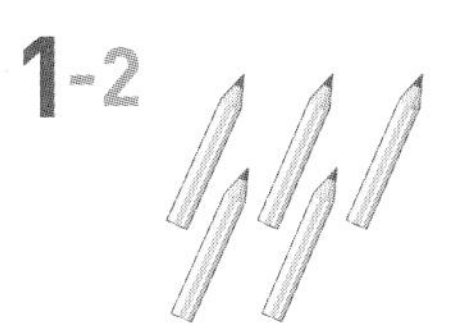

5+4+6=□

10

□

2-1 그림을 보고 세 수를 더해 보세요.

5+5+2=□

2-2 그림을 보고 세 수를 더해 보세요.

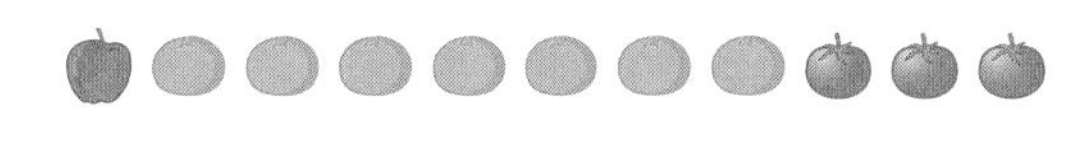

1+7+3=□

3-1 □ 안에 알맞은 수를 써넣으세요.

3+7+8=□

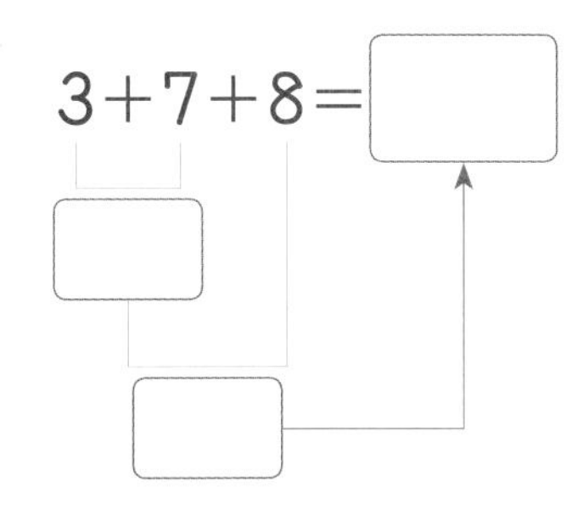

3-2 □ 안에 알맞은 수를 써넣으세요.

6+1+9=□

□

□

[4-1 ~ 4-2] 합이 10이 되는 두 수를 ◯로 묶고, 계산해 보세요.

4-1 8+2+5=□

4-2 7+6+4=□

2일 기초 집중 연습

기본 문제 연습

1-1 계산해 보세요.

(1) $10-4$

(2) $7+3+2$

1-2 계산해 보세요.

(1) $10-1$

(2) $8+6+4$

[2-1 ~ 2-2] 계산 결과가 더 큰 것을 찾아 기호를 써 보세요.

2-1

㉠ $10-3$ ㉡ $10-7$

( )

2-2

㉠ $3+5+5$ ㉡ $1+9+6$

( )

3-1 차를 찾아 이어 보세요.

$10-5$ •	• 1
$10-9$ •	• 5

3-2 합을 찾아 이어 보세요.

$2+8+4$ •	• 14
$6+3+7$ •	• 16

[4-1 ~ 4-2] 주어진 것을 구하는 식을 써 보세요.

4-1

남은 바나나의 수

→ 식 $10-\square=\square$

4-2

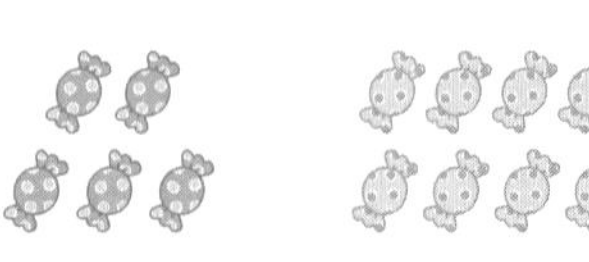

전체 사탕의 수

→ 식 $5+\square+\square=\square$

▶정답 및 풀이 17쪽

연산 → 문장제 연습 세 수를 더할 때에는 10을 만들어 구하자.

연산 계산해 보세요.

$8+2+7=\square$

이 세 수의 덧셈은 어떻게 이용될까요?

5-1 바구니에 키위가 8개, 망고가 2개, 딸기가 7개 들어 있습니다. 바구니에 들어 있는 과일은 모두 몇 개인가요?

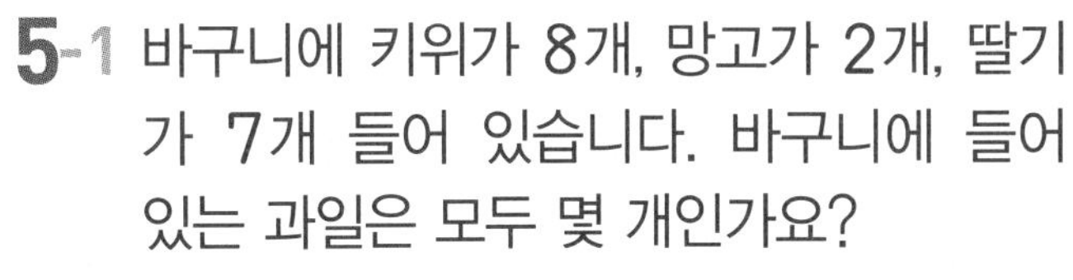

식 $\square+\square+\square=\square$

답 ______

5-2 지환이가 3일 동안 모은 딱지의 수입니다. 모은 딱지는 모두 몇 개인가요?

1일	2일	3일
4개	6개	3개

식 ______

답 ______

5-3 우석이의 책꽂이에 있는 책입니다. 책꽂이에 있는 책은 모두 몇 권인가요?

사전 3권,
위인전 7권,
동화책 8권이 있어.

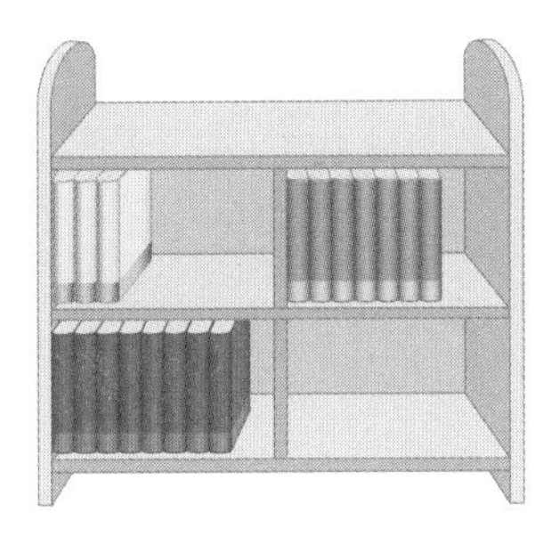

식 ______

답 ______

3주 2일

교과서 기초 개념

- **몇 시 알아보기**

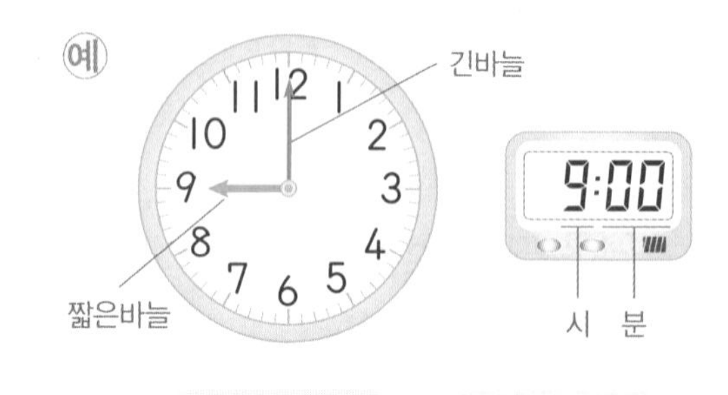

- 짧은바늘이 ❶ [ ] 를 가리킵니다.
- 긴바늘이 12를 가리킵니다.

9시 아홉 시

 9시, 10시 등을 시각이라고 합니다.

정답 ❶ 9

개념 · 원리 확인

▶정답 및 풀이 17쪽

[1-1 ~ 1-2] 시계를 보고 □ 안에 알맞은 수를 써넣으세요.

1-1

짧은바늘이 □, 긴바늘이 12를 가리키므로 □시입니다.

1-2

짧은바늘이 □, 긴바늘이 12를 가리키므로 □시입니다.

[2-1 ~ 2-2] 시각을 바르게 썼으면 ○표, 잘못 썼으면 ×표 하세요.

2-1

2시

(　　　　　)

2-2

12시

(　　　　　)

3-1 시각을 써 보세요.

3-2 시각을 써 보세요.

4-1 시각에 맞게 긴바늘을 그려 넣으세요.

10시

4-2 시각에 맞게 짧은바늘을 그려 넣으세요.

5시

몇 시 30분

교과서 기초 개념

• 몇 시 30분 알아보기

예

• 짧은바늘이 11과 12 사이를 가리킵니다.

• 긴바늘이 ❶ ☐ 을 가리킵니다.

11시 30분 열한 시 삼십 분

몇 시 30분에는 긴바늘이 6을 가리켜.

 11시 30분을 12시 30분으로 잘못 나타내지 않도록 주의합니다.

정답 ❶ 6

▶정답 및 풀이 17쪽

[1-1 ~ 1-2] 시계를 보고 □ 안에 알맞은 수를 써넣으세요.

1-1

짧은바늘이 10과 11 사이에 있고,
긴바늘이 6을 가리키므로
10시 □ 분입니다.

1-2

짧은바늘이 □ 과 8 사이에 있고,
긴바늘이 6을 가리키므로
□ 시 □ 분입니다.

[2-1 ~ 2-2] 두 시계가 나타내는 시각이 같으면 ○표, 다르면 ×표 하세요.

2-1

2:30

(　　　　　　)

2-2

9:30

(　　　　　　)

3-1 시각을 써 보세요.

□ 시 □ 분

3-2 시각을 써 보세요.

□ 시 □ 분

4-1 시각에 맞게 긴바늘을 그려 넣으세요.

1시 30분

4-2 시각에 맞게 짧은바늘을 그려 넣으세요.

5시 30분

기초 집중 연습

기본 문제 연습

1-1 시각을 보고 몇 시인지 써 보세요.

(　　　　　　　　)

1-2 시각을 보고 몇 시 몇 분인지 써 보세요.

(　　　　　　　　)

2-1 시계의 시각을 찾아 이어 보세요.

•　　　　• 4시

•　　　　• 6시

2-2 같은 시각끼리 이어 보세요.

•　　　　•

•　　　　•

3-1 바르게 말한 사람을 찾아 이름을 써 보세요.

민호

3시는 긴바늘이 3을 가리켜.

태연

(　　　　　　　　)

3-2 바르게 말한 사람을 찾아 이름을 써 보세요.

수현

1시 30분은 짧은바늘이 12와 1 사이를 가리켜.

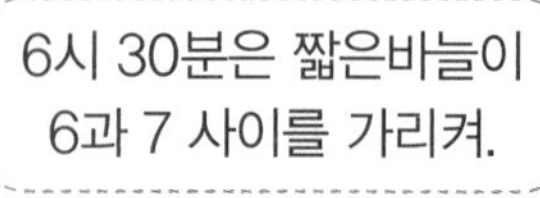

영탁

(　　　　　　　　)

▶정답 및 풀이 17쪽

기초 → 기본 연습 실생활에서 일이 일어난 시각을 시계에 나타내자.

기초 시각을 시계에 나타내어 보세요.

7시

4-1 소영이는 7시에 밥을 먹었습니다. 그 시각을 시계에 나타내어 보세요.

4-2 윤수가 축구를 한 시각을 시계에 나타내어 보세요.

2시 30분에 친구들과 축구를 했어.

윤수

4-3 지호는 8시에 세수를 하고 9시 30분에 잠자리에 들었습니다. 그림에 맞는 시각을 시계에 각각 나타내어 보세요.

〈세수를 한 시각〉

〈잠자리에 든 시각〉

교과서 기초 개념

• **규칙을 찾아 말하기**

㉠ 색깔이 반복되는 규칙

➜ **노란색** – **빨간색**이 반복됩니다.

㉠ 물건이 반복되는 규칙

➜ **주스** – **주스** – ❶ [ ] 가 반복됩니다.

규칙을 찾을 때에는 **반복되는 것이 무엇인지** 알아봐.

정답 ❶ 우유

개념 · 원리 확인

▶정답 및 풀이 18쪽

[1-1 ~ 1-2] 그림을 보고 규칙을 찾아 ☐ 안에 알맞은 말을 써넣으세요.

1-1

장갑 양말

장갑 – ☐이 반복됩니다.

1-2

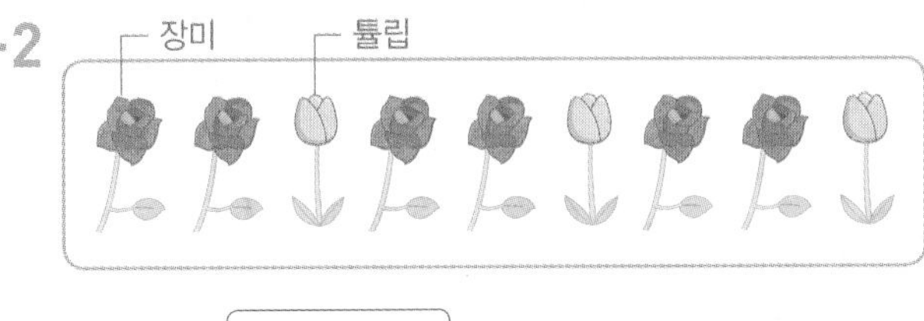

장미 – ☐ – 튤립이 반복됩니다.

[2-1 ~ 2-3] 보기 와 같이 반복되는 부분을 찾아 /으로 나누어 보세요.

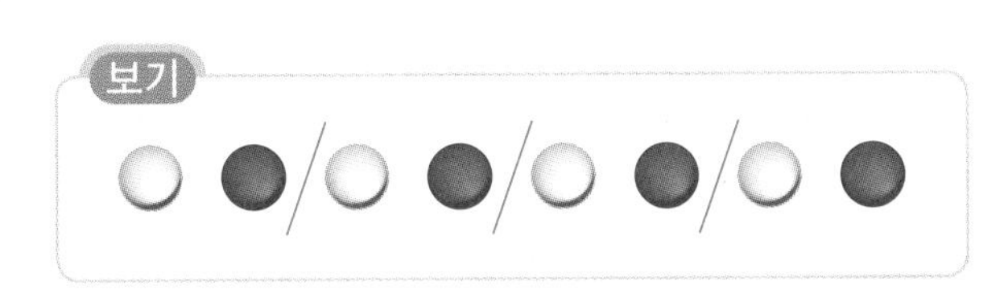

2-1

2-2

2-3

[3-1 ~ 3-2] 규칙을 찾아 바르게 썼으면 ○표, 잘못 썼으면 ×표 하세요.

3-1

닭 – 병아리가 반복됩니다.

( )

3-2

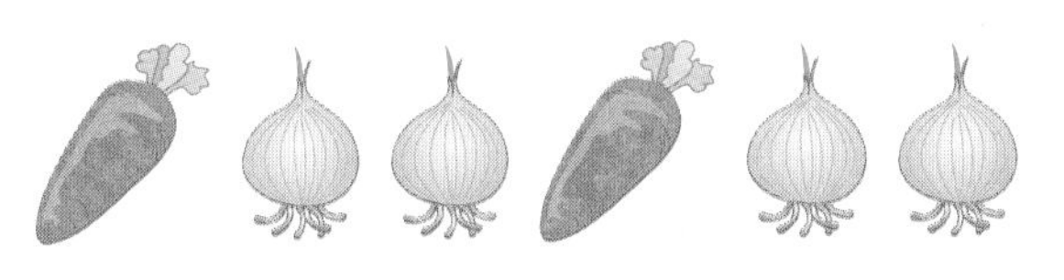

당근 – 양파 – 당근이 반복됩니다.

( )

규칙 찾기(2)

교과서 기초 개념

• **규칙을 찾아 알맞은 그림 찾기**

예  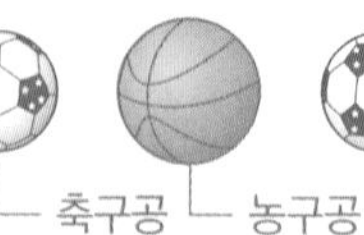     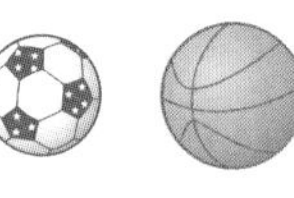 

축구공 농구공

(1) 규칙 찾기

축구공 – ❶  공이 반복됩니다.

반복되는 부분을 /으로 나누면 규칙을 찾기 편해.

(2) 알맞은 그림 찾기

농구공 다음에는 축구공이 놓이므로

빈칸에 알맞은 그림은 ❷  공입니다.

정답 ❶ 농구 ❷ 축구

개념·원리 확인

▶정답 및 풀이 18쪽

[1-1 ~ 1-2] 규칙에 따라 빈칸에 알맞은 그림을 찾아 ○표 하세요.

1-1 (1)

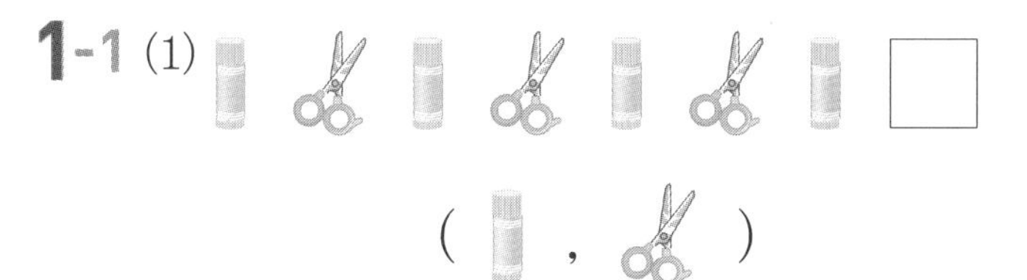

(,)

(2)

(,)

1-2 (1)

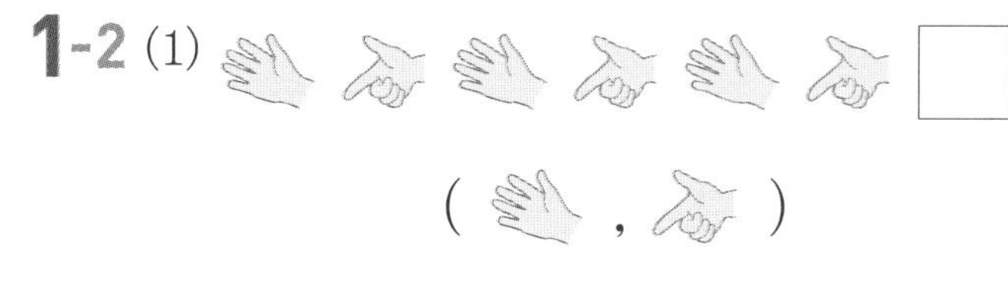

(,)

(2)

(,)

2-1 규칙에 따라 빈칸에 알맞은 과일의 이름을 써 보세요.

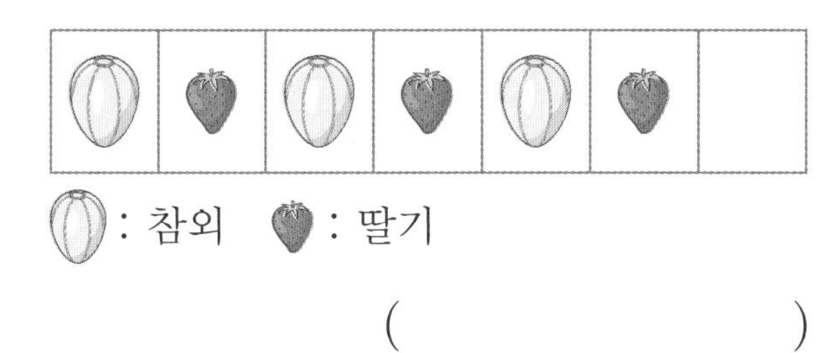

( )

2-2 규칙에 따라 빈칸에 알맞은 동물의 이름을 써 보세요.

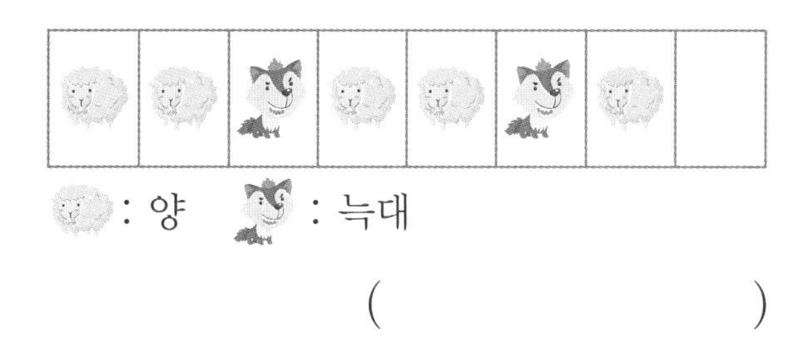

( )

3-1 규칙에 따라 빈칸에 알맞은 모양을 그려 보세요.

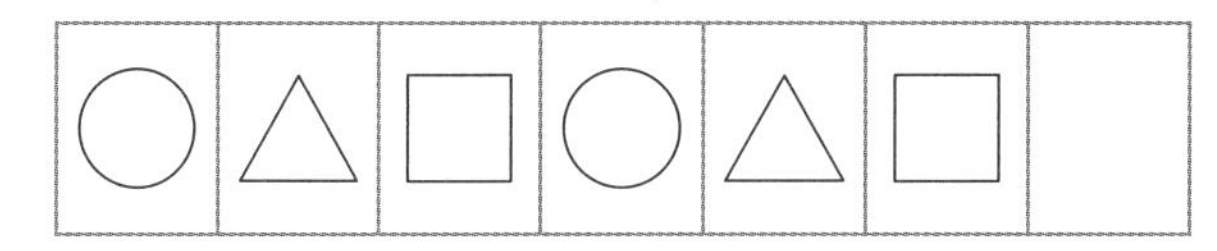

3-2 규칙에 따라 알맞게 색칠해 보세요.

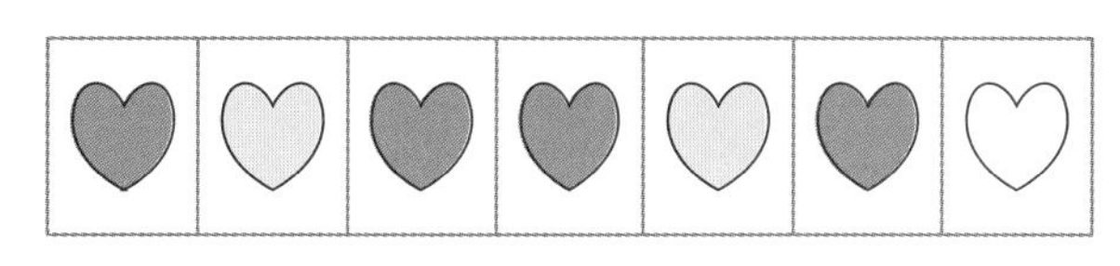

4일

기초 집중 연습

기본 문제 연습

1-1 규칙을 찾아 써 보세요.

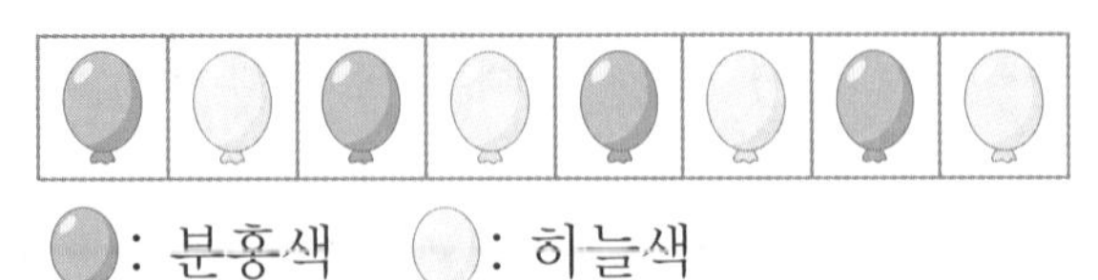

: 분홍색 : 하늘색

규칙 분홍색과

____

1-2 규칙을 찾아 써 보세요.

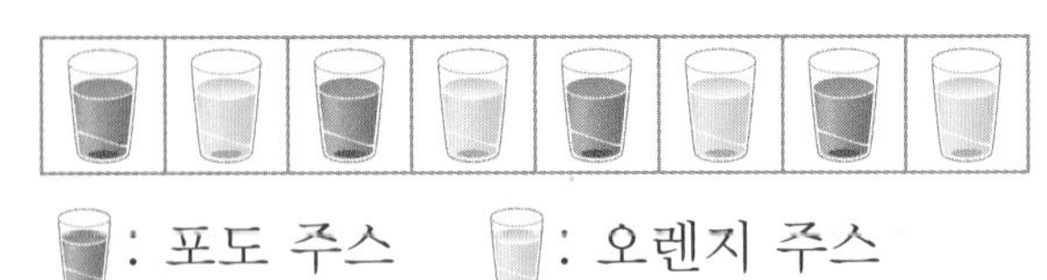

: 포도 주스 : 오렌지 주스

규칙 ________________

____

[2-1 ~ 2-2] 규칙을 찾아 바르게 말한 사람의 이름을 써 보세요.

2-1 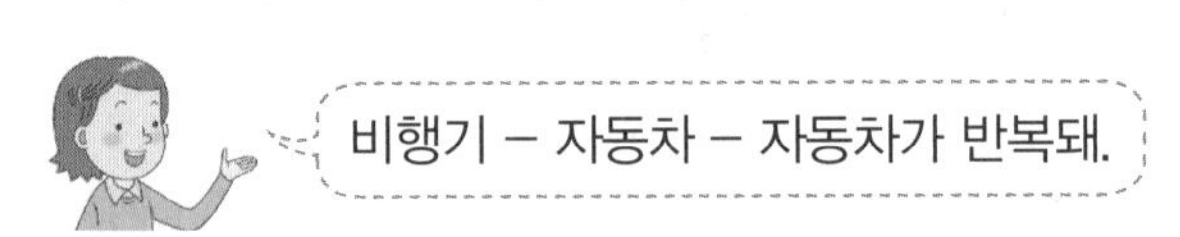

준희: 비행기 – 자동차 – 자동차가 반복돼.

우석: 비행기 – 비행기 – 자동차가 반복돼.

( )

2-2   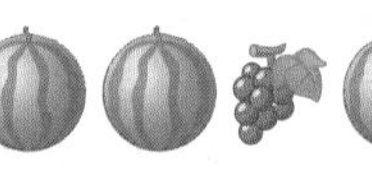

정우: 수박 – 포도가 반복돼.

민하: 수박 – 포도 – 수박이 반복돼.

( )

[3-1 ~ 3-2] 규칙에 따라 빈 곳에 시곗바늘을 그려 넣으세요.

3-1

3-2

▶정답 및 풀이 18쪽

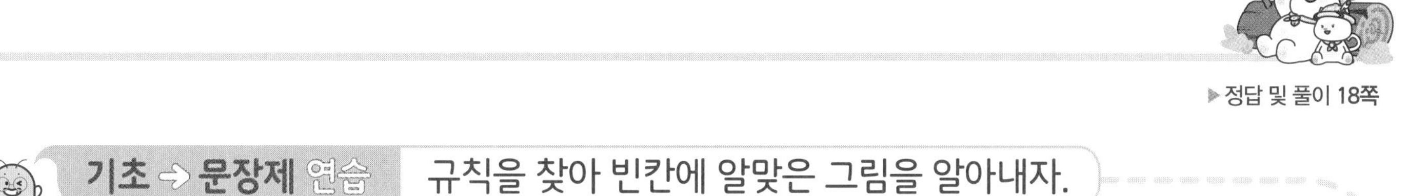

기초 → 문장제 연습 규칙을 찾아 빈칸에 알맞은 그림을 알아내자.

기초 규칙에 따라 빈칸에 알맞은 그림을 찾아 ○표 하세요.

(,)

4-1 규칙에 따라 빈칸에 알맞은 그림에서 펼친 손가락은 몇 개인가요?

답 ____________

4-2 규칙에 따라 빈칸에 알맞은 그림에서 펼친 손가락은 몇 개인가요?

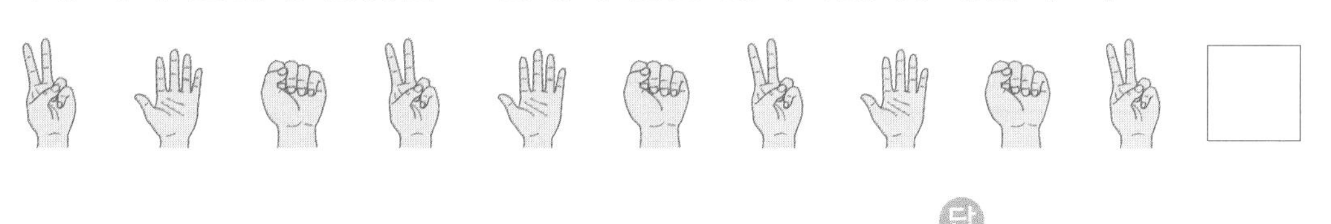

답 ____________

4-3 규칙에 따라 빈칸에 알맞은 그림에서 주사위 눈의 수는 몇 개인가요?

답 ____________

5일 시계 보기와 규칙 찾기

규칙을 찾아 여러 가지 방법으로 나타내기

교과서 기초 개념

• 규칙을 찾아 그림이나 수로 나타내기

예

○	△	○	△	○	△
1	2	1	2	1	2

규칙
사과 – 바나나가 반복됩니다.

→ ① 규칙을 ○, △로 나타내기

→ ② 규칙을 1, ❶ [ ] 로 나타내기

① 사과를 ○, 바나나를 △로 나타냈어.
② 사과를 1, 바나나를 2로 나타냈어.

정답 ❶ 2

개념 · 원리 확인

▶정답 및 풀이 19쪽

1-1 규칙에 따라 □와 △를 이용하여 나타내어 보세요.

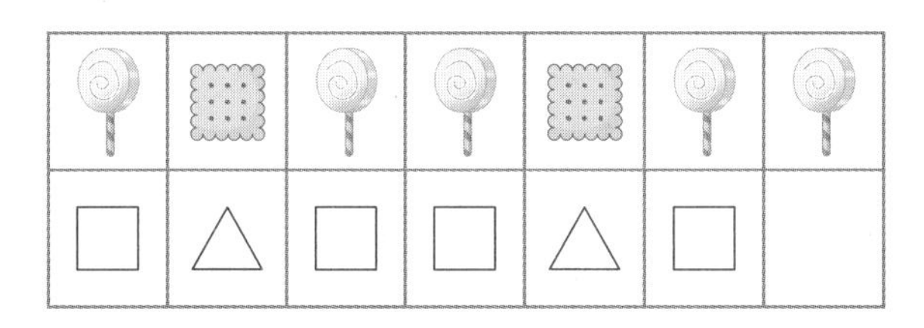

1-2 규칙에 따라 ○와 ◎를 이용하여 나타내어 보세요.

○	◎	○	◎	○		

2-1 규칙에 따라 1과 2를 이용하여 나타내어 보세요.

1	2	1	2	1		

2-2 규칙에 따라 3과 4를 이용하여 나타내어 보세요.

3	3	4	3			

[3-1 ~ 3-2] 규칙에 따라 빈칸에 알맞은 그림을 그려 보세요.

3-1

◇	○	◇	○	◇		

3-2

♡	△	△	♡	△		

[4-1 ~ 4-2] 규칙에 따라 빈칸에 알맞은 수를 써 보세요.

4-1

1	2	3	1			

4-2

2	6	2	6			

교과서 기초 개념

• 규칙을 찾아 색칠하기

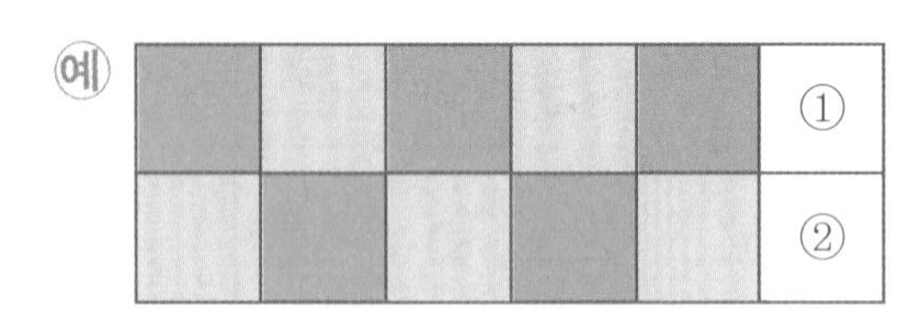

규칙
첫째 줄: 주황색과 연두색이 반복
둘째 줄: 연두색과 주황색이 반복

→ ①에는 연두색을 칠합니다.
②에는 ❶ 색을 칠합니다.

• 규칙을 찾아 무늬 꾸미기

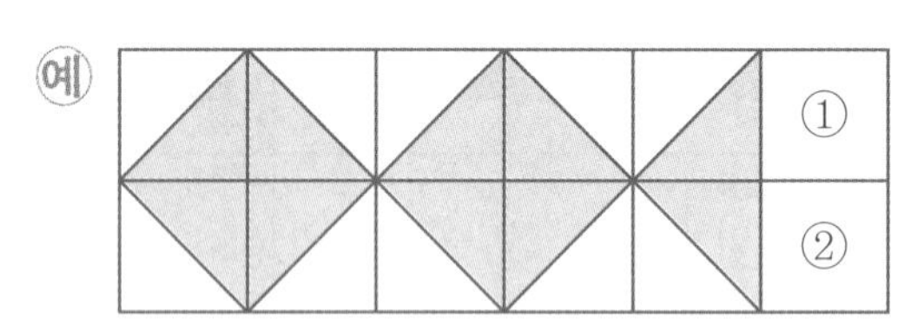

규칙
첫째 줄: ◺과 ◹이 반복
둘째 줄: ◹과 ◺이 반복

→ ①에는 ◹ 모양을 그립니다.
②에는 ◺ 모양을 그립니다.

정답 ❶ 주황

개념·원리 확인

▶정답 및 풀이 19쪽

1-1 무늬를 보고 물음에 답하세요.

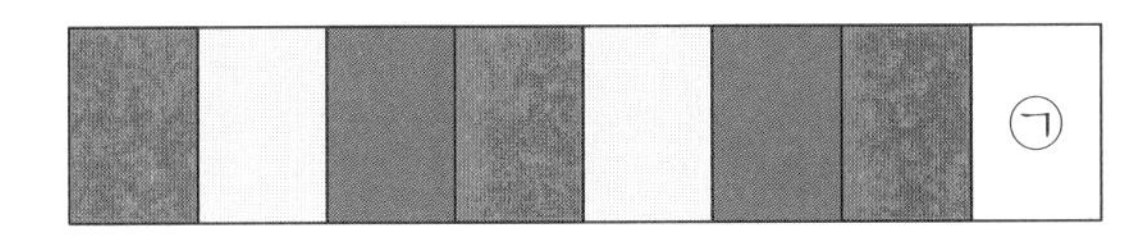

(1) □ 안에 알맞은 말을 써넣으세요.

빨간색 – 노란색 – □ 이 반복됩니다.

(2) ㉠에 알맞은 색깔에 ○표 하세요.

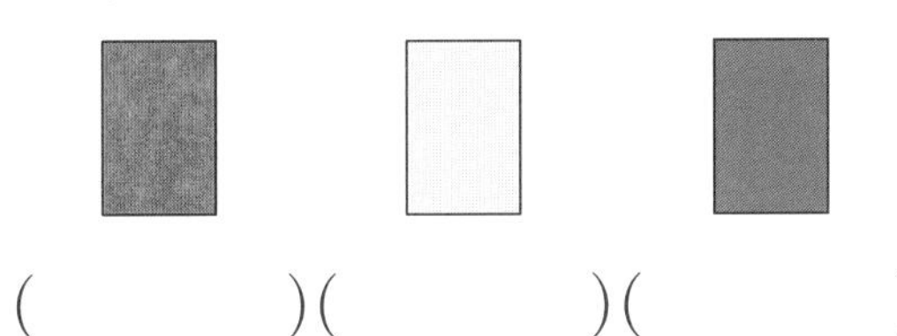

(　　　)(　　　)(　　　)

1-2 무늬를 보고 물음에 답하세요.

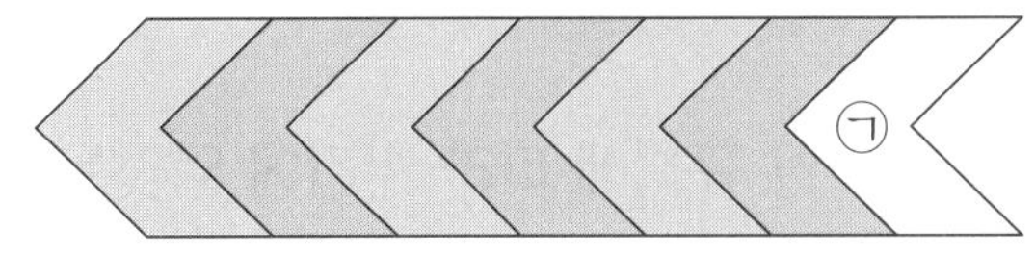

(1) □ 안에 알맞은 말을 써넣으세요.

분홍색 – □ 이 반복됩니다.

(2) ㉠에 알맞은 색깔에 ○표 하세요.

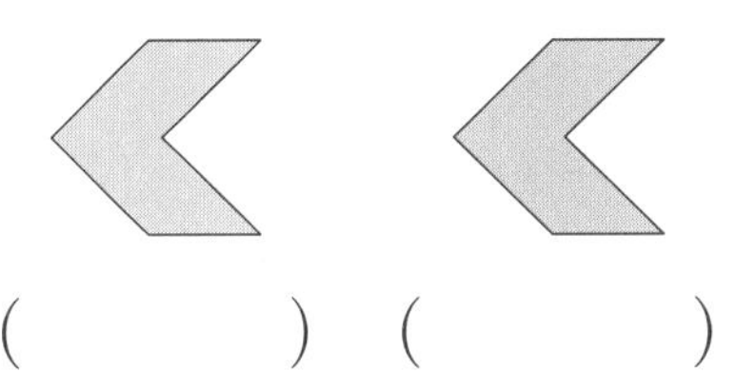

(　　　) (　　　)

[2-1 ~ 2-2] 규칙에 따라 빈칸에 알맞은 모양을 찾아 ○표 하세요.

2-1

♥	▲	♥	▲	♥	▲
▲	♥	▲	♥		

♥	▲

▲	♥

(　　　) (　　　)

2-2

★	■	■	★	■	■
★	■	■			

★	■	■

■	■	★

(　　　) (　　　)

3-1 규칙에 따라 빈칸을 색칠하여 무늬를 완성해 보세요.

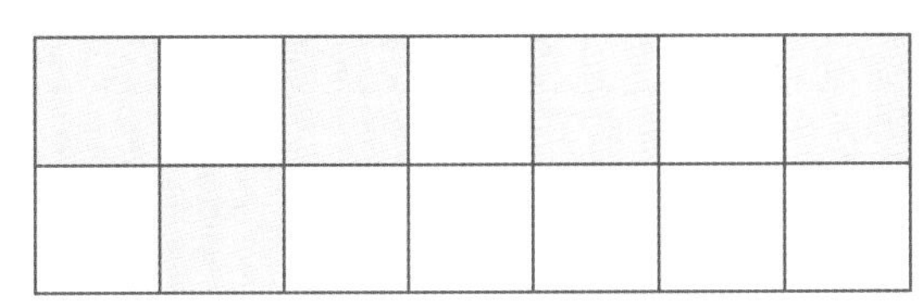

3-2 규칙에 따라 빈칸을 채워 무늬를 완성해 보세요.

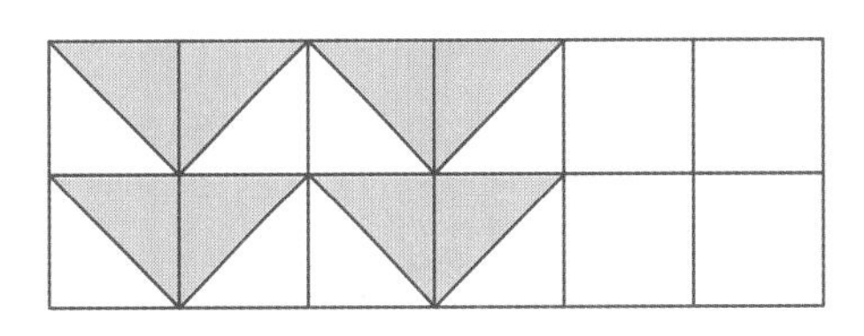

5일 기초 집중 연습

기본 문제 연습

[1-1 ~ 1-2] 규칙에 따라 빈칸에 알맞은 그림이나 수를 넣어 보세요.

1-1

연필	지우개	연필	지우개	연필	지우개	연필
△	□	△	□			

1-2

빵	빵	우유	빵	빵	우유	빵
1	1	2				

[2-1 ~ 2-2] 보기 에 나타난 규칙을 다른 모양으로 나타낸 것입니다. 바르게 나타낸 것에 ○표 하세요.

2-1 보기

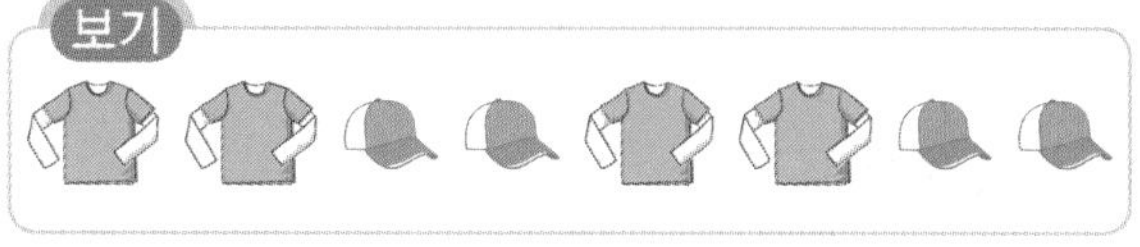

☆○☆○☆○☆○ (　　)

☆☆○○☆☆○○ (　　)

2-2 보기

4 4 8 4 4 8 4 4 8 (　　)

4 8 4 4 8 4 4 8 4 (　　)

[3-1 ~ 3-2] 규칙에 따라 빈칸에 알맞은 모양을 그리고 색칠해 보세요.

3-1

◆	♥	◆	♥	◆		
♥	◆	♥	◆	♥		

3-2

▲	▼	▲	▲	▼	▲		
▲	▼	▲	▲	▼	▲		

▶정답 및 풀이 20쪽

기초 → 기본 연습 자신이 만든 규칙에 따라 무늬를 꾸미자.

기초 규칙에 따라 무늬를 완성해 보세요.

규칙
◇과 ○이 반복됩니다.

◇	○	◇	○	◇	○		

4-1 ◇, ○ 모양으로 규칙을 만들어 무늬를 꾸며 보고, 어떤 규칙으로 꾸몄는지 써 보세요.

규칙 ______________________________

____

4-2 ◸, ◹ 모양으로 규칙을 만들어 무늬를 꾸며 보고, 어떤 규칙으로 꾸몄는지 써 보세요.

규칙 ______________________________

4-3 파란색과 노란색을 이용하여 보기와 다른 방법으로 규칙을 만들어 색칠해 보고, 어떤 규칙으로 꾸몄는지 써 보세요.

보기

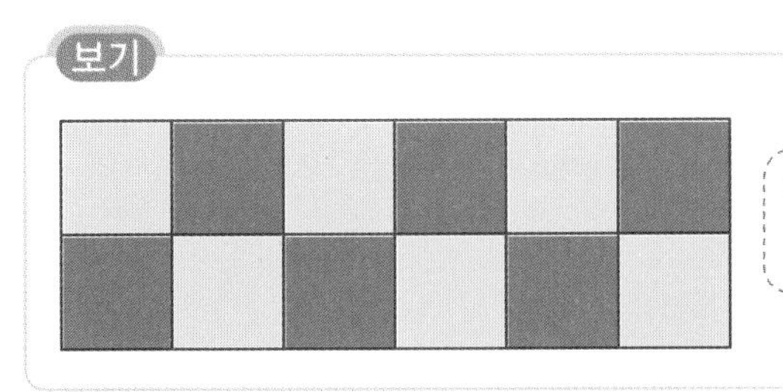

첫째 줄은 노란색 – 파란색이 반복되고,
둘째 줄은 파란색 – 노란색이 반복돼.

아라

규칙 첫째 줄은 ______________________________

둘째 줄은 ______________________________

누구나 100점 맞는 테스트

1 그림을 보고 두 수를 더해 보세요.

6+5=☐

2 ☐ 안에 알맞은 수를 써넣으세요.

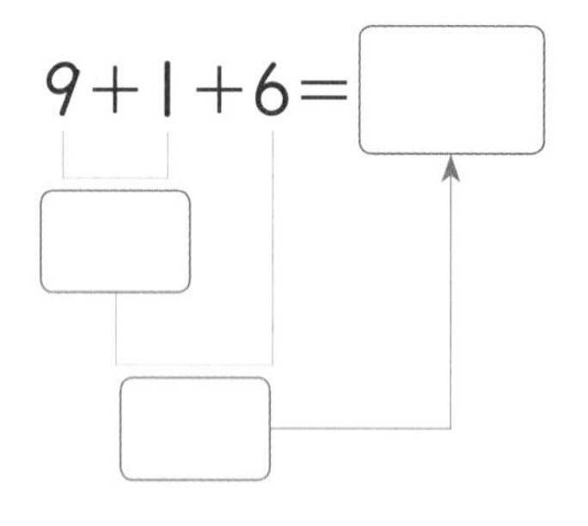

3 시각을 써 보세요.

4 빈칸에 알맞은 수를 써넣으세요.

(1)

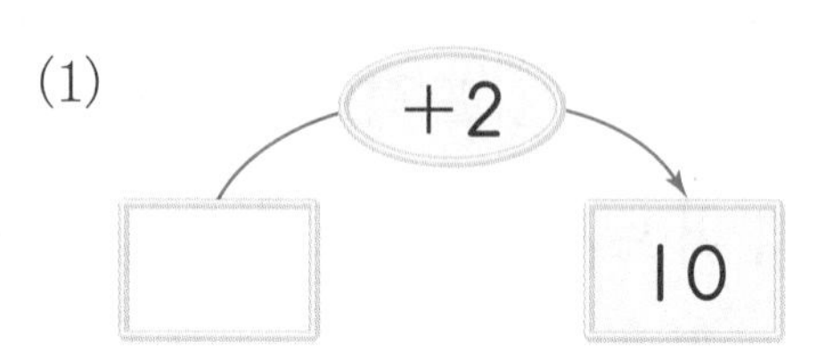

(2)

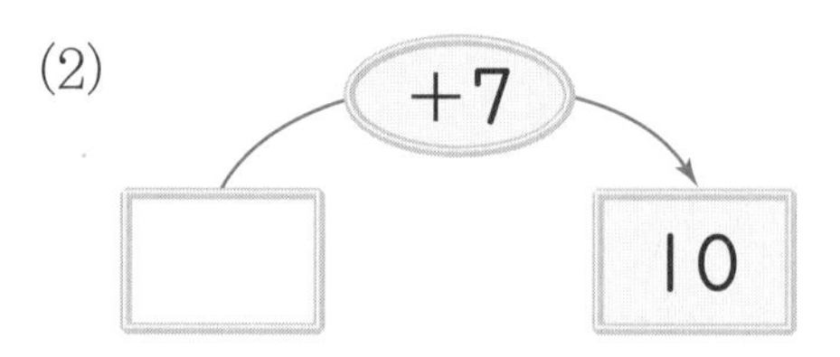

5 규칙에 따라 빈칸에 알맞은 것의 이름을 써 보세요.

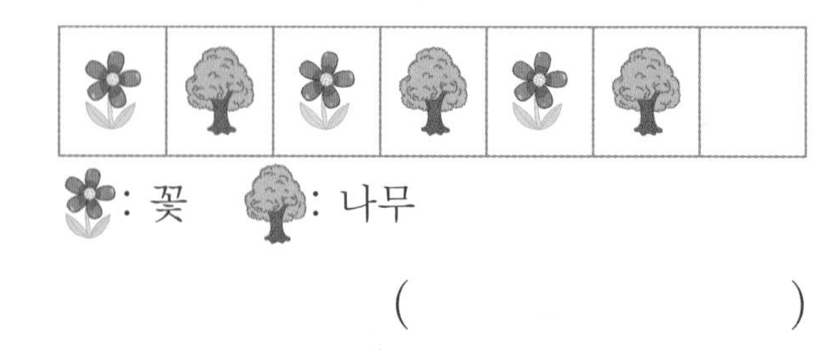

(　　　　　　　)

▶정답 및 풀이 20쪽

6 수현이가 학교에 도착한 시각을 시계에 나타내어 보세요.

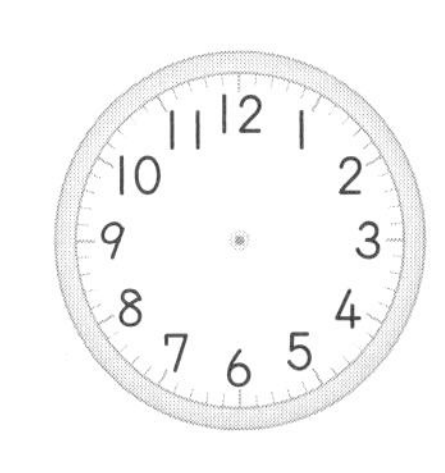

7 규칙에 따라 빈 곳에 주사위의 눈을 그리고 빈칸에 알맞은 수를 써 보세요.

⚂	⚂	⚃	⚂	⚂	⚃	
3	3	4	3	3	4	

8 딸기가 10개 있습니다. 태희가 딸기를 6개 먹으면 몇 개가 남을까요?

 식 ______________________

답 ______________________

9 규칙에 따라 꾸민 무늬를 보고 잘못 말한 사람의 이름을 써 보세요.

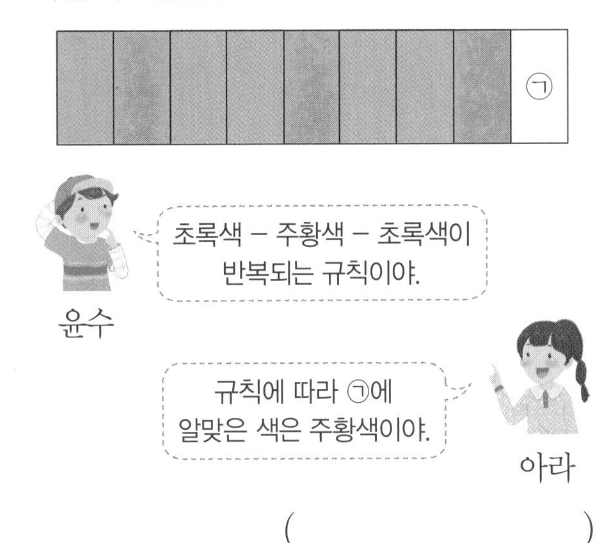

(　　　　　　　　)

10 규칙을 찾아 써 보세요.

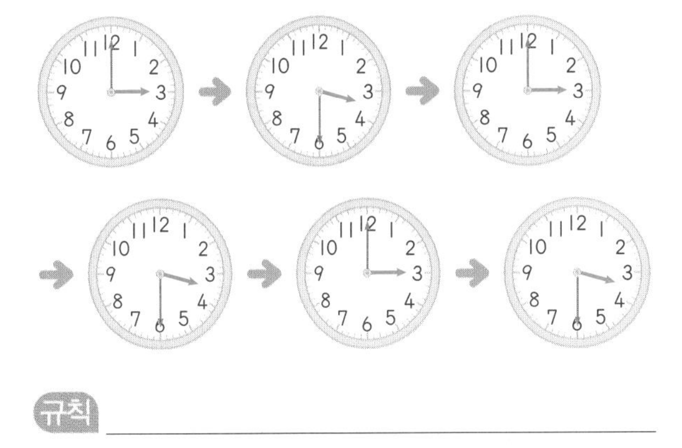

규칙 ______________________

____

특강 창의·융합·코딩

시계의 성 안에 갇힌 공주를 구하라!

시계의 성 안에 공주가 갇혀 있어요.

마지막 관문을 열 수 있는 시각을
전자시계에 나타내어 볼까?

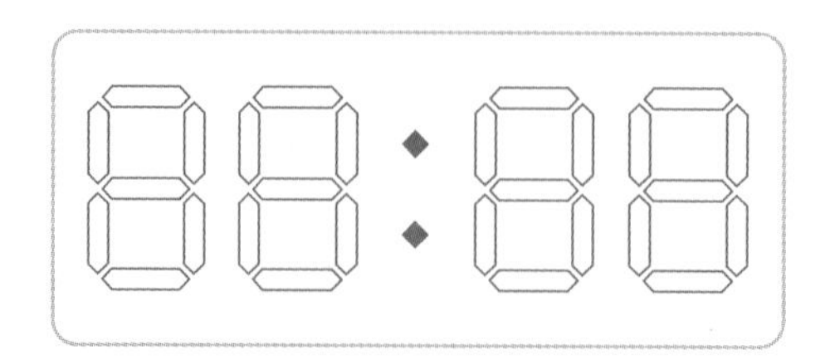

▶정답 및 풀이 21쪽

원숭이들이 먹을 바나나는 몇 개일까?

사육사가 원숭이들에게 매일 바나나를 10개씩 주기로 했습니다.

세 원숭이들이 아침과 저녁에 먹을
바나나는 각각 몇 개일까?

아침	6개	5개	
저녁		5개	

3주 특강

융합 3 볼링은 공을 던져서 10개의 볼링핀을 쓰러뜨리는 경기입니다. 볼링공을 던져 볼링핀을 8개 쓰러뜨렸다면 남은 볼링핀은 몇 개인가요?

창의 4 보기와 같이 모양을 넣었을 때 반복되는 규칙에 따라 모양이 배열되어 나오는 상자가 있습니다. 빈칸에 알맞은 모양을 그리고 색칠해 보세요.

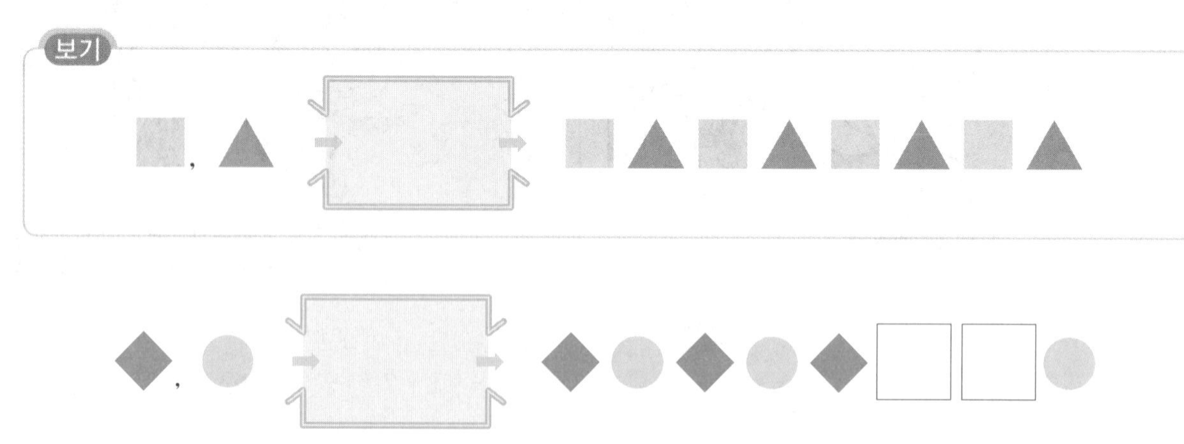

▶정답 및 풀이 21쪽

[5~6] 보기 와 같이 로봇이 명령에 따라 지나간 칸에 쓰여 있는 수를 더해 보세요.

보기

시작하기 버튼을 클릭했을 때
오른쪽으로 1칸 움직이기
아래쪽으로 2칸 움직이기

(로봇)	4	7
1		5
	8	

$4+8=12$

코딩 5

시작하기 버튼을 클릭했을 때
아래쪽으로 2칸 움직이기
오른쪽으로 2칸 움직이기

(로봇)	2	4
	5	
6		9

$\square+\square=\square$

코딩 6

시작하기 버튼을 클릭했을 때
위쪽으로 2칸 움직이기
오른쪽으로 1칸 움직이기

7	4	
3		8
(로봇)		5

$\square+\square+\square=\square$

3주 특강

우리나라 전통 타악기인 장구는 북편과 채편을 쳐서 연주를 하는데 연주하는 방법에 따라 기호와 소리를 아래와 같이 나타냅니다.

기호	소리	연주법
⦶	덩	북편과 채편을 동시에 칩니다.
○	쿵	북편을 칩니다.
│	덕	채편을 칩니다.

다음은 국악 장단 중 하나인 '세마치장단'입니다. 반복되는 규칙을 찾아 기호에 알맞은 소리를 써 보세요.

세마치장단에서 반복되는 소리가 무엇인지 알아봐~

▶정답 및 풀이 21쪽

지우네 반 학생들이 체험 학습을 갔습니다. 체험 학습 일정표를 보고 주어진 활동을 시작할 때의 시각을 시계에 나타내어 보세요.

체험 학습 일정표

시각	활동
10 : 00~12 : 00	박물관 견학하기
12 : 00 ~ 1 : 30	점심 먹기
1 : 30 ~ 3 : 00	천연 염색 체험하기
3 : 00 ~ 5 : 00	집으로 돌아오기

〈박물관 견학하기〉

〈점심 먹기〉

〈천연 염색 체험하기〉

〈집으로 돌아오기〉

3주 특강

융합 9 다음 사진을 보고 규칙을 찾아 빈칸에 들어갈 수 있는 동물의 이름을 1가지 써 보세요.

〈타조〉 〈호랑이〉 〈닭〉 〈말〉 〈펭귄〉

답 ______________

각 동물의 다리 수를 세어 규칙을 찾아봐!

시계 보기와 규칙 찾기 / 덧셈과 뺄셈(3)

4주에는 무엇을 공부할까?①

- **1일** 수 배열에서 규칙 찾기, 수 배열표에서 규칙 찾기
- **2일** 10을 이용하여 모으기, 가르기
- **3일** 덧셈하기(1), (2)
- **4일** 덧셈하기(3), 뺄셈하기(1)
- **5일** 뺄셈하기(2), (3)

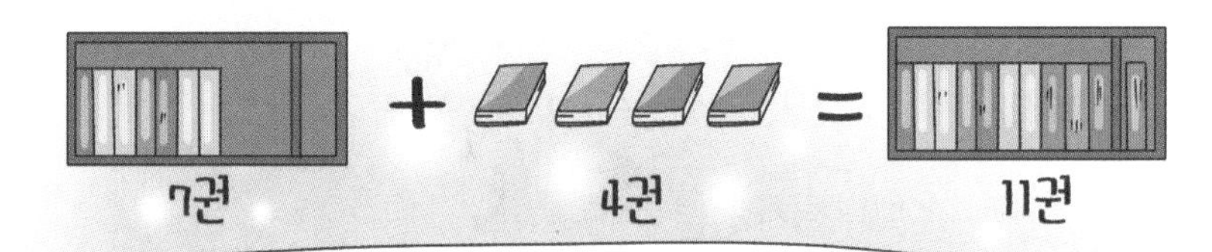

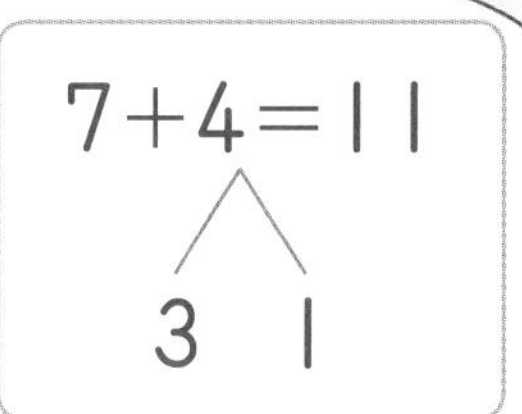

4주에는 무엇을 공부할까? ②

1-1 50까지의 수

47부터 수를 순서대로 쓰면 47, 48, 49, 50이야.

49보다 1만큼 더 큰 수는 50이고, 49보다 1만큼 더 작은 수는 48이야.

1-1 순서를 생각하며 빈칸에 알맞은 수를 써 넣으세요.

1	2	3	4	5
6	7			10

1-2 순서를 생각하며 빈칸에 알맞은 수를 써 넣으세요.

21	22	23	24	
26	27	28	29	

2-1 수를 순서대로 쓴 것입니다. 15보다 1만큼 더 큰 수에 ○표 하세요.

2-2 수를 순서대로 쓴 것입니다. 42와 44 사이에 있는 수에 ○표 하세요.

▶정답 및 풀이 22쪽

1-2 덧셈과 뺄셈(2)

8+2=10이므로
8과 더해서 10이 되는 수는
2이고, 2와 더해서 10이
되는 수는 8이야.

더해서 10이 되는 덧셈식은
여러 가지가 있어.

3-1 그림을 보고 □ 안에 알맞은 수를 써넣으세요.

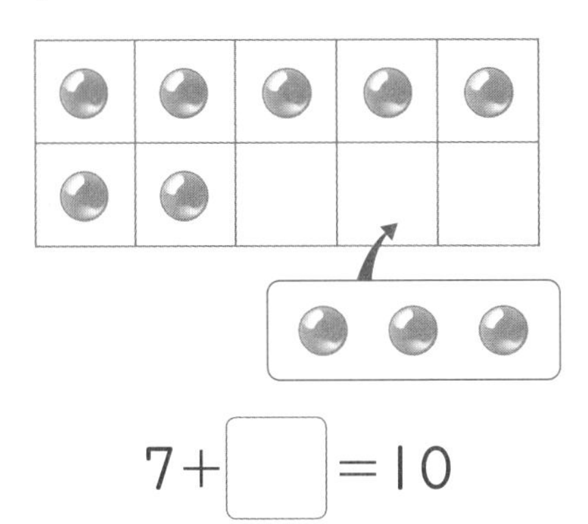

7+□=10

3-2 그림을 보고 □ 안에 알맞은 수를 써넣으세요.

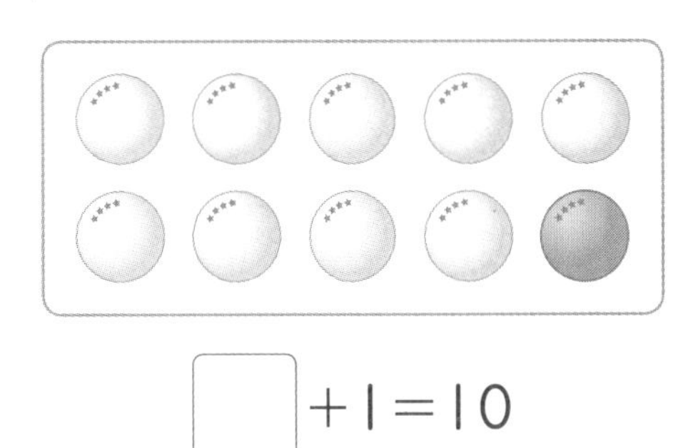

□+1=10

4-1 더해서 10이 되는 덧셈식에 ○표 하세요.

5+4	8+2
(　　)	(　　)

4-2 더해서 10이 되는 두 수에 ○표 하세요.

4　　9　　6

수 배열에서 규칙 찾기

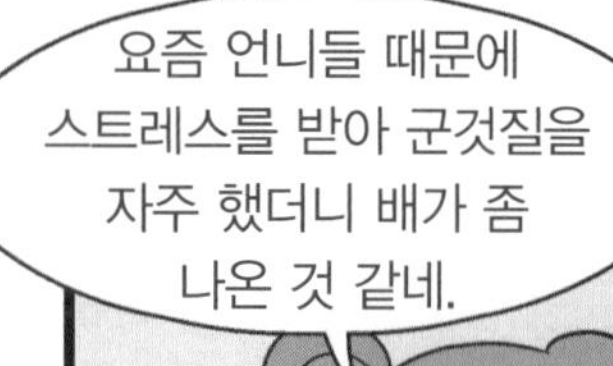

크리스마스에 왕자님을 봐야 하는데…….

그래. 오늘부터 다이어트 해야지!

매일 윗몸 말아올리기 운동을 하려고!
오늘 20회를 하고 점점 횟수를 늘릴 거야.

1일	2일	3일	4일	5일
20회	25회	30회	35회	40회

→ 20회부터 시작하여 5회씩 늘어납니다.

5일 후

열심히 했는데 왜 달라진 게 없지?

으이그~ 먹는 건 똑같이 먹으니 그렇지~!

교과서 기초 개념

• **수 배열에서 규칙 찾기**

예) 5 ─ 7 ─ 5 ─ 7 ─ 5 ─ 7 ─ 5 ─ □

규칙 **5와 7이 반복됩니다.**

→ 빈칸에 알맞은 수는 ❶ □ 입니다.

예) 10 ─ 20 ─ 30 ─ 40 ─ □

규칙 10부터 시작하여 **10씩 커집니다.**

→ 빈칸에 알맞은 수는 ❷ □ 입니다.

일정한 수가 반복되는지,
일정한 수만큼씩 변하는지
알아봐.

정답 ❶ 7 ❷ 50

개념 · 원리 확인

▶정답 및 풀이 22쪽

[1-1 ~ 1-2] 수 배열을 보고 □ 안에 알맞은 수를 써넣으세요.

1-1 1 - 3 - 1 - 3 - 1 - 3

1과 □이 반복됩니다.

1-2 2 - 4 - 6 - 8 - 10 - 12

2부터 시작하여 □씩 커집니다.

[2-1 ~ 2-2] 다음 규칙에 따라 빈칸에 알맞은 수를 써넣으세요.

2-1 7과 8이 반복되는 규칙

7 - 8 - 7 - 8 - □

2-2 10부터 시작하여 5씩 커지는 규칙

10 - 15 - 20 - 25 - □

[3-1 ~ 3-2] 수 배열을 보고 규칙을 찾아 바르게 설명했으면 ○표, 잘못 설명했으면 ×표 하세요.

3-1 3 - 9 - 15 - 21 - 27 - 33

3부터 시작하여 6씩 커져.

(   )

3-2 20 - 17 - 14 - 11 - 8 - 5

20부터 시작하여 4씩 작아져.

(   )

[4-1 ~ 4-2] 규칙에 따라 빈칸에 알맞은 수를 써넣으세요.

4-1 6 - 5 - 4 - 6 - 5 - 4 - 6 - 5 - 4 - □

4-2 8 - 8 - 2 - 8 - 8 - 2 - 8 - 8 - 2 - □

수 배열표에서 규칙 찾기

교과서 기초 개념

• 수 배열표에서 규칙 찾기

1	2	3	4	5	6	7	8	9	10
11	12	13	14	15	16	17	18	19	20
21	22	23	24	25	26	27	28	29	30
31	32	33	34	35	36	37	38	39	40
41	42	43	44	45	46	47	48	49	50
51	52	53	54	55	56	57	58	59	60
61	62	63	64	65	66	67	68	69	70
71	72	73	74	75	76	77	78	79	80
81	82	83	84	85	86	87	88	89	90
91	92	93	94	95	96	97	98	99	100

31부터 시작하여 **1씩 커집니다.**

1부터 시작하여 **11씩 커집니다.**

5부터 시작하여 **10씩 커집니다.**

개념·원리 확인

▶정답 및 풀이 22쪽

[1-1 ~ 1-2] 수 배열표를 보고 □ 안에 알맞은 수를 써넣으세요.

1-1

1	2	3	4	5	6	7	8	9	10
11	12	13	14	15	16	17	18	19	20
21	22	23	24	25	26	27	28	29	30
31	32	33	34	35	36	37	38	39	40

(1) ⋯⋯에 있는 수는 21부터 시작하여 □씩 커집니다.

(2) ⋯⋯에 있는 수는 4부터 시작하여 □씩 커집니다.

1-2

51	52	53	54	55
56	57	58	59	60
61	62	63	64	65
66	67	68	69	70

(1) ⋯⋯에 있는 수는 61부터 시작하여 □씩 커집니다.

(2) ⋯⋯에 있는 수는 54부터 시작하여 □씩 커집니다.

[2-1 ~ 2-2] 색칠한 수는 몇씩 뛰어 세는 규칙인지 □ 안에 알맞은 수를 써넣으세요.

2-1

11	12	13	14	15	16	17	18
19	20	21	22	23	24	25	26
27	28	29	30	31	32	33	34
35	36	37	38	39	40	41	42

11부터 시작하여 □씩 뛰어 세는 규칙입니다.

2-2

61	62	63	64	65	66	67	68
69	70	71	72	73	74	75	76
77	78	79	80	81	82	83	84
85	86	87	88	89	90	91	92

68부터 시작하여 □씩 뛰어 세는 규칙입니다.

[3-1 ~ 3-2] 규칙에 따라 빈칸에 알맞은 수를 써넣으세요.

3-1

21	22	23	24	25	26	27	28	29	30
31	32	33	34	35	36	37	38	39	40
41	42	43	44	45	46	47			

3-2

71	72	73	74	75	76	77	78	79	80
81	82	83	84	85	86		88	89	90
91	92	93	94	95	96		98	99	100

1일

기초 집중 연습

기본 문제 연습

1-1 규칙에 따라 빈칸에 알맞은 수를 써넣으세요.

2 - 5 - 2 - 5 - 2 - □

1-2 규칙에 따라 빈칸에 알맞은 수를 써넣으세요.

20 - 30 - 40 - 50 - □ - □

2-1 규칙을 만들어 빈 곳에 알맞은 수를 써넣으세요.

1

2-2 규칙을 만들어 빈 곳에 알맞은 수를 써넣으세요.

3-1 색칠한 규칙에 따라 나머지 수에 색칠해 보세요.

11	12	13	14	15	16	17	18	19	20
21	22	23	24	25	26	27	28	29	30
31	32	33	34	35	36	37	38	39	40
41	42	43	44	45	46	47	48	49	50

3-2 색칠한 규칙에 따라 나머지 수에 색칠해 보세요.

51	52	53	54	55	56	57	58	59	60
61	62	63	64	65	66	67	68	69	70
71	72	73	74	75	76	77	78	79	80
81	82	83	84	85	86	87	88	89	90

▶정답 및 풀이 23쪽

기초 → 기본 연습 수 배열에서 수가 얼마만큼씩 변하는지 찾아 써 보자.

기초 수 배열을 보고 ☐ 안에 알맞은 수를 써넣으세요.

1 - 3 - 5 - 7 - 9

1부터 시작하여 ☐씩 커집니다.

4-1 수 배열을 보고 규칙을 써 보세요.

1 - 3 - 5 - 7 - 9

규칙 ______________________

____

4-2 색칠한 수의 규칙을 써 보세요.

31	32	33	34	35	36	37	38	39	40
41	42	43	44	45	46	47	48	49	50
51	52	53	54	55	56	57	58	59	60
61	62	63	64	65	66	67	68	69	70

규칙 ______________________

4-3 전자계산기의 숫자 판에 있는 수 배열을 보고 보기와 다른 규칙을 찾아 써 보세요.

보기

오른쪽으로 1칸 갈 때마다
1씩 커집니다.

규칙 ______________________

교과서 기초 개념

• 10을 이용하여 모으기

예 7과 5를 모으기

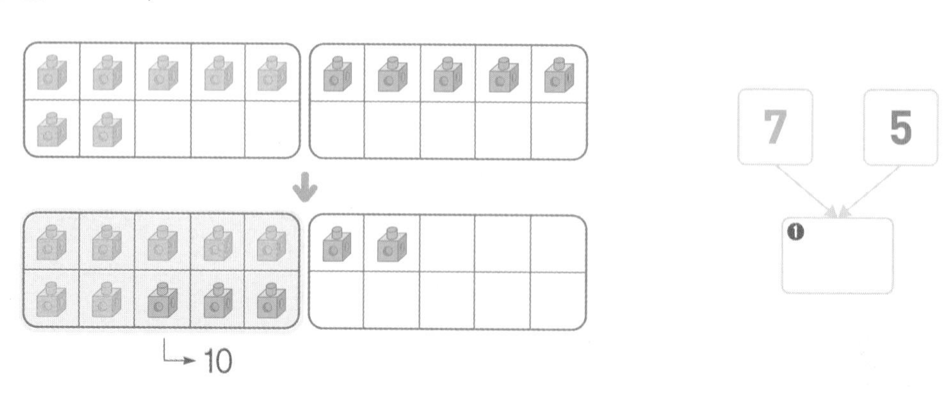

주황색 모형 3개를 초록색 모형 쪽으로 옮겨서 10개를 만들고
남은 주황색 모형 2개를 모으면 12가 돼.

정답 ❶ 12

개념·원리 확인

▶정답 및 풀이 23쪽

[1-1 ~ 1-2] 그림을 보고 10을 이용하여 모으기를 해 보세요.

1-1

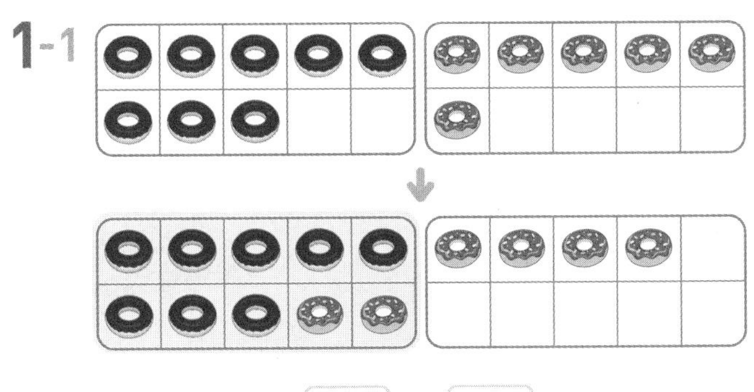

8 6

1-2

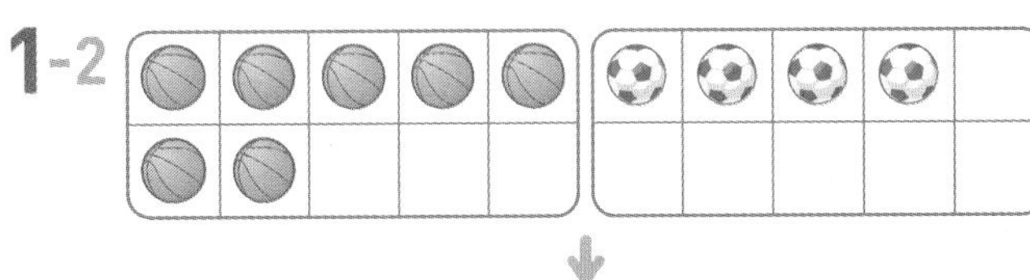

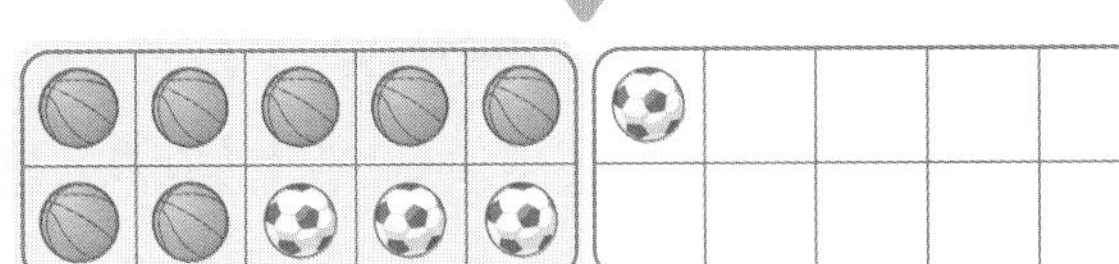

7 4

[2-1 ~ 2-2] 구슬은 모두 몇 개인지 오른쪽 수판에 ○를 알맞게 그려 넣고 10을 이용하여 모으기를 해 보세요.

2-1

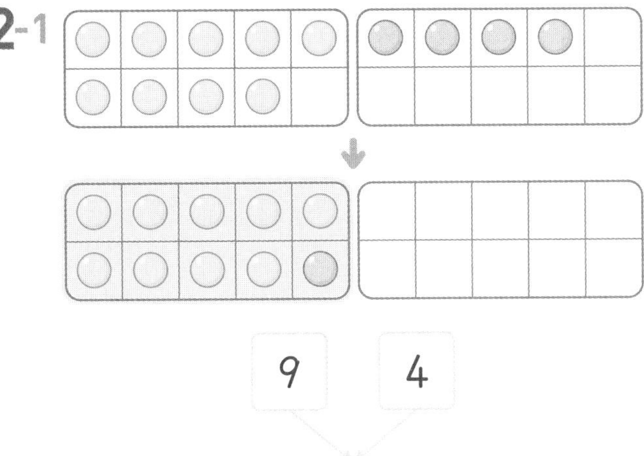

9 4

2-2

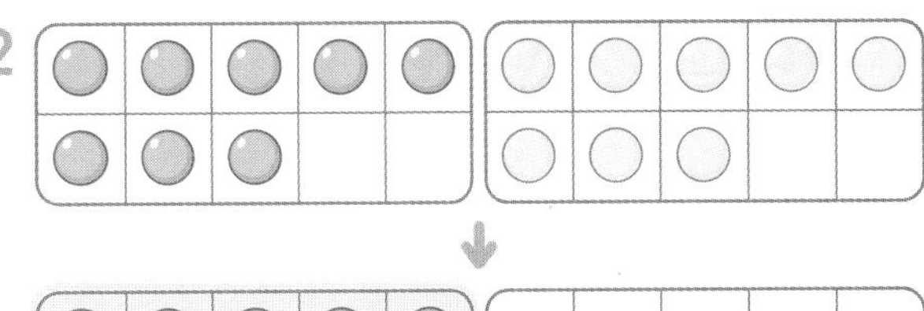

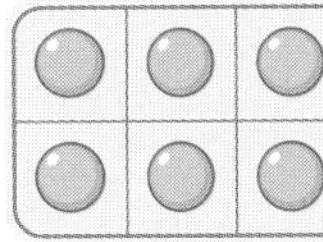

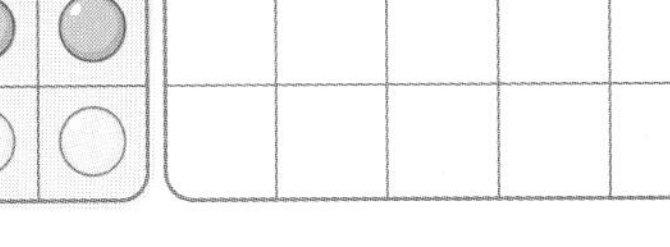

8 8

3-1 10을 이용하여 모으기를 해 보세요.

4 8

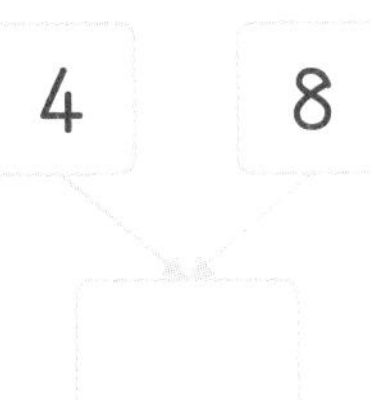

3-2 10을 이용하여 모으기를 해 보세요.

6 9

10을 이용하여 가르기

교과서 기초 개념

- 10을 이용하여 가르기

예 17을 10을 이용하여 가르기

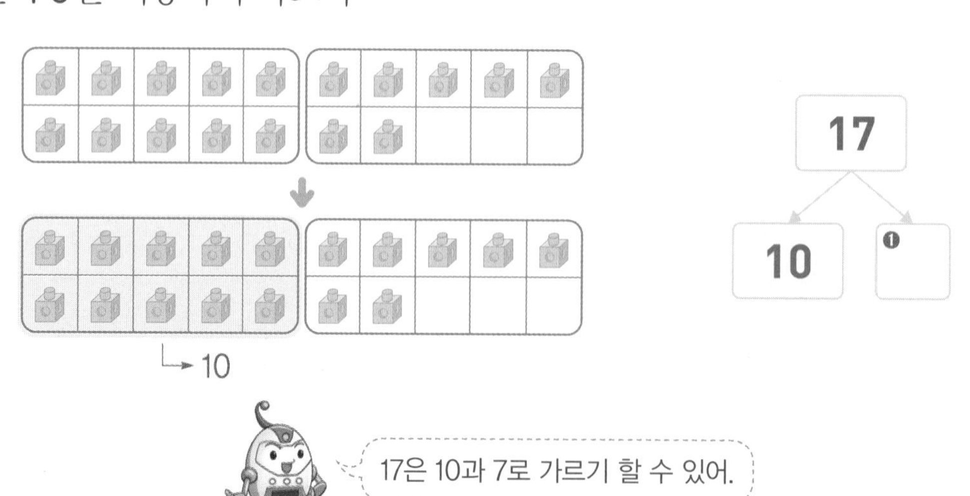

정답 ❶ 7

▶정답 및 풀이 23쪽

[1-1 ~ 1-2] 그림을 보고 10을 이용하여 가르기를 해 보세요.

1-1

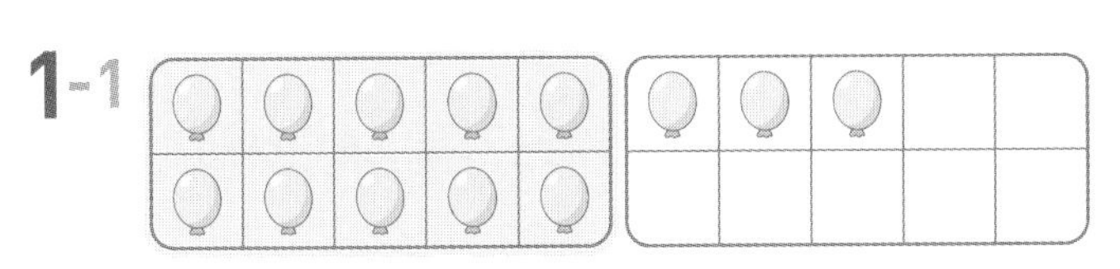

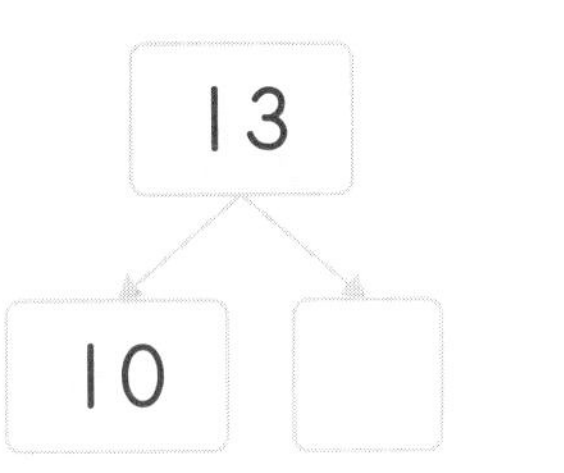

1-2

15

10

[2-1 ~ 2-2] 주어진 사과를 10개와 몇 개로 가르기 할 수 있는지 오른쪽 수판에 ○를 알맞게 그려 넣고 10을 이용하여 가르기를 해 보세요.

2-1 사과 12개

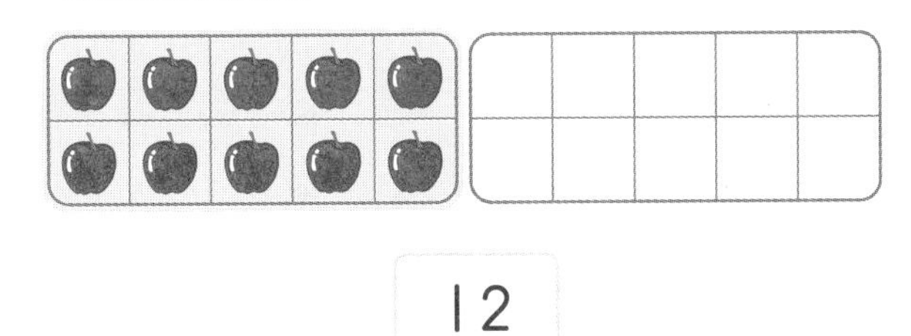

12

10

2-2 사과 14개

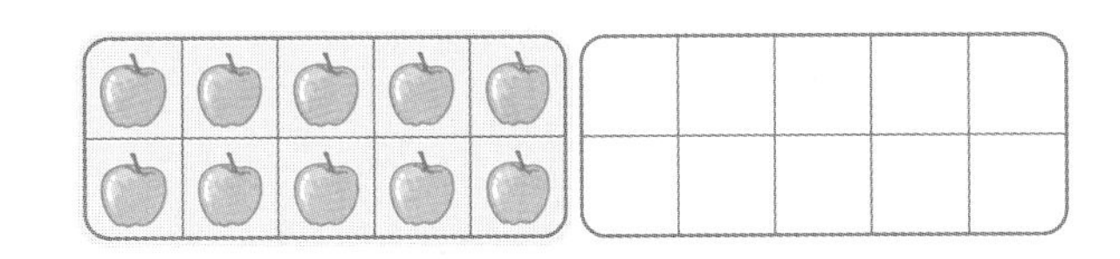

14

10

3-1 10을 이용하여 가르기를 해 보세요.

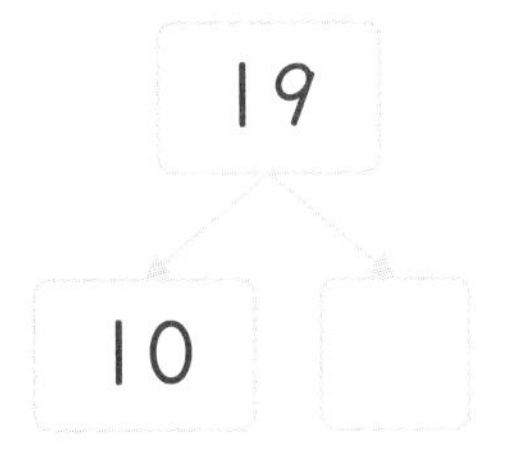

3-2 10을 이용하여 가르기를 해 보세요.

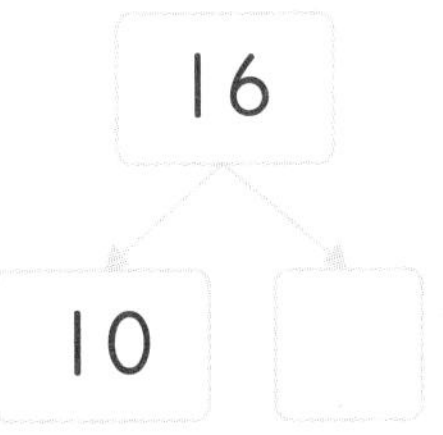

2일 기초 집중 연습

기본 문제 연습

1-1 10을 이용하여 모으기를 해 보세요.

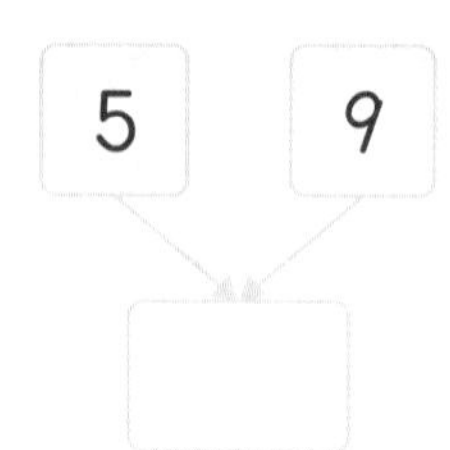

1-2 10을 이용하여 가르기를 해 보세요.

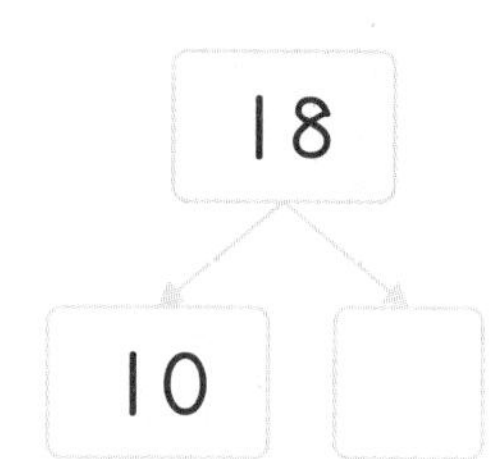

[2-1 ~ 2-2] 그림을 보고 10을 이용하여 모으기와 가르기를 해 보세요.

2-1

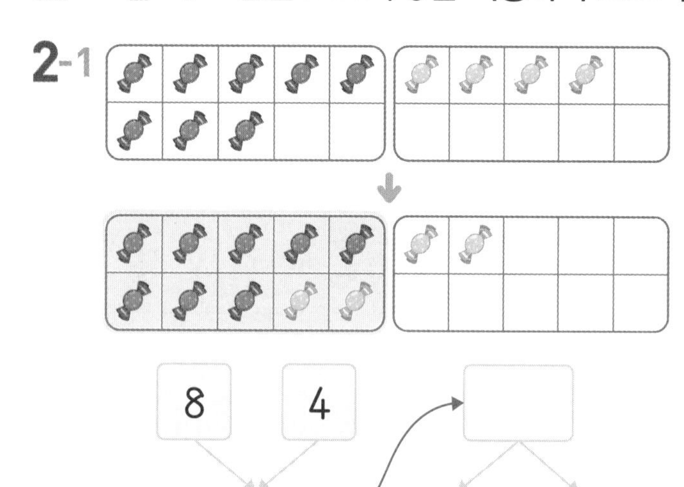

2-2

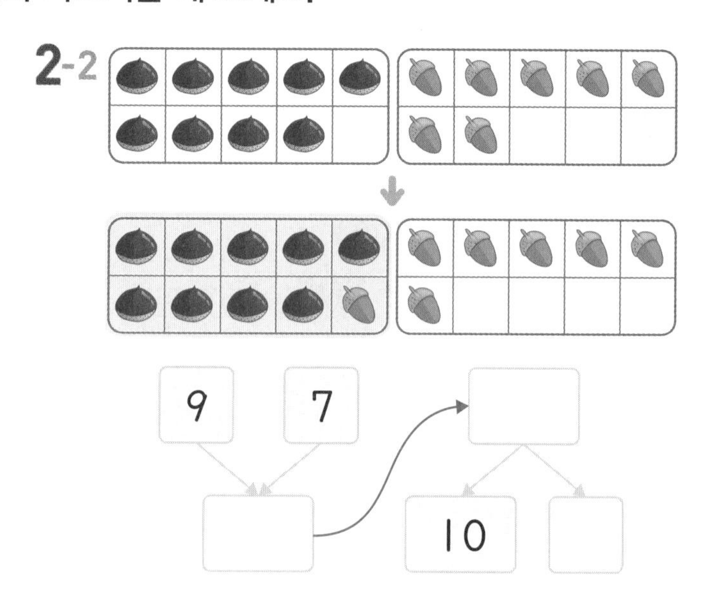

[3-1 ~ 3-2] 10을 이용하여 모으기와 가르기를 해 보세요.

3-1

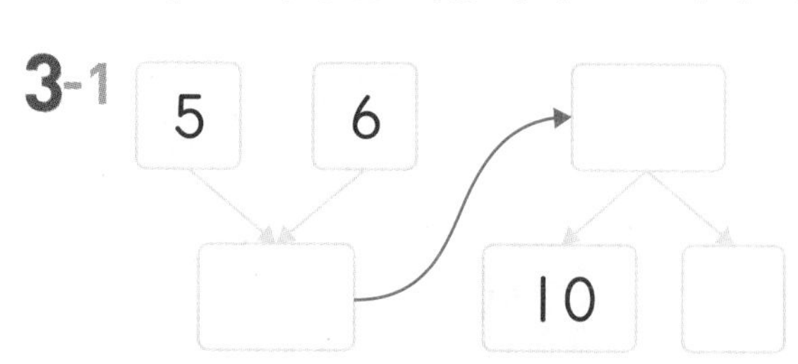

3-2

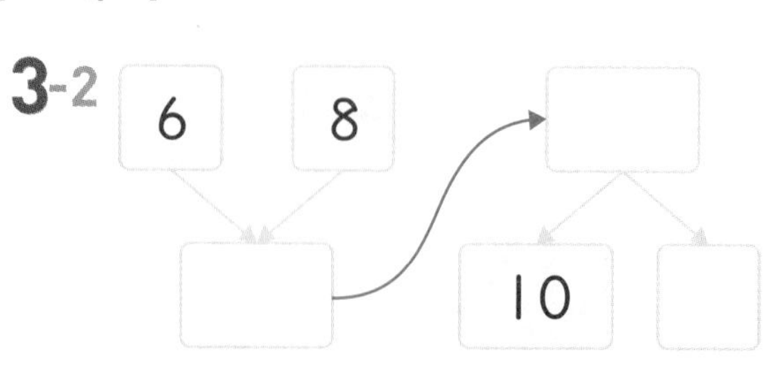

▶정답 및 풀이 24쪽

기초 → 문장제 연습 두 수를 모으기 한 후 10을 이용하여 가르기를 하자.

기초 10을 이용하여 모으기와 가르기를 해 보세요.

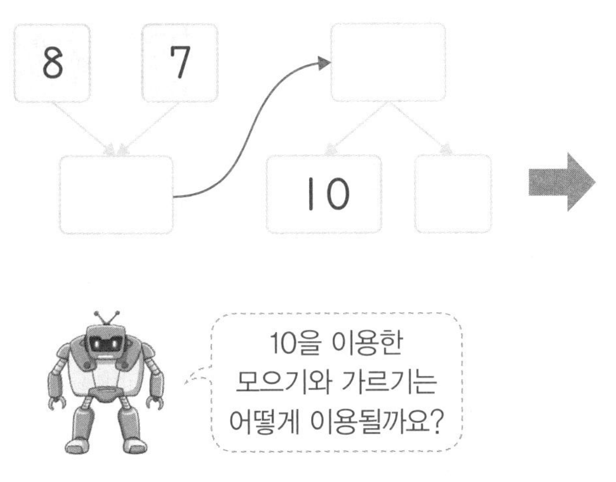

4-1 빨간 꽃이 8송이, 노란 꽃이 7송이 있습니다. 꽃병에 꽃 10송이를 꽂으면 몇 송이가 남는지 구해 보세요.

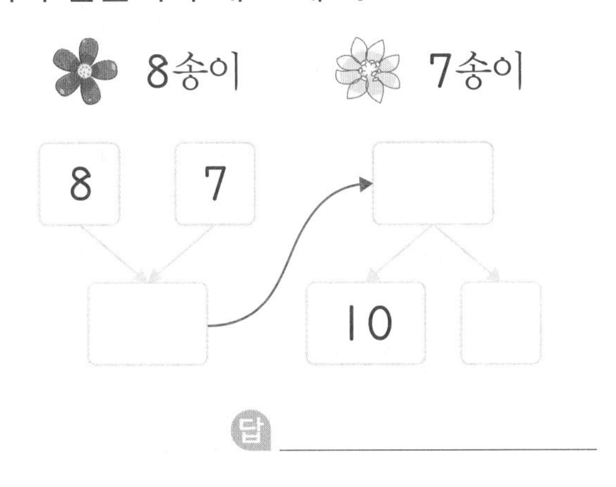

답 ____________

4-2 인절미가 7개, 꿀떡이 9개 있습니다. 접시에 떡 10개를 담으면 몇 개가 남는지 구해 보세요.

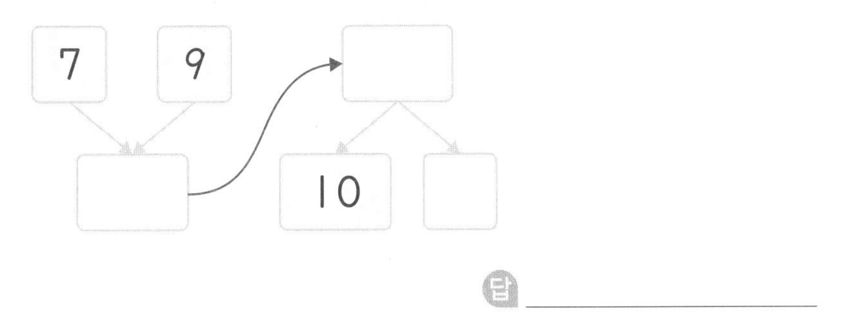

답 ____________

4-3 초콜릿 5개와 8개를 상자 한 칸에 한 개씩 담으면 초콜릿 몇 개가 남는지 구해 보세요.

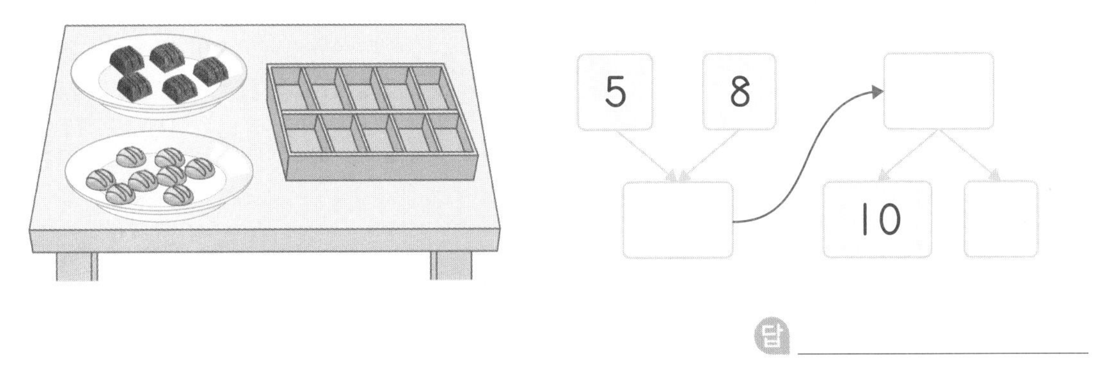

답 ____________

교과서 기초 개념

• **앞의 수가 10이 되도록 뒤의 수를 가르기 하여 덧셈하기**

예

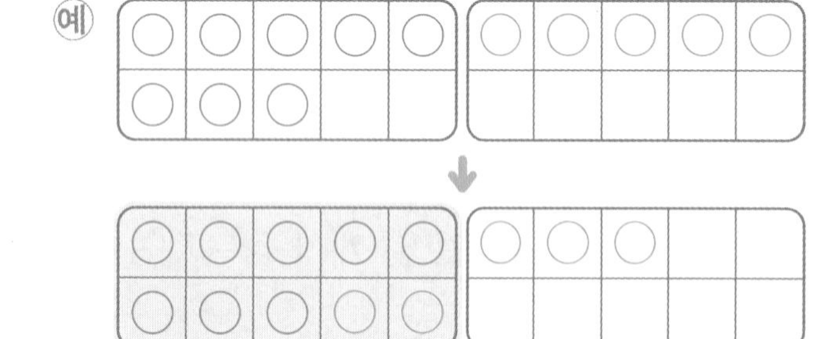

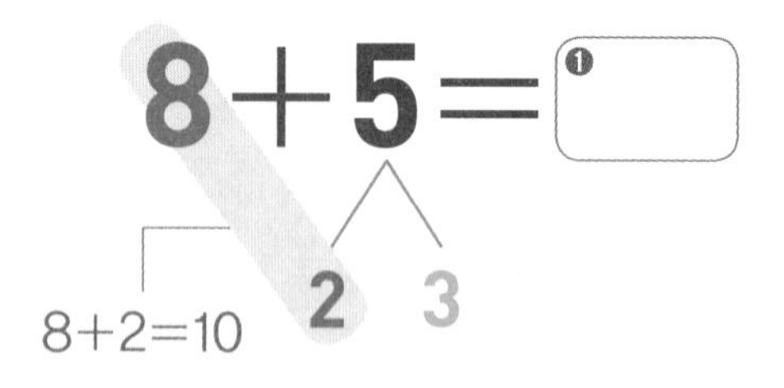

① 뒤의 수 **5**를 **2**와 **3**으로 가르기 합니다.

② **8**과 **2**를 더해 **10**을 만듭니다.

③ 만든 **10**과 남은 **3**을 더하면 **13**이 됩니다.

8이 10이 되도록
5를 2와 3으로 가르기 해.

정답 ❶ 13

개념 · 원리 확인

▶정답 및 풀이 24쪽

1-1 그림을 보고 7+5를 해 보세요.

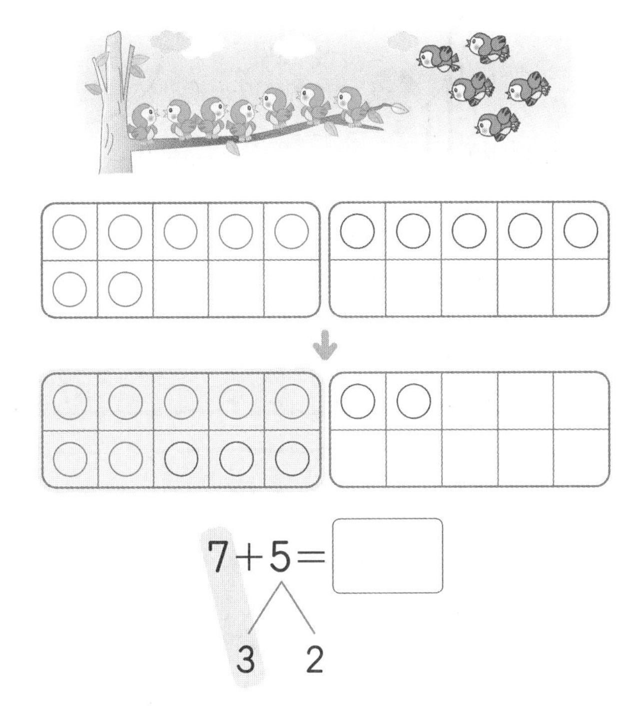

$7+5=\square$

3 2

1-2 그림을 보고 8+6을 해 보세요.

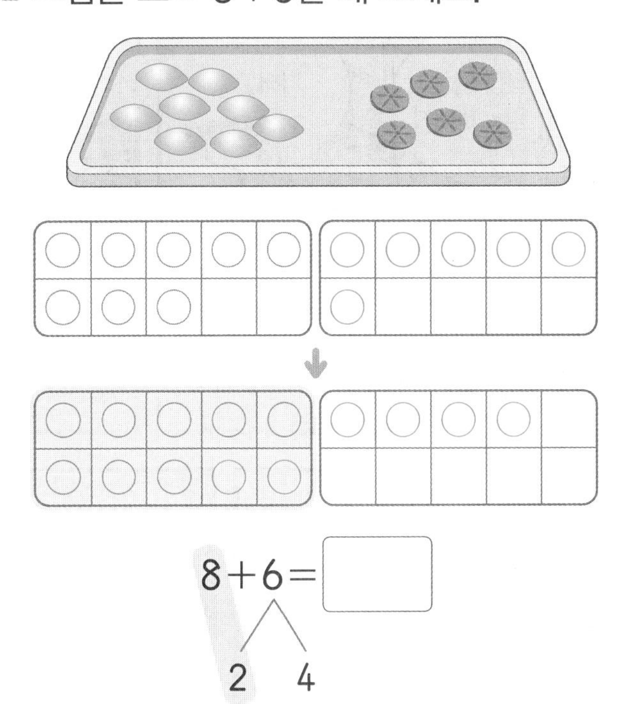

$8+6=\square$

2 4

[2-1 ~ 2-2] 그림을 보고 □ 안에 알맞은 수를 써넣으세요.

2-1

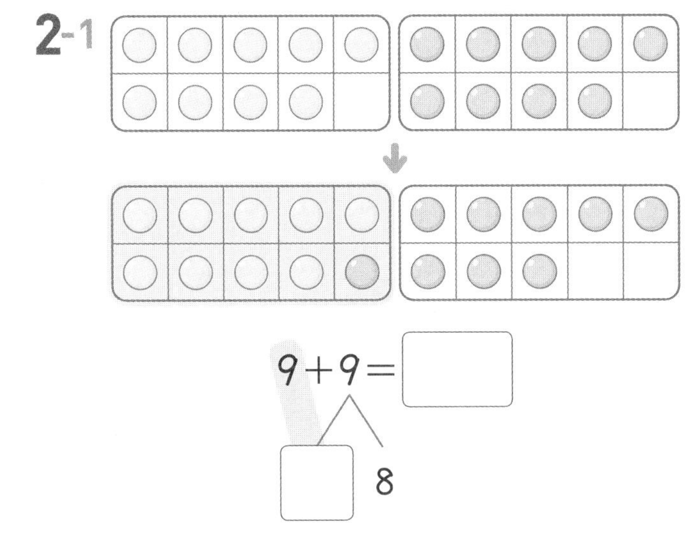

$9+9=\square$

□ 8

2-2

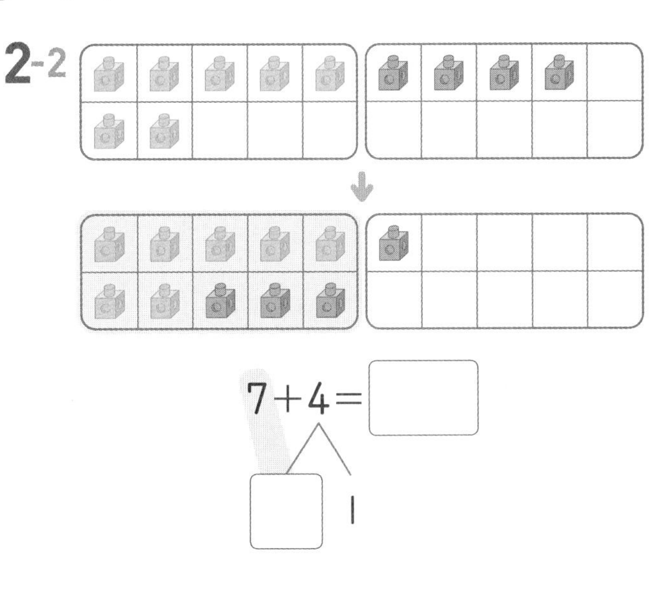

$7+4=\square$

□ 1

3-1 □ 안에 알맞은 수를 써넣으세요.

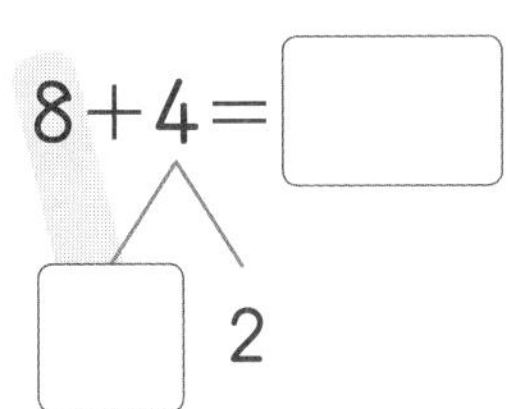

$8+4=\square$

□ 2

3-2 □ 안에 알맞은 수를 써넣으세요.

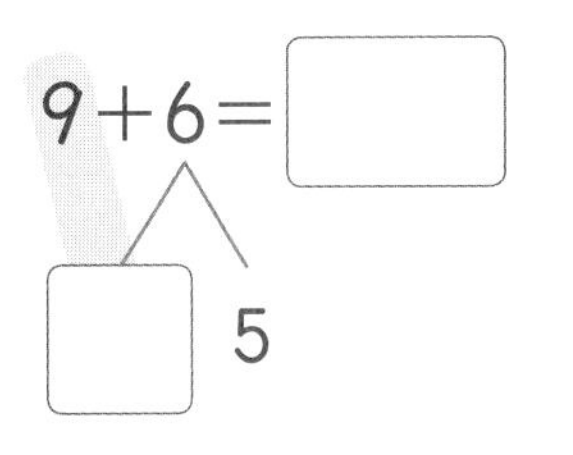

$9+6=\square$

□ 5

교과서 기초 개념

• 뒤의 수가 10이 되도록 앞의 수를 가르기 하여 덧셈하기

예

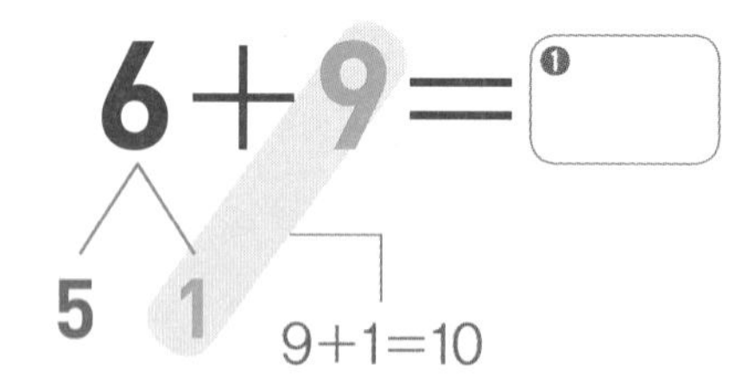

① 앞의 수 **6**을 **5**와 **1**로 가르기 합니다.

② **9**와 **1**을 더해 **10**을 만듭니다.

③ 만든 **10**과 남은 **5**를 더하면 **15**가 됩니다.

9가 10이 되도록
6을 5와 1로 가르기 해.

정답 ❶ 15

▶정답 및 풀이 24쪽

1-1 그림을 보고 5+8을 해 보세요.

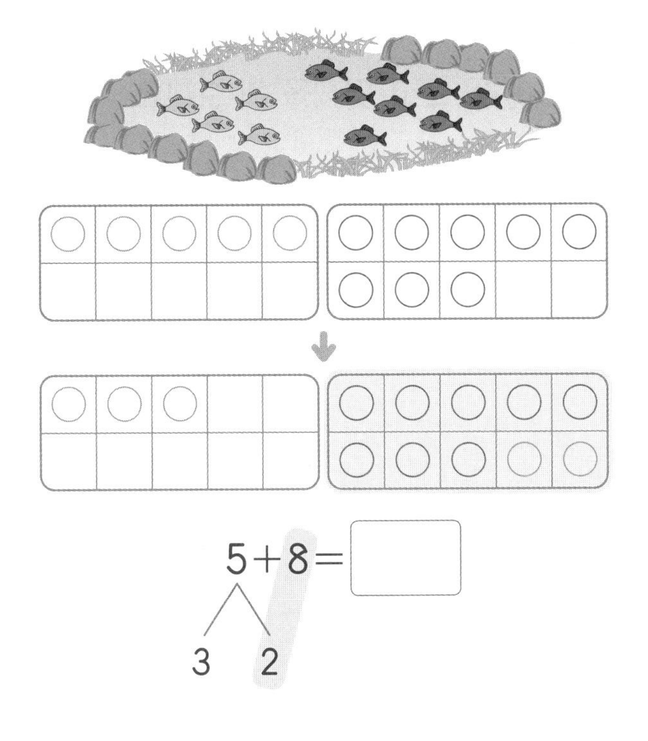

$5+8=\square$

3 2

1-2 그림을 보고 7+9를 해 보세요.

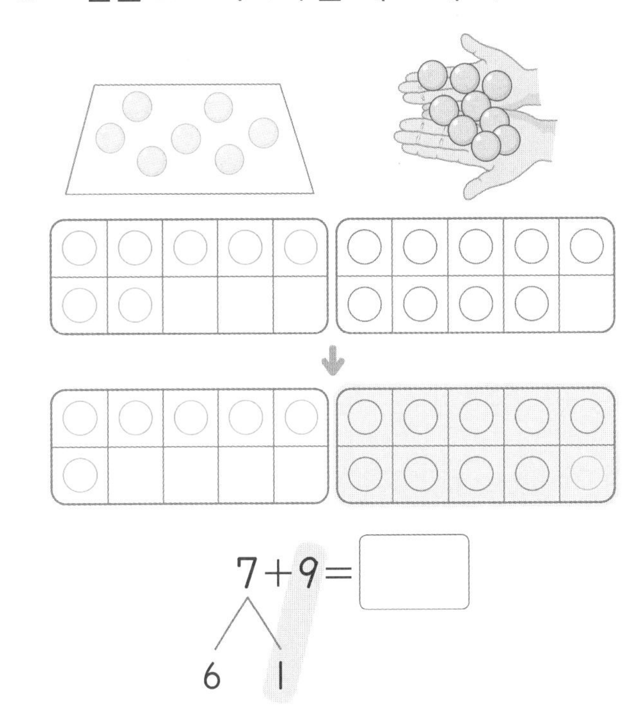

$7+9=\square$

6 1

[2-1 ~ 2-2] 그림을 보고 □ 안에 알맞은 수를 써넣으세요.

2-1

$6+6=\square$

2 □

2-2

$3+8=\square$

1 □

3-1 □ 안에 알맞은 수를 써넣으세요.

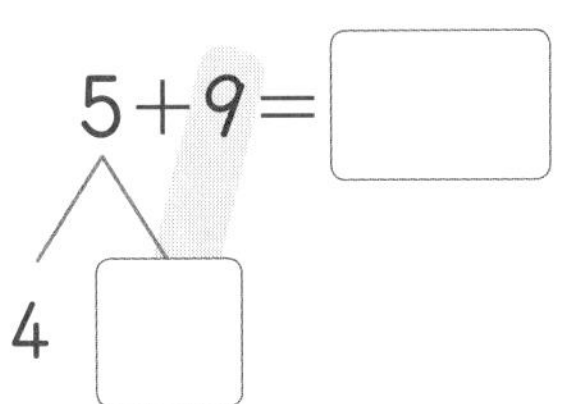

$5+9=\square$

4 □

3-2 □ 안에 알맞은 수를 써넣으세요.

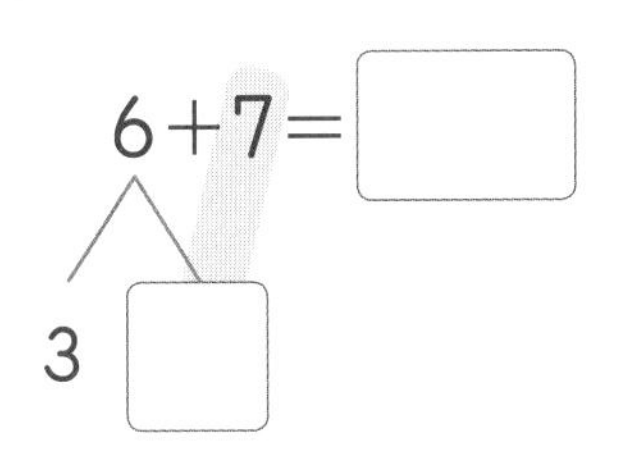

$6+7=\square$

3 □

3일 기초 집중 연습

기본 문제 연습

1-1 그림을 보고 덧셈을 해 보세요.

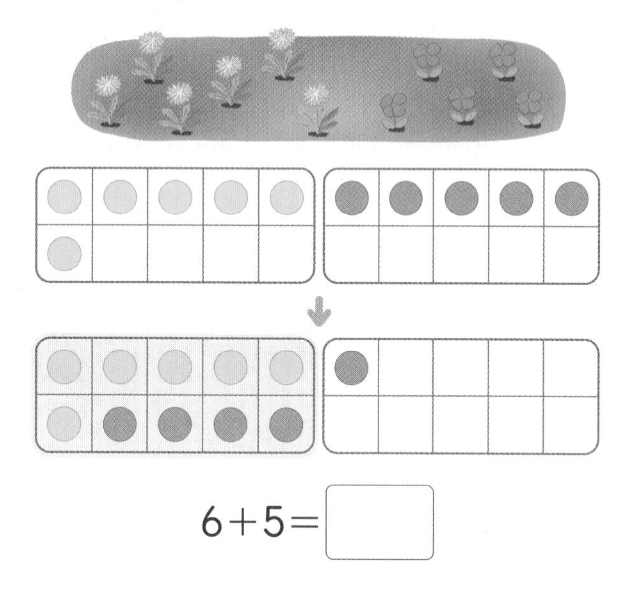

$6+5=\square$

1-2 그림을 보고 덧셈을 해 보세요.

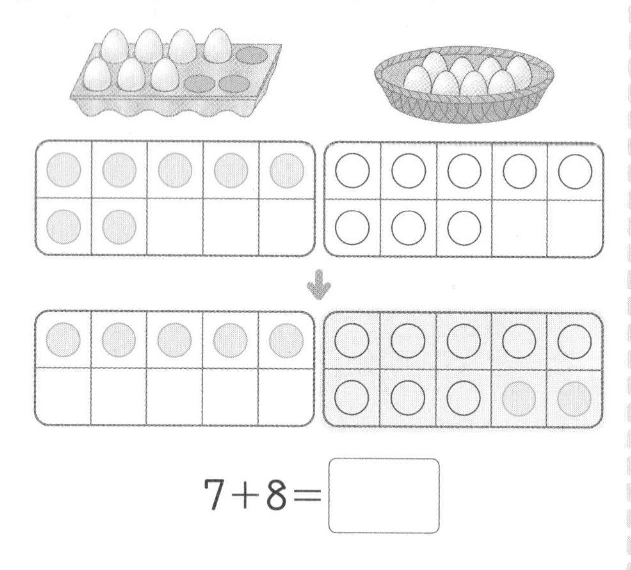

$7+8=\square$

2-1 □ 안에 알맞은 수를 써넣으세요.

$3+9=\square$

2 □

2-2 덧셈을 해 보세요.

(1) $9+5=\square$

(2) $4+7=\square$

[3-1 ~ 3-2] 2가지 방법으로 계산하려고 합니다. □ 안에 알맞은 수를 써넣으세요.

3-1

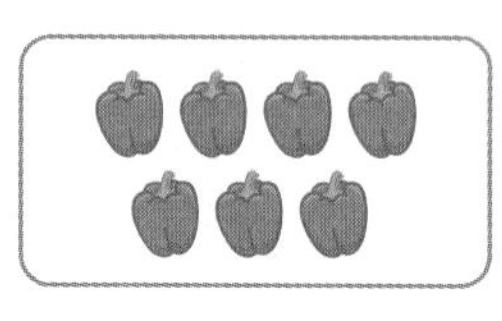

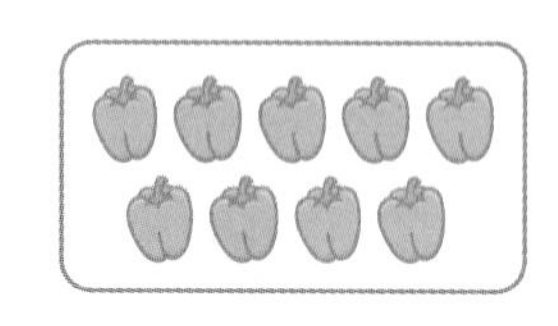

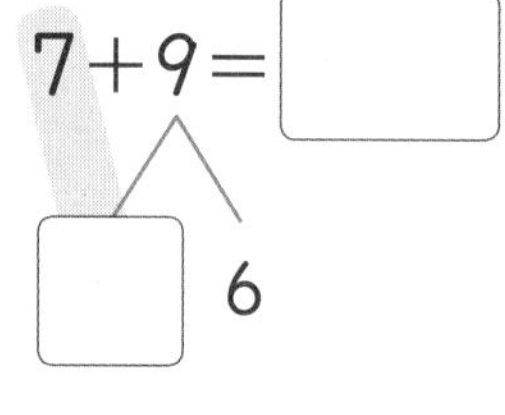

$7+9=\square$

□ 6

$7+9=\square$

6 □

3-2

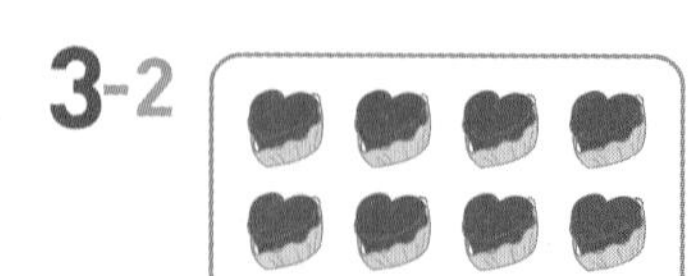

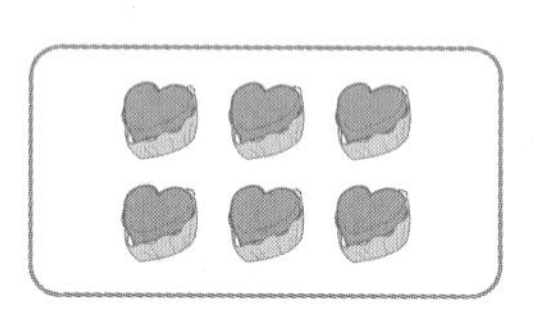

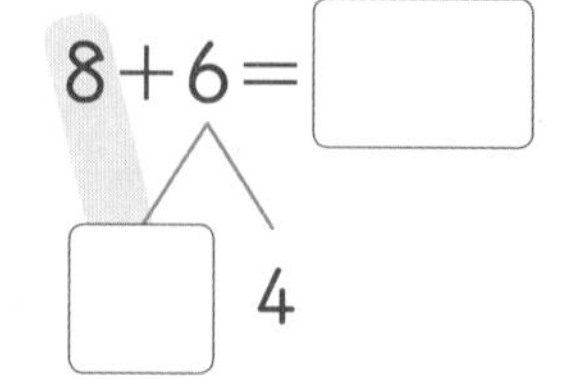

$8+6=\square$

□ 4

$8+6=\square$

4 □

▶정답 및 풀이 25쪽

연산 → 문장제 연습 '몇 개 더 많아진 수'를 구할 때에는 덧셈을 하자.

연산 덧셈을 해 보세요.

$6+9=\square$

이 덧셈식은 어떤 상황에서 이용될까요?

4-1 빵집에 식빵이 6개 있었는데 9개가 더 구워져 나왔습니다. 식빵은 모두 몇 개인가요?

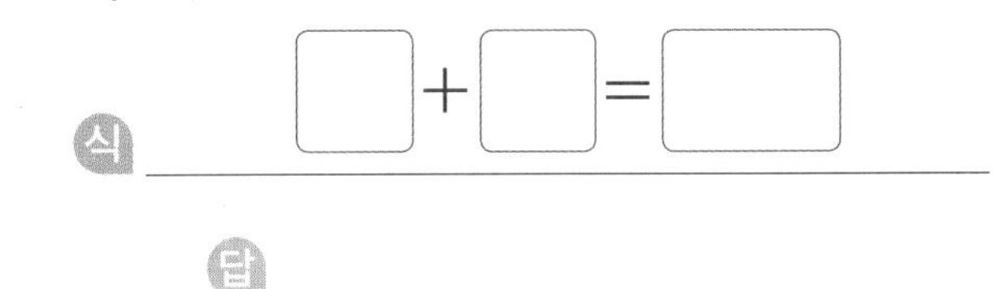

식 $\square+\square=\square$

답 ______

4-2 냉장고에 사과가 7개 있었는데 어머니께서 7개를 더 사 오셨습니다. 사과는 모두 몇 개인가요?

식 ______

답 ______

4-3 수영장에 어린이가 8명 있었는데 4명이 더 왔습니다. 수영장에 있는 어린이는 모두 몇 명인가요?

식 ______

답 ______

4주 3일

덧셈하기(3)

교과서 기초 개념

• 덧셈식의 특징 알아보기

예)

7 + 4 = 11 (+1, +1)
7 + 5 = 12 (+1, +1)
7 + 6 = 13 (+1, +1)
7 + 7 = 14

1씩 큰 수를 더하면 합도 ❶ ☐ 씩 커집니다.

9 + 5 = 14 (−1, −1)
8 + 5 = 13 (−1, −1)
7 + 5 = 12 (−1, −1)
6 + 5 = 11

1씩 작은 수를 더하면 합도 ❷ ☐ 씩 작아집니다.

3 + 9 = 12
9 + 3 = 12

두 수를 서로 바꾸어 더해도 합은 같습니다.

정답 ❶ 1 ❷ 1

개념 · 원리 확인

▶정답 및 풀이 25쪽

1-1 ☐ 안에 알맞은 수를 써넣으세요.

6+9=15
6+8=14
6+7=13
6+6=☐

1-2 ☐ 안에 알맞은 수를 써넣으세요.

4+8=12
5+8=13
6+8=14
7+8=☐

2-1 덧셈식을 보고 알맞은 말에 ○표 하세요.

2+9=11
9+2=11
7+5=12
5+7=12

두 수를 서로 바꾸어 더하면
합은 (같습니다 , 다릅니다).

2-2 덧셈식을 보고 ☐ 안에 알맞은 수를 써넣으세요.

5+9=14
6+8=14
7+7=14

합이 모두 ☐인 덧셈식입니다.

3-1 빈 곳에 알맞은 수를 써넣으세요.

5+6 11	5+7 12	5+8 13
6+6 12	6+7 13	6+8
7+6 	7+7 14	7+8 15

3-2 빈 곳에 알맞은 식과 수를 써넣으세요.

7+7 14	7+8 15	7+9 16
8+7 15	8+8 16	8+9 17
9+7 16		9+9 18

뺄셈하기(1)

교과서 기초 개념

• 빼는 수를 가르기 하여 뺄셈하기

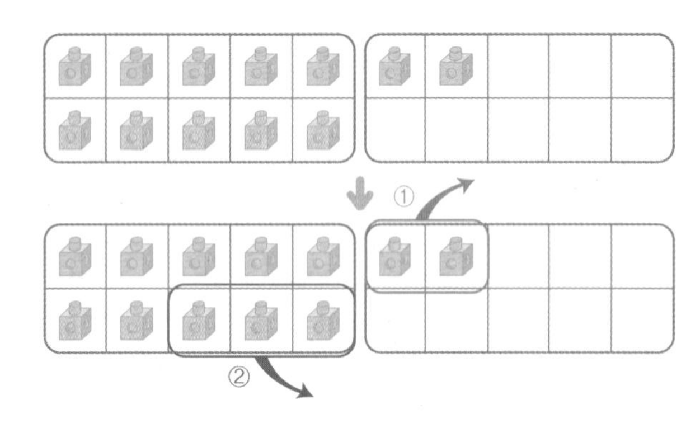

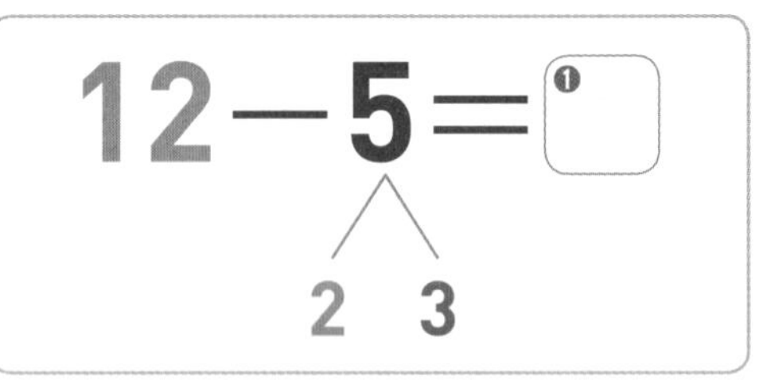

① $12-2=10$

② $10-3=7$

5를 2와 3으로 가르기 하여

①**12**에서 먼저 **2**를 빼고 ②남은 **10**에서 **3**을 빼.

정답 ❶ 7

개념·원리 확인

▶ 정답 및 풀이 25쪽

[1-1 ~ 1-2] 그림을 보고 □ 안에 알맞은 수를 써넣으세요.

1-1

$13-4=\square$

3 1

1-2

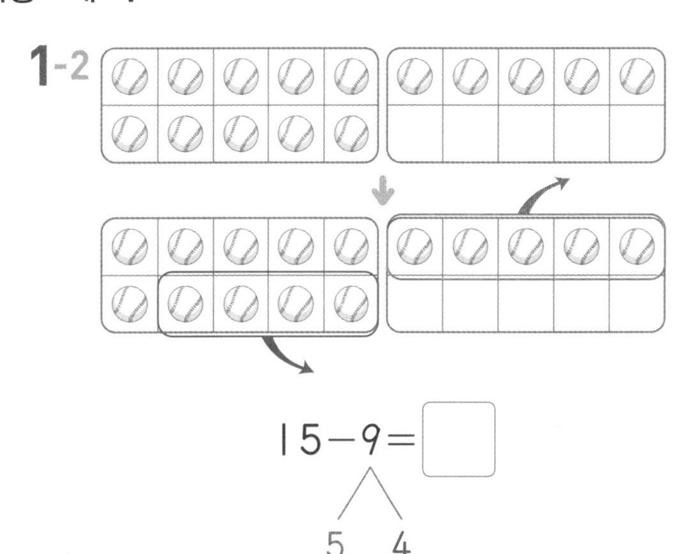

$15-9=\square$

5 4

2-1 그림을 보고 뺄셈을 해 보세요.

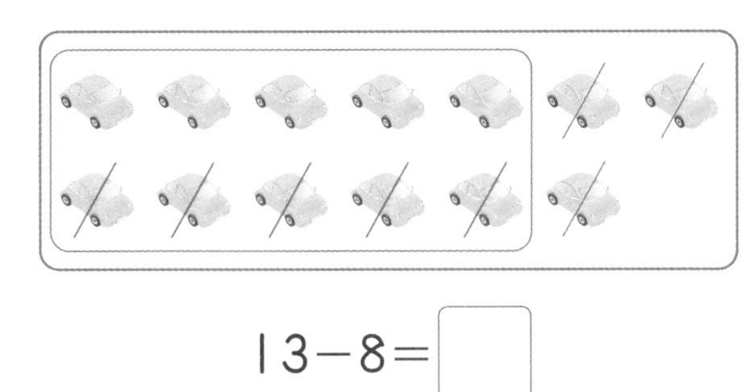

$13-8=\square$

2-2 그림을 보고 뺄셈을 해 보세요.

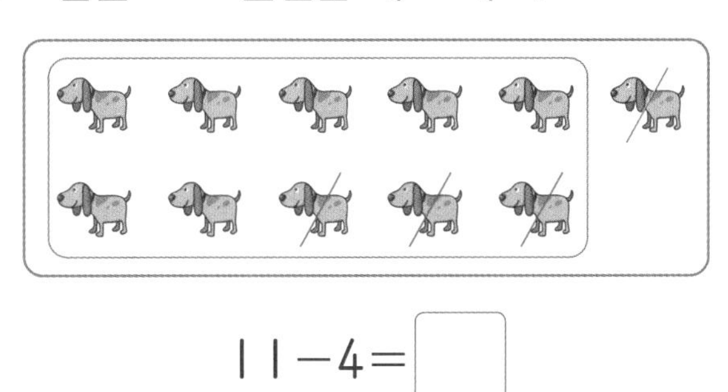

$11-4=\square$

3-1 □ 안에 알맞은 수를 써넣으세요.

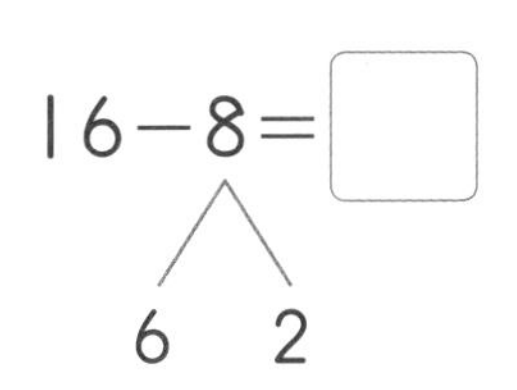

3-2 □ 안에 알맞은 수를 써넣으세요.

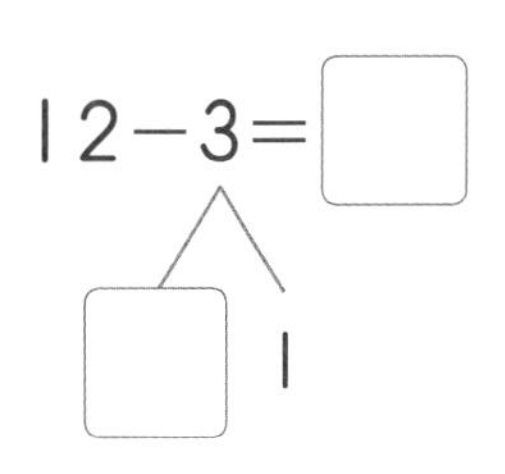

4주 4일

4일

기초 집중 연습

기본 문제 연습

1-1 /으로 지워 뺄셈을 해 보세요.

14−5=□

1-2 /으로 지워 뺄셈을 해 보세요.

11−6=□

2-1 덧셈을 하고 □ 안에 알맞은 수를 써넣으세요.

7+6=13
7+7=14
7+8=□
7+9=□

➔ 1씩 큰 수를 더하면
합은 □씩 커집니다.

2-2 덧셈을 하고 알게 된 점을 설명해 보세요.

3+8=11
8+3=□
6+9=15
9+6=□

➔ 두 수를 서로 바꾸어 더해도

____

3-1 빈칸에 알맞은 수를 써넣으세요.

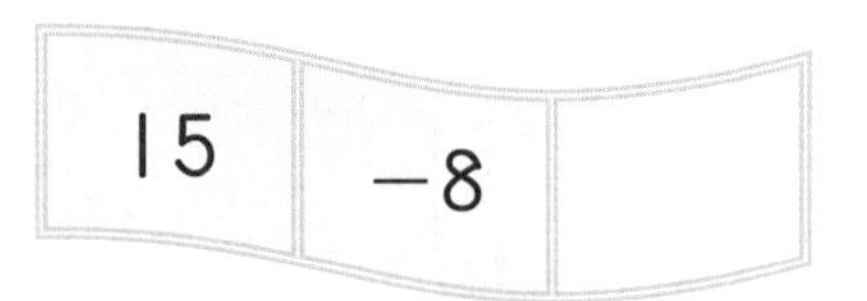

3-2 빈칸에 알맞은 수를 써넣으세요.

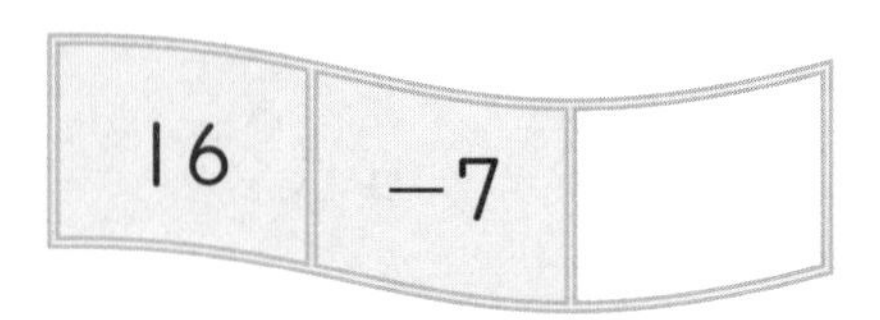

▶정답 및 풀이 26쪽

연산 → 문장제 연습 '남은 것이 몇인지'를 구할 때에는 뺄셈을 하자.

연산 뺄셈을 해 보세요.

$13-7=\square$

이 뺄셈식은 어떤 상황에서 이용될까요?

5-1 쿠키 13개 중에서 7개를 먹었습니다. 남은 쿠키는 몇 개인가요?

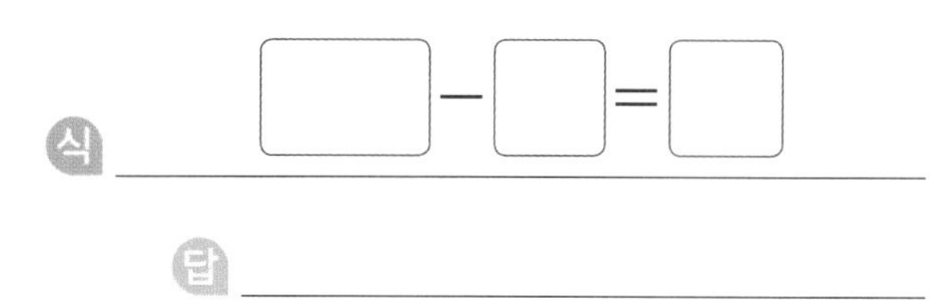

식 $\square-\square=\square$

답 ______

5-2 수지가 연필 17자루 중에서 동생에게 8자루를 주었습니다. 수지에게 남은 연필은 몇 자루인가요?

식 ______

답 ______

5-3 버스에 12명이 타고 있었습니다. 정류장에서 4명이 내렸다면 버스 안에 남은 사람은 몇 명인가요?

식 ______

답 ______

뺄셈하기(2)

교과서 기초 개념

• 빼지는 수를 가르기 하여 뺄셈하기

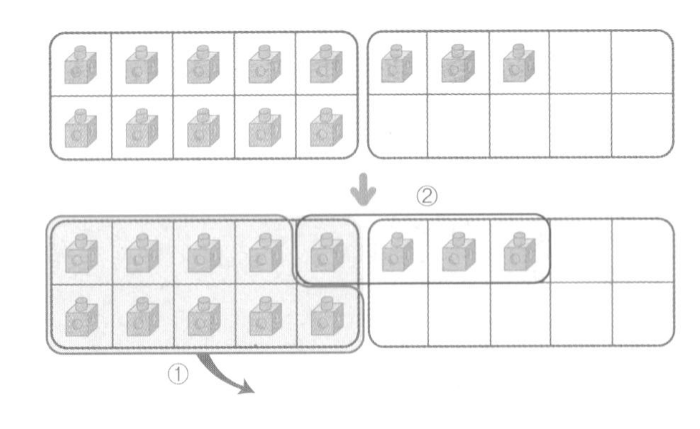

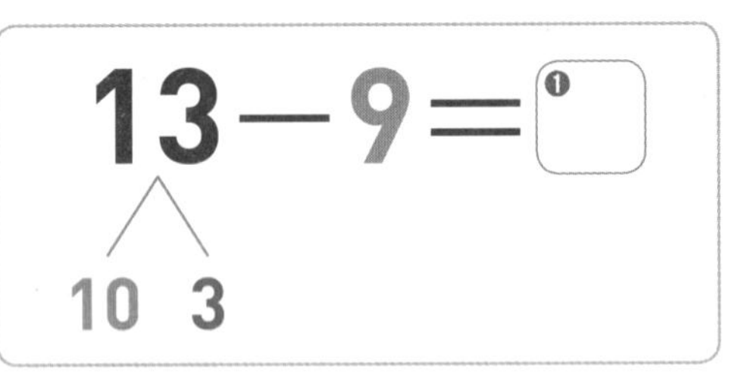

① $10-9=1$

② $1+3=4$

13을 10과 3으로 가르기 하여

① 10에서 먼저 9를 빼고 ② 남은 1과 3을 더해.

정답 ❶ 4

개념·원리 확인

공부한 날 월 일

▶정답 및 풀이 26쪽

1-1 그림을 보고 뺄셈을 해 보세요.

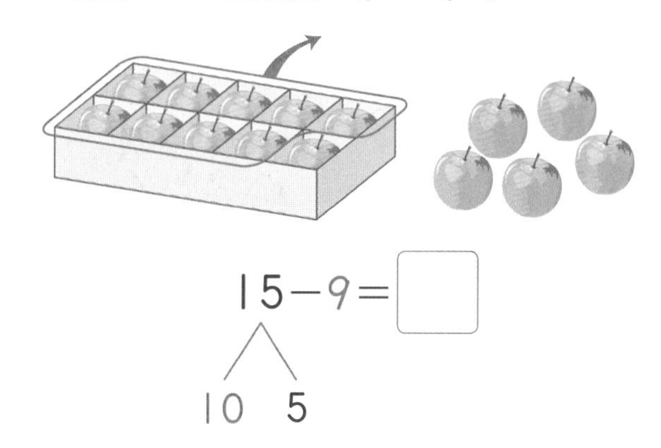

15−9=□

10 5

1-2 그림을 보고 뺄셈을 해 보세요.

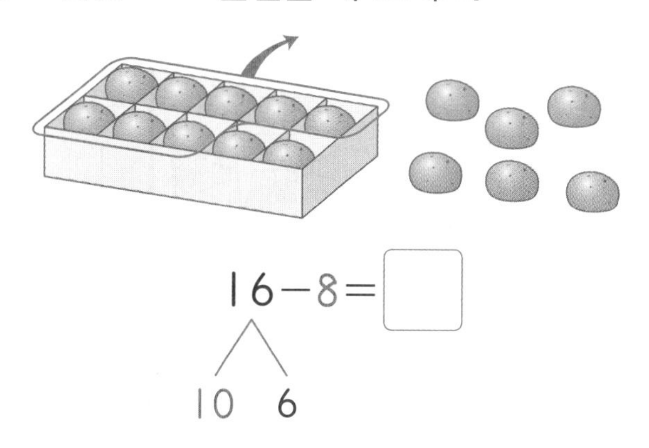

16−8=□

10 6

[2-1~2-2] 그림을 보고 □ 안에 알맞은 수를 써넣으세요.

2-1

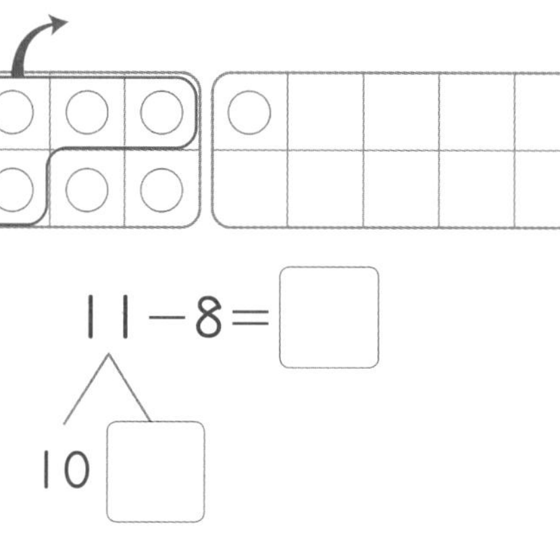

11−8=□

10 □

2-2

12−7=□

10 □

3-1 □ 안에 알맞은 수를 써넣으세요.

14−5=□

10 4

3-2 □ 안에 알맞은 수를 써넣으세요.

13−6=□

10 □

뺄셈하기(3)

응. 그런데 예약하는 사람이 한 명씩 늘면서 남은 자리가 하나씩 줄고 있어.

예약한 사람 수 → 남은 자리

$14 - 5 = 9$

$14 - 6 = 8$

$14 - 7 = 7$

$14 - 8 = 6$

교과서 기초 개념

• **뺄셈식의 특징 알아보기**

예)

$14-5=9$ (+1) (−1) $14-6=8$ (+1) (−1) $14-7=7$ (+1) (−1) $14-8=6$	$15-9=6$ (+1) (+1) $16-9=7$ (+1) (+1) $17-9=8$ (+1) (+1) $18-9=9$	$11-6=5$ (+1) (+1) $12-7=5$ (+1) (+1) $13-8=5$ (+1) (+1) $14-9=5$
1씩 큰 수를 빼면 차는 ❶ ☐ 씩 작아집니다.	1씩 커지는 수에서 똑같은 수를 빼면 차는 ❷ ☐ 씩 커집니다.	1씩 커지는 수에서 1씩 커지는 수를 빼면 차는 항상 같습니다.

정답 ❶ 1 ❷ 1

개념 · 원리 확인

▶정답 및 풀이 26쪽

1-1 □ 안에 알맞은 수를 써넣으세요.

12−9=3
12−8=4
12−7=5
12−6=□

1-2 □ 안에 알맞은 수를 써넣으세요.

10−5=5
11−5=6
12−5=7
13−5=□

2-1 뺄셈식을 보고 알맞은 말에 ○표 하세요.

15−6=9
15−7=8
15−8=7
15−9=6

1씩 큰 수를 빼면
차는 1씩 (커집니다 , 작아집니다).

2-2 뺄셈식을 보고 □ 안에 알맞은 수를 써넣으세요.

14−5=9
13−4=9
12−3=9
11−2=9

차가 모두 □인 뺄셈식입니다.

3-1 빈 곳에 알맞은 수를 써넣으세요.

11−3 8	11−4 7	11−5 6
	12−4 8	12−5
		13−5

3-2 빈 곳에 알맞은 식과 수를 써넣으세요.

13−6 7	13−7 6	13−8 5
14−6 8	14−7 7	
15−6 9	15−7 8	15−8 7

4주 5일

5일

기초 집중 연습

기본 문제 연습

1-1 그림을 보고 □ 안에 알맞은 수를 써넣으세요.

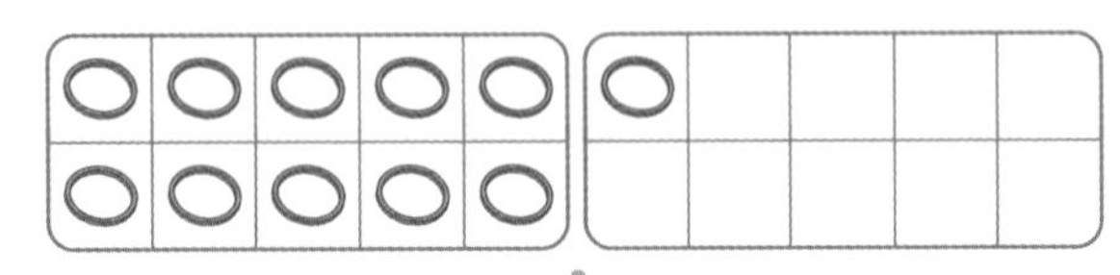

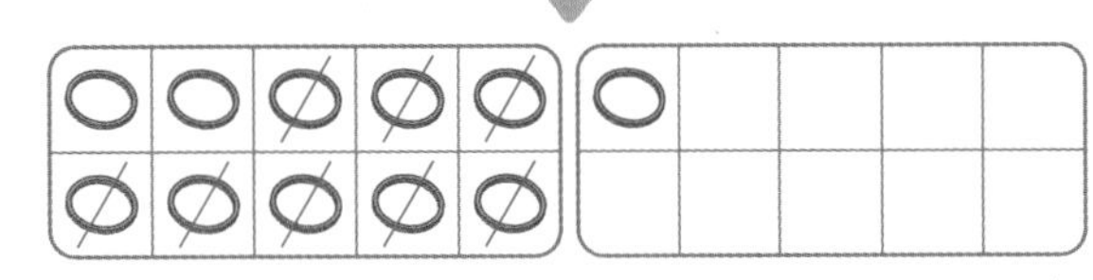

11−8=□

10 □

1-2 그림을 보고 □ 안에 알맞은 수를 써넣으세요.

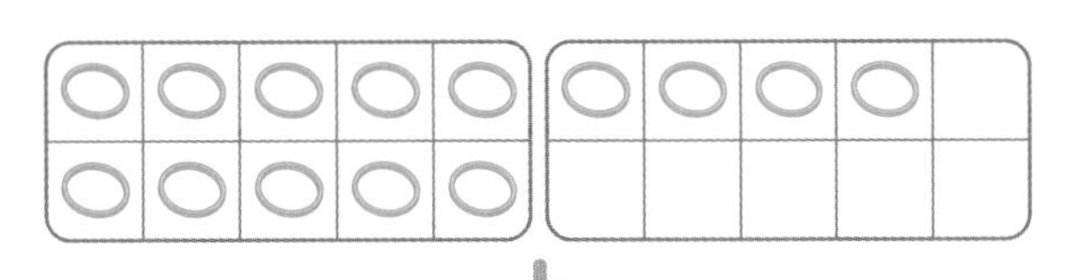

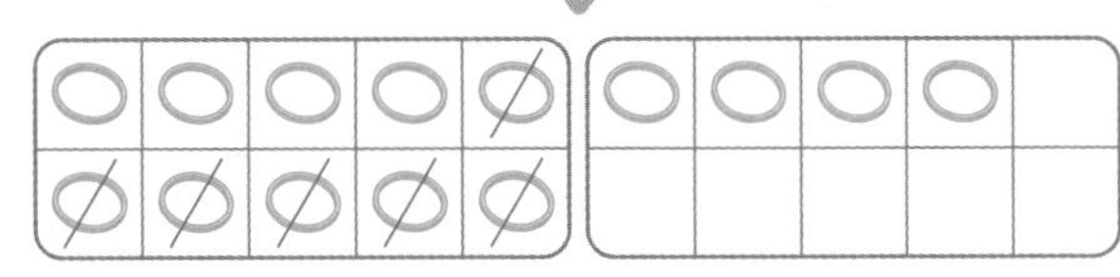

14−6=□

10 □

2-1 뺄셈을 해 보세요.

13−7=6
14−7=7
15−7=□
16−7=□

2-2 뺄셈을 해 보세요.

12−8=4
12−7=□
12−6=6
12−5=□

3-1 차가 4인 뺄셈식에 ○표 하세요.

11−7	12−6
(　　　)	(　　　)

3-2 차가 7인 뺄셈식에 ○표 하세요.

17−9	15−8
(　　　)	(　　　)

▶정답 및 풀이 27쪽

연산 → 문장제 연습 '몇 개 더 많은지'를 구할 때에는 뺄셈을 하자.

연산 뺄셈을 해 보세요.

$$14-7=\square$$

4-1 감이 14개, 배가 7개 있습니다. 감은 배보다 몇 개 더 많은가요?

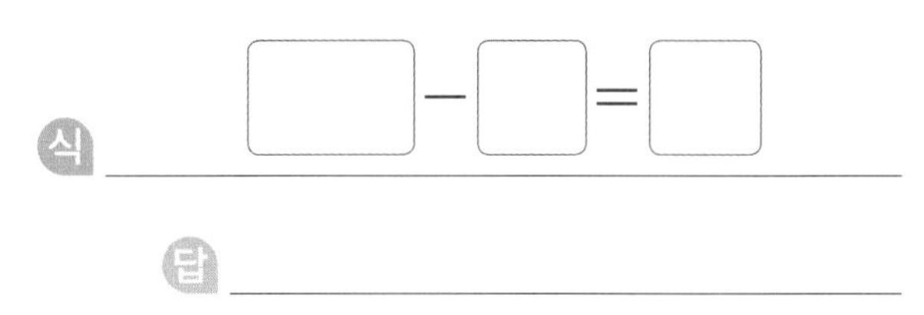

식 $\square-\square=\square$

답

4-2 흰색 바둑돌이 15개, 검은색 바둑돌이 9개 있습니다. 흰색 바둑돌은 검은색 바둑돌보다 몇 개 더 많은가요?

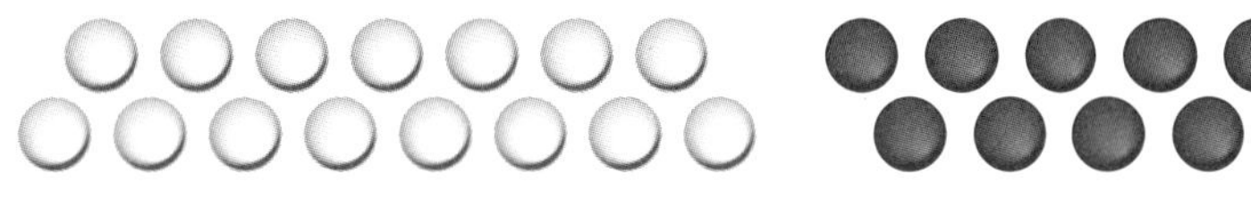

식

답

4-3 붕어빵 가게에 단팥 붕어빵이 11개, 슈크림 붕어빵이 6개 있습니다. 단팥 붕어빵은 슈크림 붕어빵보다 몇 개 더 많은가요?

식

답

4주 5일

누구나 100점 맞는 테스트

1 수 배열을 보고 ☐ 안에 알맞은 수를 써넣으세요.

3	7	3	7	3	7

☐과 ☐이 반복됩니다.

2 10을 이용하여 모으기와 가르기를 해 보세요.

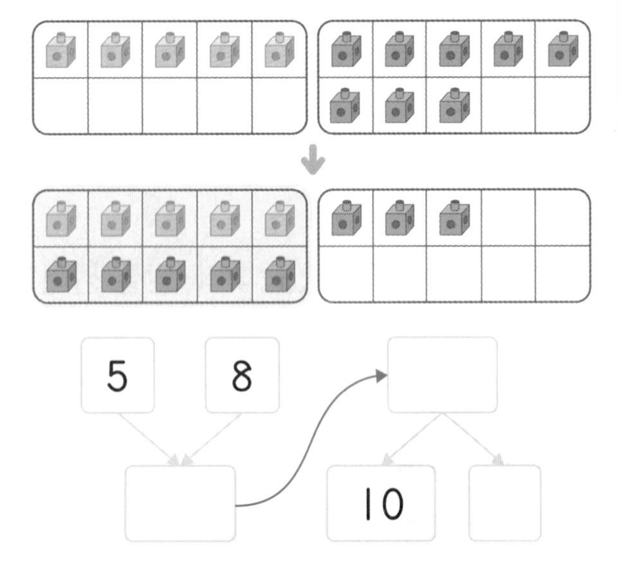

3 ☐ 안에 알맞은 수를 써넣으세요.

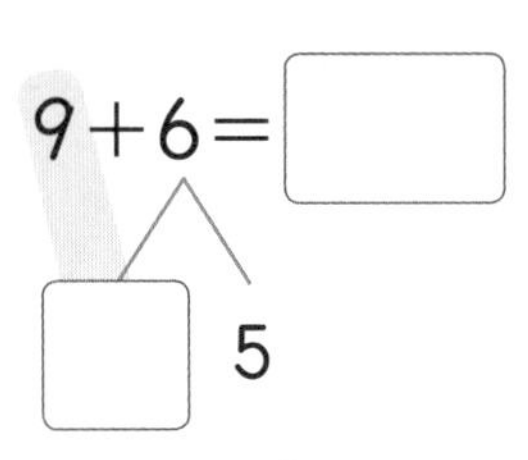

4 그림을 보고 ☐ 안에 알맞은 수를 써넣으세요.

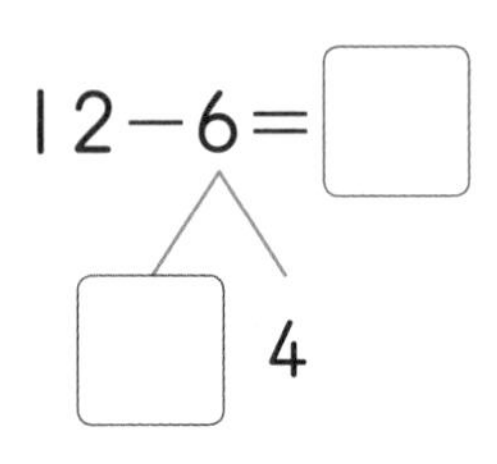

5 규칙을 찾아 빈칸에 알맞은 수를 써넣으세요.

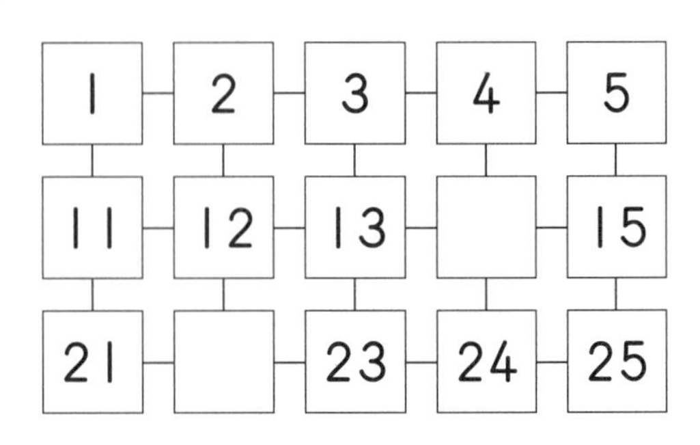

1	2	3	4	5
11	12	13		15
21		23	24	25

6 덧셈을 하고 알맞은 말에 ○표 하세요.

$4+9=13$
$4+8=12$
$4+7=\square$
$4+6=\square$

→ 1씩 작은 수를 더하면
합은 1씩 (커집니다 , 작아집니다).

7 빈칸에 알맞은 수를 써넣으세요.

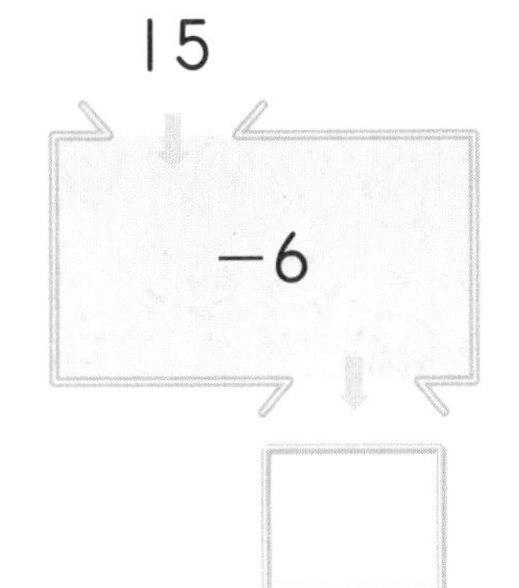

8 차가 5인 뺄셈식에 ○표 하세요.

$13-8$ ( ) $14-7$ ( )

9 노란 색연필 8자루와 파란 색연필 6자루가 있습니다. 색연필은 모두 몇 자루인가요?

식 ______________________

답 ______________

10 분식집에 김밥이 16줄 있었는데 9줄을 팔았습니다. 남은 김밥은 몇 줄인가요?

식 ______________________

답 ______________

외계인은 어느 행성에서 왔을까?

창의 1 어느 날 우주선을 타고 외계인들이 지구에 왔어요. 외계인들은 규칙에 따라 수로 말을 한다고 해요.

외계인이 말한 수의 규칙을 찾아 □ 안에 알맞은 수를 써넣어 봐.

2−4−6−8−10−□

위에서 수가 나타내는 글자를 보고 외계인이 어느 행성에서 왔는지 써 봐.

답 ____________________

▶ 정답 및 풀이 28쪽

창의 2 지수, 현아, 소희가 구슬치기 놀이를 했어요.

지수

나는 구슬 12개에서 2개를 잃고 10개가 되었어.

나는 구슬 10개에서 1개를 잃고 ☐ 개가 되었어.

현아

소희

나는 너희 둘이 잃은 구슬의 수만큼 구슬을 얻었어.

그래서 구슬 8개에서 3개를 얻어 ☐ 개가 되었어.

창의 3 눈사람이 말한 식의 계산 결과가 쓰인 모자를 눈사람에게 씌워 주려고 합니다. 알맞은 모자를 찾아 ○표 하세요.

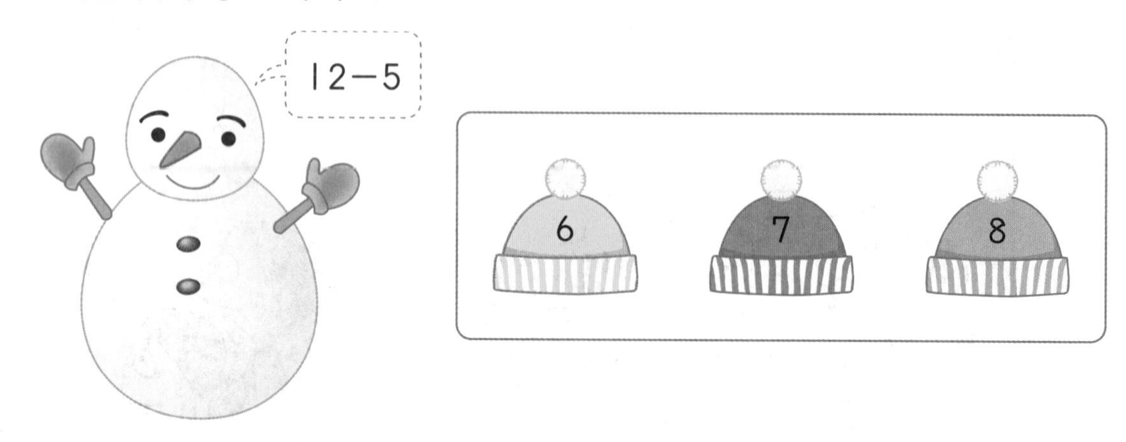

창의 4 두 수의 차가 큰 것부터 순서대로 점을 이어 그림을 완성해 보세요.

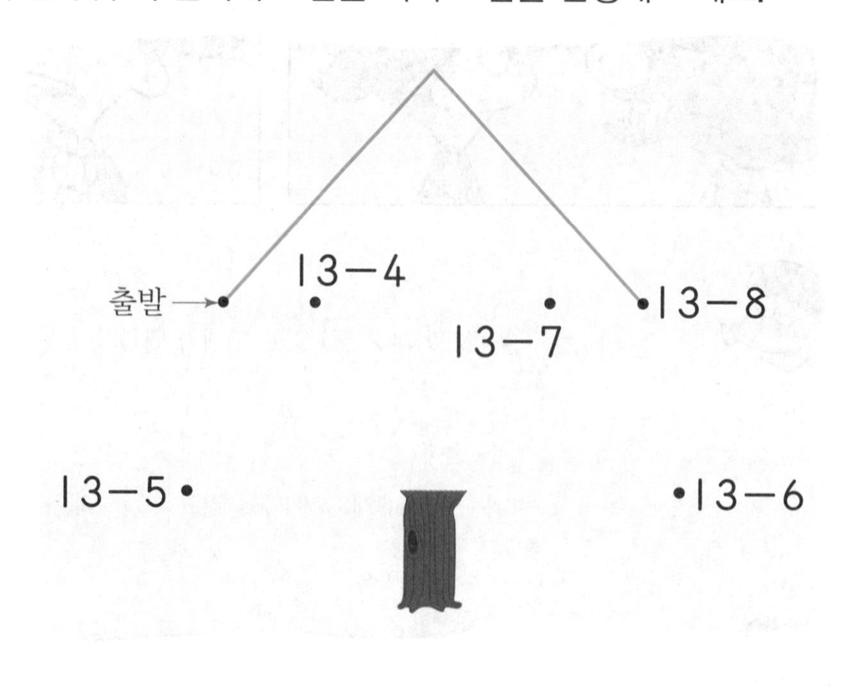

▶정답 및 풀이 28쪽

헬러윈 데이를 맞아 윤지는 초콜릿을 6개, 사탕을 5개 받았습니다. 윤지가 받은 초콜릿과 사탕은 모두 몇 개인가요?

ⓒPoznyakov/shutterstock

과자를 주지 않으면
장난을 친다는 의미로
'트릭 오어 트릿'이라
외치면서 과자를 받아.

답 ____________________

매년 10월 31일은 '핼러윈 데이'로 어린이들이 귀신 분장을
하고 이웃을 찾아가 초콜릿이나 사탕을 받아 가는 문화가 있어.

코딩 6 보기 와 같은 화살표 규칙에 따라 빈칸에 알맞은 수를 써넣으세요.

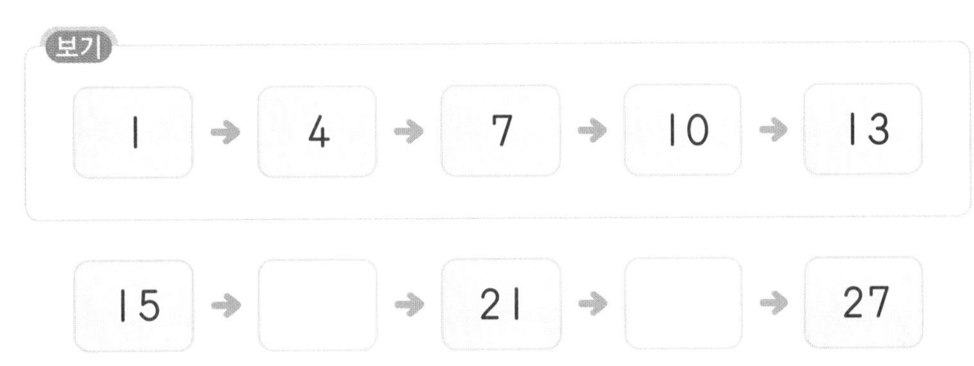

[7~8] 보기 와 같이 로봇이 식을 말하면 그 계산 결과 아래에 적힌 글자가 차례대로 나옵니다.

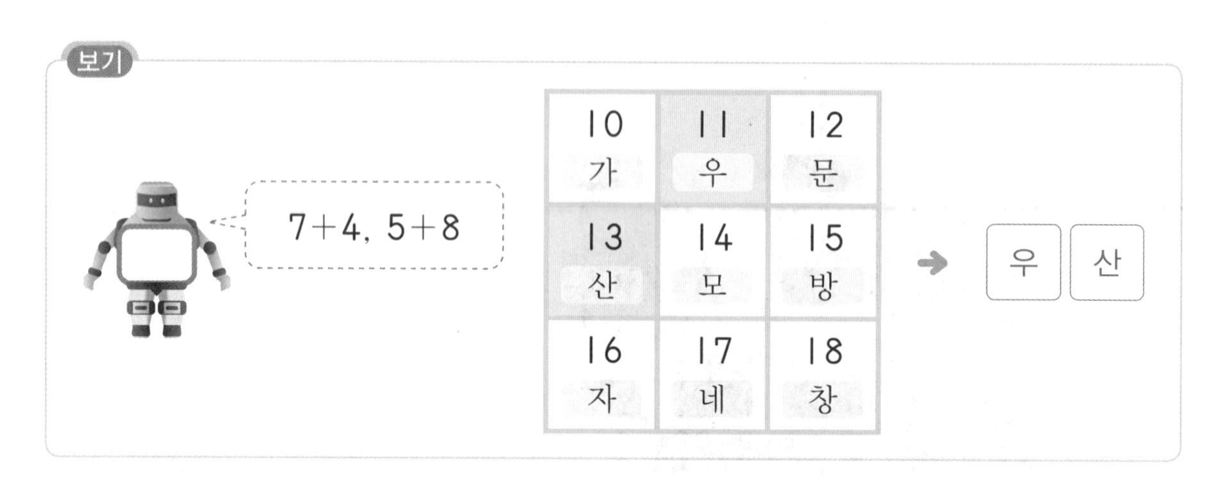

10 가	11 우	12 문
13 산	14 모	15 방
16 자	17 네	18 창

로봇이 말하는 식이 다음과 같을 때 나오는 글자를 차례대로 써 보세요.

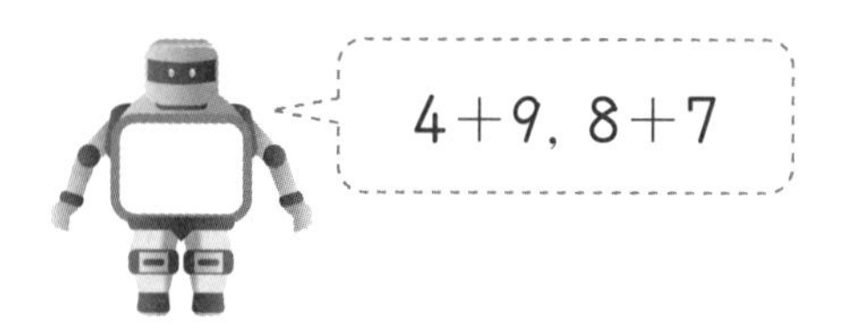

10 사	11 참	12 미
13 나	14 거	15 비
16 새	17 물	18 승

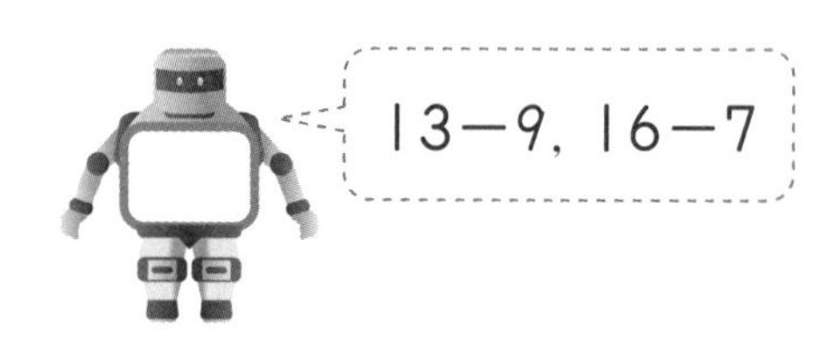

1 연	2 바	3 감
4 자	5 고	6 다
7 망	8 소	9 두

→ ☐☐

▶정답 및 풀이 28쪽

창의 9 다음 쪽지에 적힌 수 배열에서 규칙을 찾아 보물상자의 비밀번호를 구해 보세요.

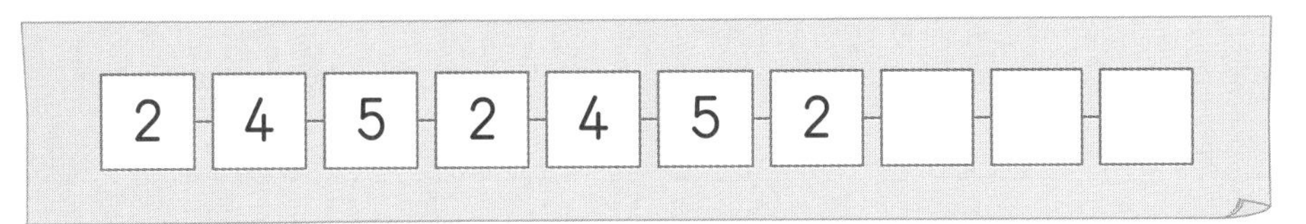

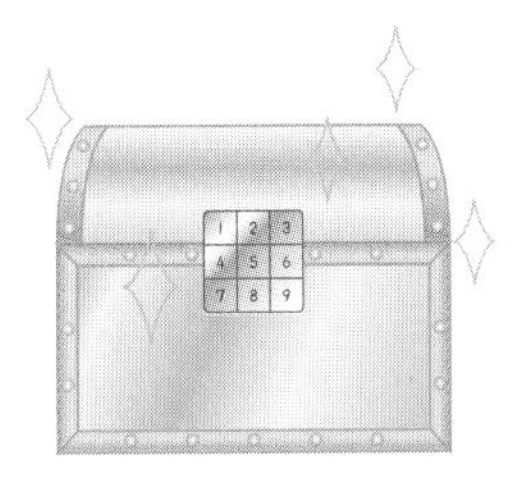

쪽지에 적힌 수 배열에서
마지막에 나오는 숫자 3개를
차례대로 누르면 보물상자가 열려.

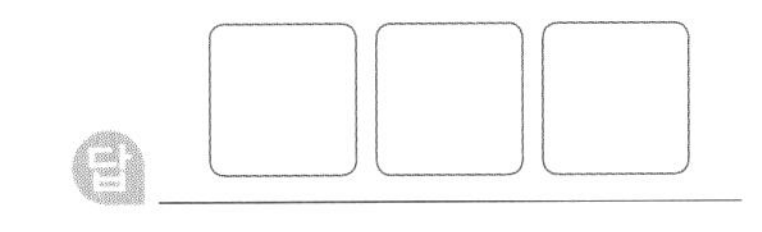

답

창의 10 상자에서 공을 2개 꺼내어 공에 적힌 수의 합이 더 큰 사람이 이긴다고 합니다. 아라가 이기려면 어떤 수가 적힌 공을 꺼내야 하나요?

두 번째는 어떤 수가
적힌 공을 꺼내야 할까?

답 

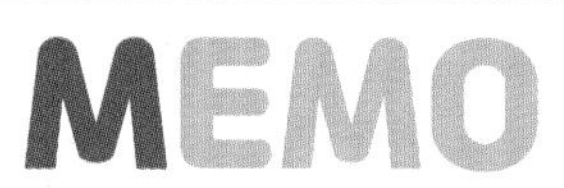

www.chunjae.co.kr

뭘 좋아할지 몰라 다 준비했어♥
전과목 교재

전과목 시리즈 교재

●우등생 해법시리즈

– 국어/수학	1~6학년, 학기용
– 사회/과학	3~6학년, 학기용
– SET(전과목/국수, 국사과)	1~6학년, 학기용

●똑똑한 하루 시리즈

– 똑똑한 하루 독해	예비초~6학년, 총 14권
– 똑똑한 하루 글쓰기	예비초~6학년, 총 14권
– 똑똑한 하루 어휘	예비초~6학년, 총 14권
– 똑똑한 하루 한자	예비초~6학년, 총 14권
– 똑똑한 하루 수학	1~6학년, 총 12권
– 똑똑한 하루 계산	예비초~6학년, 총 14권
– 똑똑한 하루 도형	예비초~6학년, 총 8권
– 똑똑한 하루 사고력	1~6학년, 총 12권
– 똑똑한 하루 사회/과학	3~6학년, 학기용
– 똑똑한 하루 안전	1~2학년, 총 2권
– 똑똑한 하루 Voca	3~6학년, 학기용
– 똑똑한 하루 Reading	초3~초6, 학기용
– 똑똑한 하루 Grammar	초3~초6, 학기용
– 똑똑한 하루 Phonics	예비초~초등, 총 8권

●독해가 힘이다 시리즈

– 초등 수학도 독해가 힘이다	1~6학년, 학기용
– 초등 문해력 독해가 힘이다 문장제수학편	1~6학년, 총 12권
– 초등 문해력 독해가 힘이다 비문학편	3~6학년, 총 8권

영어 교재

●초등영어 교과서 시리즈

파닉스(1~4단계)	3~6학년, 학년용
영단어(1~4단계)	3~6학년, 학년용
●LOOK BOOK 영단어	3~6학년, 단행본
●원서 읽는 LOOK BOOK 영단어	3~6학년, 단행본

국가수준 시험 대비 교재

●해법 기초학력 진단평가 문제집	2~6학년·중1 신입생, 총 6권

정답 및 풀이

똑 똑 한

하루 수학

초등 수학 1B

1학년 수준

정답 및 풀이
포인트 3가지

- OX 퀴즈로 쉬어가며 개념 확인
- 혼자서도 이해할 수 있는 문제 풀이
- 참고, 주의 등 자세한 풀이 제시

정답 및 풀이

1주 100까지의 수 / 덧셈과 뺄셈(1)

개념 OX 퀴즈

옳으면 ◯에, 틀리면 ✕에 ○표 하세요.

퀴즈 1

83은 10개씩 묶음 3개와 낱개 8개입니다.

퀴즈 2

62+5를 계산하면 67입니다.

정답은 7쪽에서 확인하세요.

6~7쪽 1주에는 무엇을 공부할까?②

1-1 3, 30	1-2 2, 4, 24
2-1 46	2-2 38
3-1 6	3-2 8
4-1 4, 4	4-2 8, 8

2-1 10개씩 묶음 4개와 낱개 6개는 46입니다.

2-2 10개씩 묶음 3개와 낱개 8개는 38입니다.

3-1 돼지 4마리와 양 2마리를 더하면 모두 6마리입니다. ➔ $4+2=6$

3-2 나비 3마리와 벌 5마리를 더하면 모두 8마리입니다. ➔ $3+5=8$

4-1 3과 1을 모으기 하면 4가 됩니다.
➔ $3+1=4$

4-2 2와 6을 모으기 하면 8이 됩니다.
➔ $2+6=8$

9쪽 개념 · 원리 확인

1-1 70	1-2 90
2-1 60	2-2 80
3-1 80	3-2 9
4-1 칠십, 일흔	4-2 팔십, 여든

1-1 10개씩 묶음 7개는 70입니다.

1-2 10개씩 묶음 9개는 90입니다.

2-1 10개씩 묶음 6개이므로 60입니다.

2-2 10개씩 묶음 8개이므로 80입니다.

4-1 70은 칠십 또는 일흔이라고 읽습니다.

4-2 80은 팔십 또는 여든이라고 읽습니다.

정답
풀이

11쪽 개념 · 원리 확인

1-1 2, 62	1-2 8, 5, 85
2-1 57	2-2 74
3-1 78	3-2 9, 2
4-1 69	4-2 86

1-1 물감이 10개씩 묶음 6개와 낱개 2개이므로 62입니다.

1-2 과자가 10개씩 묶음 8개와 낱개 5개이므로 85입니다.

2-1 10개씩 묶음 5개와 낱개 7개이므로 57입니다.

2-2 10개씩 묶음 7개와 낱개 4개이므로 74입니다.

4-1 육십 구 (6 9) ➔ 69

4-2 여든 여섯 (8 6) ➔ 86

정답 및 풀이

12~13쪽 기초 집중 연습

1-1 70, 일흔　　1-2 66, 육십육
2-1 64, 65　　2-2 72, 82, 92
3-1 75　　3-2 ○
기초 59　　4-1 59개
4-2 65개　　4-3 98개

1-2 10개씩 묶음 6개와 낱개 6개이므로 66입니다.
➜ 66은 육십육 또는 예순여섯이라고 읽습니다.

2-1 10개씩 묶음의 수는 변하지 않고 낱개의 수만 1씩 커지도록 수를 씁니다.

2-2 10개씩 묶음의 수가 1씩 커지고 낱개의 수는 변하지 않도록 수를 씁니다.

3-1 일흔 다섯 (7 5) ➜ 75

3-2 80쪽은 팔십 쪽이라고 읽습니다.

4-1 사과가 10개씩 5상자와 낱개 9개이므로 모두 59개입니다.

4-2 빨대가 10개씩 6묶음과 낱개 5개이므로 모두 65개입니다.

4-3 사탕이 10개씩 9통과 낱개 8개이므로 모두 98개입니다.

15쪽 개념 · 원리 확인

1-1 6, 5, 65　　1-2 7, 3, 73
2-1 56　　2-2 70
3-1 / 5, 2, 52
3-2 / 6, 6, 66

1-1 10개씩 묶음 6개와 낱개 5개이므로 65입니다.

2-1 구슬의 수가 10개씩 5줄과 낱개 6개이므로 56입니다.

2-2 구슬의 수가 10개씩 7줄이므로 70입니다.

3-1 10개씩 묶어 보면 10개씩 묶음 5개와 낱개 2개이므로 52입니다.

3-2 10개씩 묶어 보면 10개씩 묶음 6개와 낱개 6개이므로 66입니다.

17쪽 개념 · 원리 확인

1-1

1	2	3	4	5	6	7	8	9	10
11	12	13	14	15	16	17	18	19	20
21	22	23	24	25	26	27	28	29	30
31	32	33	34	35	36	37	38	39	40
41	42	43	44	45	46	47	48	49	50
51	52	53	54	55	56	57	58	59	60
61	62	63	64	65	66	67	68	69	70
71	72	73	74	75	76	77	78	79	80
81	82	83	84	85	86	87	88	89	90
91	92	93	94	95	96	97	98	99	100

2-1 77　　2-2 89
3-1 54, 55　　3-2 83, 85

2-1 76보다 1만큼 더 큰 수는 76의 바로 뒤의 수로 77입니다.

2-2 90보다 1만큼 더 작은 수는 90의 바로 앞의 수로 89입니다.

3-1 53부터 56까지의 수를 순서대로 씁니다.

참고
53과 56 사이에 있는 수는 54, 55입니다.

3-2 82부터 85까지의 수를 순서대로 씁니다.

참고
84보다 1만큼 더 작은 수는 83이고, 84보다 1만큼 더 큰 수는 85입니다.

18~19쪽 기초 집중 연습

1-1

54 55 56 57 58
59 60 61 62
63 64 65 66 67
68 69 70 71

1-2

73 74 75 76 77
78 79 80 81
82 83 84 85 86
87 88 89 90

2-1 85, 87　　**2-2** 69, 71
3-1 100, 98　　**3-2** 93, 93
기초 67개　　**4-1** 67개
4-2 80개
4-3 77마리

1-1 54부터 71까지의 수를 순서대로 씁니다.

1-2 73부터 90까지의 수를 순서대로 씁니다.

2-2 • 70보다 1만큼 더 작은 수는 70의 바로 앞의 수로 69입니다.
• 70보다 1만큼 더 큰 수는 70의 바로 뒤의 수로 71입니다.

3-1 • 99보다 1만큼 더 큰 수는 99의 바로 뒤의 수로 100입니다.
• 99보다 1만큼 더 작은 수는 99의 바로 앞의 수로 98입니다.

3-2 • 94보다 1만큼 더 작은 수는 94의 바로 앞의 수로 93입니다.
• 92보다 1만큼 더 큰 수는 92의 바로 뒤의 수로 93입니다.

기초 10개씩 6줄과 낱개 7개이므로 공깃돌은 모두 67개입니다.

4-1 10개씩 묶어 보면 10개씩 묶음 6개와 낱개 7개이므로 공깃돌은 모두 67개입니다.

4-2 10개씩 묶어 보면 10개씩 묶음 8개이므로 바둑돌은 모두 80개입니다.

4-3 10마리씩 묶어 보면 10마리씩 묶음 7개와 낱개 7마리이므로 벌은 모두 77마리입니다.

21쪽 개념 · 원리 확인

1-1 작습니다에 ○표　　**1-2** 큽니다에 ○표
2-1 54, 57 / (　)(○)
2-2 62, 70 / (　)(○)
3-1 (1) $>$ (2) $<$　　**3-2** (1) $>$ (2) $<$

1-1 10개씩 묶음의 수가 더 작은 57이 63보다 작습니다.

1-2 10개씩 묶음의 수가 같으므로 낱개의 수가 더 큰 78이 75보다 큽니다.

2-1 10개씩 묶음의 수가 같으므로 낱개의 수를 비교합니다.
➡ $4<7$이므로 $54<57$입니다.

2-2 10개씩 묶음의 수를 비교합니다.
➡ $6<7$이므로 $62<70$입니다.

3-1 (1) 10개씩 묶음의 수를 비교합니다.
➡ $9>6$이므로 $90>69$입니다.
(2) 10개씩 묶음의 수가 같으므로 낱개의 수를 비교합니다.
➡ $4<8$이므로 $84<88$입니다.

3-2 (1) 10개씩 묶음의 수가 같으므로 낱개의 수를 비교합니다.
➡ $5>1$이므로 $75>71$입니다.
(2) 10개씩 묶음의 수를 비교합니다.
➡ $5<6$이므로 $56<64$입니다.

23쪽 개념 · 원리 확인

1-1 (　)
(○)　　**1-2** (　)
(○)
2-1 8 / 짝수에 ○표　　**2-2** 9 / 홀수에 ○표
3-1 홀, 짝, 홀　　**3-2** 짝, 홀, 짝

정답 및 풀이

1-1 7은 둘씩 짝을 지을 수 없으므로 홀수입니다.

1-2 6은 둘씩 짝을 지을 수 있으므로 짝수입니다.

2-1 8 ➜ ◯◯◯◯◯◯◯◯ ➜ 짝수

2-2 9 ➜ ◯◯◯◯◯◯◯◯◯ ➜ 홀수

3-1 2, 4, 6, 8, 0으로 끝나는 수는 짝수이고,
1, 3, 5, 7, 9로 끝나는 수는 홀수입니다.

24~25쪽	기초 집중 연습

1-1 > / 큽니다에 ◯표, 작습니다에 ◯표
1-2 < / 작습니다에 ◯표, 큽니다에 ◯표
2-1

2-2

3-1

3-2

기초 55에 ◯표 **4-1** 수현
4-2 볼펜
4-3 땅콩 맛 사탕

1-1 10개씩 묶음의 수를 비교합니다.
➜ $8>5$이므로 $82>56$입니다.

1-2 10개씩 묶음의 수가 같으므로 낱개의 수를 비교합니다.
➜ $4<8$이므로 $64<68$입니다.

2-1 짝수인 22－24－26－28을 따라가며 선을 그어 봅니다.

2-2 홀수: 1, 21, 33, 45
짝수: 8, 10, 14, 26, 30

3-1 수가 홀수인 것은 수박(1개), 토마토(5개), 배(3개)입니다.

3-2 수가 짝수인 것은 생선(2마리), 꽃게(4마리)입니다.

4-1 자두를 더 많이 딴 사람을 구해야 하므로 더 큰 수를 찾습니다.
55는 51보다 큽니다.
➜ 자두를 더 많이 딴 사람은 수현입니다.

4-2 더 많은 것을 구해야 하므로 더 큰 수를 찾습니다.
94는 72보다 큽니다.
➜ 볼펜이 더 많습니다.

4-3 더 적은 것을 구해야 하므로 더 작은 수를 찾습니다.
80은 83보다 작습니다.
➜ 땅콩 맛 사탕이 더 적습니다.

27쪽	개념 · 원리 확인

1-1 39	**1-2** 68
2-1 2, 8	**2-2** 8, 7
3-1 (1) 56 (2) 38	**3-2** (1) 73 (2) 99
4-1 45	**4-2** 25

1-1 10개씩 묶음이 3개, 낱개가 $5+4=9$(개)이므로 모두 39입니다.
➜ $35+4=39$

1-2 10개씩 묶음이 6개, 낱개가 8개이므로 모두 68입니다.
➜ $60+8=68$

3-2 (1) $\begin{array}{r} 72 \\ +\ 1 \\ \hline 73 \end{array}$ (2) $\begin{array}{r} 4 \\ +\ 95 \\ \hline 99 \end{array}$

주의

(1)
$$\begin{array}{r} 7\ 2 \\ +\ 1\ \ \\ \hline 8\ 2 \end{array}$$
와 같이 계산하지 않도록 합니다.

4-1
$$\begin{array}{r} 4\ 0 \\ +\ \ 5 \\ \hline 4\ 5 \end{array}$$

4-2
$$\begin{array}{r} 2\ 2 \\ +\ \ 3 \\ \hline 2\ 5 \end{array}$$

29쪽 개념 · 원리 확인

1-1 40　　1-2 50
2-1 6, 0　　2-2 8, 0
3-1 60　　3-2 90
4-1 40+50=90(또는 50+40=90)
4-2 70

1-1 귤과 토마토는 10개씩 묶음이 3+1=4(개)이므로 모두 40입니다.
➡ 30+10=40

3-1
$$\begin{array}{r} 3\ 0 \\ +\ 3\ 0 \\ \hline 6\ 0 \end{array}$$

3-2
$$\begin{array}{r} 2\ 0 \\ +\ 7\ 0 \\ \hline 9\ 0 \end{array}$$

4-1 40과 50의 합 ➡ 40+50=90

4-2 10과 60의 합 ➡ 10+60=70

30~31쪽 기초 집중 연습

1-1 56　　1-2 90
2-1 49　　2-2 70
3-1
$$\begin{array}{r} 2\ 3 \\ +\ \ 4 \\ \hline 2\ 7 \end{array}$$
3-2
$$\begin{array}{r} 3\ 6 \\ +\ \ 2 \\ \hline 3\ 8 \end{array}$$
4-1 40　　4-2 30, 40(또는 40, 30)
연산 30
5-1 20+10=30, 30쪽
5-2 11+6=17, 17개
5-3 25+3=28, 28개

1-1
$$\begin{array}{r} 4 \\ +\ 5\ 2 \\ \hline 5\ 6 \end{array}$$

1-2
$$\begin{array}{r} 1\ 0 \\ +\ 8\ 0 \\ \hline 9\ 0 \end{array}$$

2-1 47보다 2만큼 더 큰 수는 47에 2를 더하여 구합니다. ➡ 47+2=49

2-2 50보다 20만큼 더 큰 수는 50에 20을 더하여 구합니다. ➡ 50+20=70

3-1 더하는 수 4를 낱개의 수 3과 줄을 맞추어 쓴 후 계산해야 합니다.

4-1 10과 다른 한 수를 골라 합을 구하여 50이 되는 경우를 찾습니다.
10+30=40, 10+40=50

4-2 두 수를 골라 합을 구하여 70이 되는 경우를 찾습니다.
20+30=50, 30+40=70, 20+40=60

5-1 (어제 읽은 쪽수)+(오늘 읽은 쪽수)
=20+10=30(쪽)

5-2 (당근의 수)+(오이의 수)=11+6=17(개)

5-3 (꽈배기의 수)+(도넛의 수)=25+3=28(개)

33쪽 개념 · 원리 확인

1-1 54　　1-2 58
2-1 6, 7　　2-2 8, 2
3-1
$$\begin{array}{r} 1\ 1 \\ +\ 7\ 6 \\ \hline 8\ 7 \end{array}$$
3-2
$$\begin{array}{r} 4\ 5 \\ +\ 3\ 4 \\ \hline 7\ 9 \end{array}$$
4-1 40+33=73　　4-2 12+56=68

1-1 10개씩 묶음이 3+2=5(개),
낱개가 1+3=4(개)이므로 모두 54입니다.
➡ 31+23=54

1-2 10개씩 묶음이 4+1=5(개),
낱개가 2+6=8(개)이므로 모두 58입니다.
➡ 42+16=58

4-1 '~만큼 더 큰 수'를 구할 때에는 덧셈식을 세웁니다. ➡ 40+33=73

4-2 합을 구할 때에는 덧셈식을 세웁니다.
➡ 12+56=68

풀이

35쪽 개념 · 원리 확인

1-1 $11+15=26$(또는 $15+11=26$)
1-2 $12+7=19$(또는 $7+12=19$)
2-1 $31+12=43$　**2-2** $11+40=51$
3-1 3, 79　**3-2** 4, 76

1-1 주황색 물고기 수와 노란색 물고기 수를 더합니다.
➔ $11+15=26$

1-2 파란색 물고기 수와 분홍색 물고기 수를 더합니다.
➔ $12+7=19$

2-1 연두색 색종이: 31장, 하늘색 색종이: 12장
➔ $31+12=43$

2-2 분홍색 색종이: 11장, 보라색 색종이: 40장
➔ $11+40=51$

3-1 30과 40을 더해서 70을 구하고, 6과 3을 더해서 9를 구한 후 두 수를 더해서 79를 구했습니다.

3-2 62에 10을 더해서 72를 구하고, 그 수에 4를 더해서 76을 구했습니다.

36~37쪽 기초 집중 연습

1-1 47　**1-2** 85
2-1 68　**2-2** 79
3-1 $18+21=39$　**3-2** $30+22=52$
4-1 82　**4-2** 88
기초 $10+13=23$
5-1 $10+13=23$, 23자루
5-2 $14+22=36$, 36권
5-3 $14+15=29$(또는 $15+14=29$), 29권

2-1 $27+41=68$ ➔ $\square=68$

2-2 $54+25=79$ ➔ $\square=79$

3-1 복숭아: 18개, 사과: 21개 ➔ $18+21=39$

3-2 딸기: 30개, 귤: 22개 ➔ $30+22=52$

4-1 같은 모양에 적힌 수는 52, 30입니다.
➔ $52+30=82$

4-2 같은 모양에 적힌 수는 42, 46입니다.
➔ $42+46=88$

기초 초록색 연필 수와 노란색 연필 수를 더합니다.
➔ $10+13=23$

5-2 노란색 책: 14권, 빨간색 책: 22권
➔ $14+22=36$(권)

5-3 윗줄에 있는 노란색 책: 14권
윗줄에 있는 초록색 책: 15권
➔ $14+15=29$(권)

38~39쪽 누구나 100점 맞는 테스트

1 60에 ○표　**2** 9, 93
3 (1) 87 (2) 70　**4** 85
5 2 / 짝수에 ○표
6
7

70	71	72	73	74	
75	76	77	78	79	
80	81	82	83	84	85
86	87	88	89	90	91

8 $13+26=39$(또는 $26+13=39$)
9 세주　**10** $12+14=26$, 26개

1 10개씩 묶음 6개이므로 60입니다.

2 10개씩 묶음 9개와 낱개 3개이므로 93입니다.

3 (1) $\begin{array}{r} 80 \\ +\ 7 \\ \hline 87 \end{array}$　(2) $\begin{array}{r} 20 \\ +50 \\ \hline 70 \end{array}$

4 $54+31=85$ ➔ $\square=85$

5 도끼의 수 2는 둘씩 짝을 지을 수 있는 수이므로 짝수입니다.

7 70부터 91까지의 수를 순서대로 세어 가며 번호를 씁니다.

8 흰 우유: 13개, 딸기 우유: 26개
➔ $13+26=39$

9 56<61이므로 세주가 책을 더 많이 읽었습니다.

10 (사과의 수)+(참외의 수)
=12+14=26(개)

참고
'모두 몇 개인지'를 구할 때에는 덧셈식을 세웁니다.

40~45쪽 특강 창의 · 융합 · 코딩

창의 1 치즈, 달걀

창의 2 | | ○ | |

창의 3 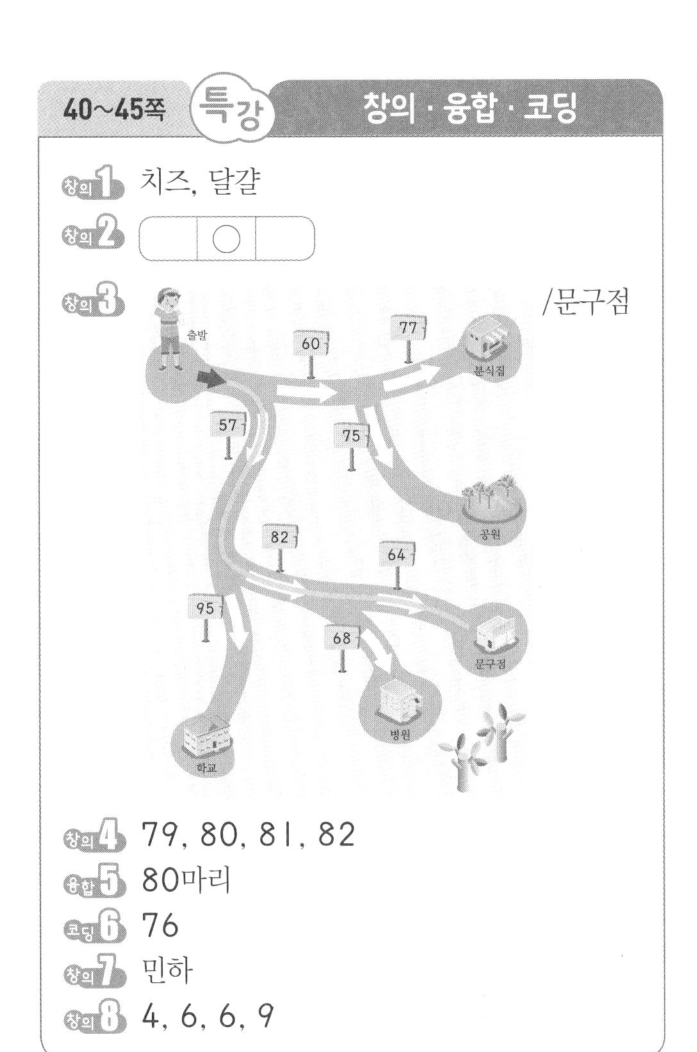

창의 4 79, 80, 81, 82

융합 5 80마리

코딩 6 76

창의 7 민하

창의 8 4, 6, 6, 9

창의 1 • 재호: 참치 샌드위치를 먹었습니다.
• 승아: 치즈, 달걀 샌드위치 중에서 달걀 샌드위치를 먹지 않았으므로 치즈 샌드위치를 먹었습니다.
• 유현: 남은 것은 달걀 샌드위치입니다.

창의 2 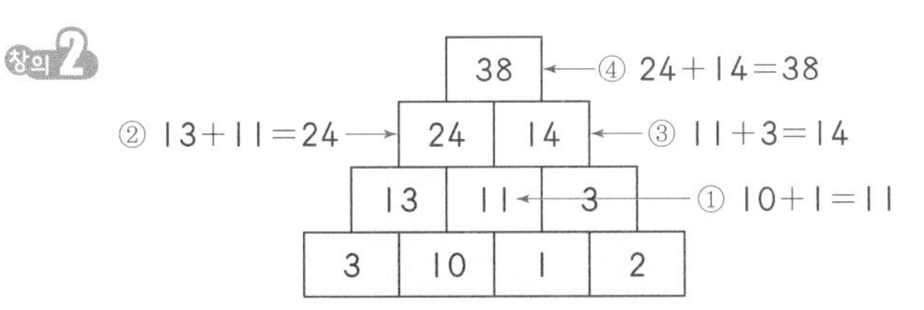

➔ 맨 위 계단에 들어갈 수는 38이므로 범인은 나이가 38살인 용의자 2입니다.

창의 3 ① 57<60이므로 더 작은 수인 57 쪽을 따라 갑니다.
② 95>82이므로 더 작은 수인 82 쪽을 따라 갑니다.
③ 68>64이므로 더 작은 수인 64 쪽을 따라 갑니다.
따라서 도착한 장소는 문구점입니다.

창의 4 찢어진 부분의 쪽수는 78과 83 사이에 있는 수입니다.
78−79−80−81−82−83
➔ 찢어진 부분의 쪽수: 79, 80, 81, 82

융합 5 굴비 한 두름은 10마리씩 2줄이므로 굴비 4두름은 10마리씩 8줄로 모두 80마리입니다.

코딩 6 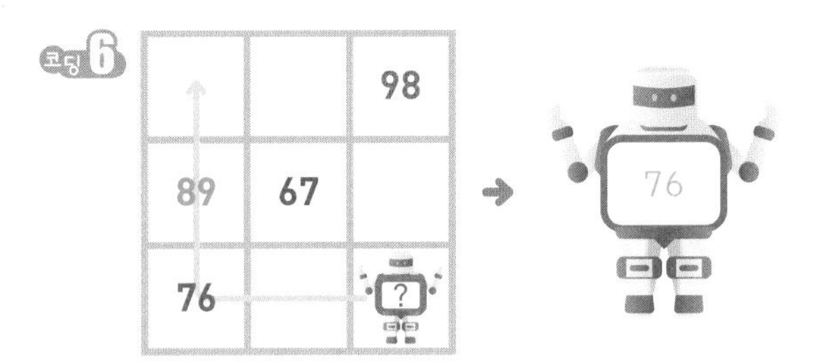

로봇이 지나간 칸에 쓰여 있는 수: 76, 89
➔ 76이 89보다 작으므로 76이 표시됩니다.

창의 7 낱개의 수가 2, 4, 6, 8, 0인 수를 찾습니다.
➔ 얻은 점수가 짝수인 사람은 민하입니다.

창의 8 • 🍓=4
• 3+🍅=9이므로 🍅=6
➔ 23+🍓🍅=23+46=69

개념 ○✕ 퀴즈 정답

퀴즈 1 83은 10개씩 묶음 8개와 낱개 3개입니다.

퀴즈 2
$$\begin{array}{r} 62 \\ +\ \ 5 \\ \hline 67 \end{array}$$

2주 덧셈과 뺄셈(1) / 여러 가지 모양 / 덧셈과 뺄셈(2)

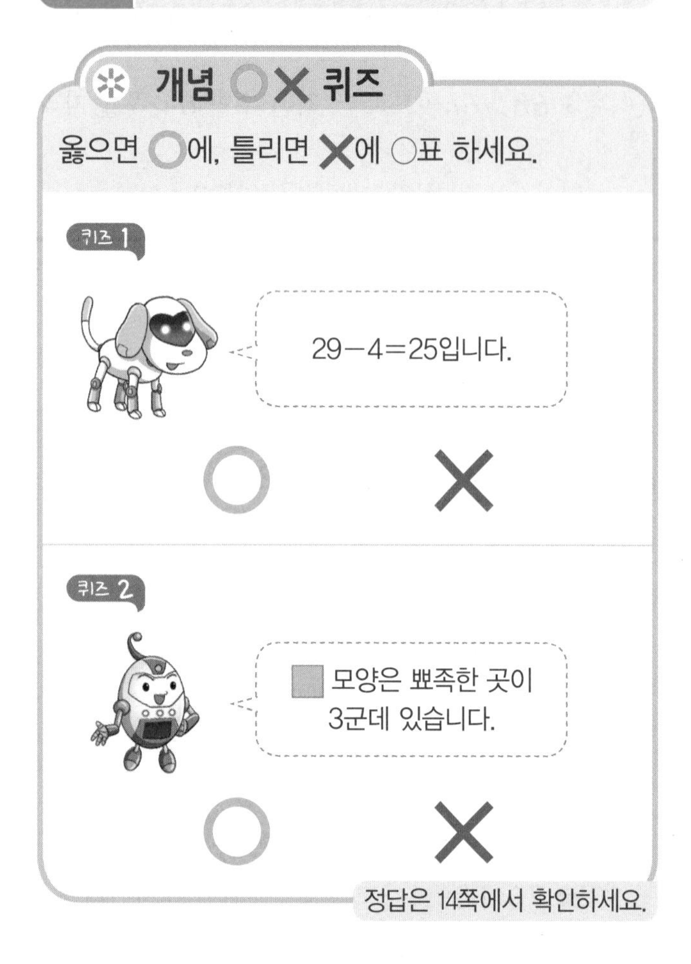

정답은 14쪽에서 확인하세요.

48~49쪽 2주에는 무엇을 공부할까?②

1-1 3	1-2 2
2-1 4, 4	2-2 3, 3
3-1 ( )(○)	3-2 (○)( )
4-1 (원기둥)에 ○표	4-2 (공)에 ○표

1-1 초 8개 중에서 5개를 덜어 내면 3개가 남습니다.
➔ $8-5=3$

1-2 케이크 6개와 포크 4개를 비교하면 케이크가 2개 더 많습니다.
➔ $6-4=2$

2-1 5는 1과 4로 가르기 할 수 있으므로 $5-1=4$입니다.

2-2 9는 6과 3으로 가르기 할 수 있으므로 $9-6=3$입니다.

3-1 (상자) 모양은 전자레인지입니다.
참치 통조림은 (원기둥) 모양입니다.

3-2 (원기둥) 모양은 풀입니다.
축구공은 (공) 모양입니다.

51쪽 개념 · 원리 확인

1-1 21	1-2 52
2-1 4, 33	2-2 8, 21
3-1 5, 3	3-2 7, 0
4-1 11	4-2 62

1-1 10개씩 묶음이 2개, 낱개가 $6-5=1$(개) 남으므로 21입니다.
➔ $26-5=21$

1-2 10개씩 묶음이 5개, 낱개가 $5-3=2$(개) 남으므로 52입니다.
➔ $55-3=52$

2-1 풍선 37개 중에서 4개를 /으로 지우면 33개가 남습니다.
➔ $37-4=33$

2-2 풍선 29개 중에서 8개를 /으로 지우면 21개가 남습니다.
➔ $29-8=21$

4-1 $\begin{array}{r} 17 \\ -\ 6 \\ \hline 11 \end{array}$ **4-2** $\begin{array}{r} 64 \\ -\ 2 \\ \hline 62 \end{array}$

53쪽 개념 · 원리 확인

1-1 40	1-2 30
2-1 (1) 30 (2) 20	2-2 (1) 30 (2) 30
3-1 $50-40=10$	3-2 $90-10=80$
4-1 20	4-2 (선 잇기: 위 왼쪽–아래 오른쪽, 위 오른쪽–아래 왼쪽)

1-1 10개씩 묶음이 $5-1=4$(개) 남으므로 40입니다. ➔ $50-10=40$

3-1 50보다 40만큼 더 작은 수는 50에서 40을 빼서 구합니다. ➡ 50−40=10

참고

'~만큼 더 작은 수'를 구할 때에는 뺄셈식을 세웁니다.

4-1 60에서 40을 뺍니다.
➡ 60−40=20

4-2 • 80−20=60
• 70−30=40

54~55쪽	기초 집중 연습

1-1 34, 35, 36　　**1-2** 42, 41, 40

2-1
```
  7 9
−   5
  7 4
```
2-2
```
  5 0
− 4 0
  1 0
```

3-1 40　　**3-2** 80, 20

연산 22　　**4-1** 25−3=22, 22개

4-2 40−30=10, 10개

4-3 37−7=30, 30대

1-1 빼지는 수가 1씩 커지고 빼는 수는 변하지 않으면 차는 1씩 커집니다.

1-2 빼지는 수는 변하지 않고 빼는 수가 1씩 커지면 차는 1씩 작아집니다.

2-1 빼는 수 5를 낱개의 수 9와 줄을 맞추어 쓴 후 계산해야 합니다.

2-2 10개씩 묶음끼리 더하지 말고 빼야 합니다.

3-1 60과 다른 한 수를 골라 차를 구하여 20이 되는 경우를 찾습니다.
60−40=20, 60−10=50

3-2 두 수를 골라 차를 구하여 60이 되는 경우를 찾습니다.
50−20=30, 80−20=60, 80−50=30

4-1 (남은 사탕의 수)
=(처음에 있던 사탕의 수)−(먹은 사탕의 수)
=25−3=22(개)

4-2 (남은 수수깡의 수)
=(산 수수깡의 수)−(사용한 수수깡의 수)
=40−30=10(개)

4-3 (남은 자동차의 수)
=(주차장에 있던 자동차의 수)
−(주차장에서 나간 자동차의 수)
=37−7=30(대)

57쪽	개념 · 원리 확인

1-1 21　　**1-2** 32

2-1 6, 5　　**2-2** 1, 2

3-1 (1) 42 (2) 51　　**3-2** ×

4-1 30　　**4-2** 52

1-1 10개씩 묶음이 3−1=2(개),
낱개가 5−4=1(개) 남으므로 21입니다.
➡ 35−14=21

3-1 (1)
```
  5 9
− 1 7
  4 2
```
(2)
```
  9 4
− 4 3
  5 1
```

3-2 주어진 식은 뺄셈을 바르게 하지 않았습니다.
➡
```
  6 5
− 4 3
  2 2
```

4-1
```
  4 6
− 1 6
  3 0
```
4-2
```
  8 7
− 3 5
  5 2
```

59쪽	개념 · 원리 확인

1-1 24−20=4　　**1-2** 36−25=11

2-1 42−11=31

2-2 38−23=15

3-1 2, 14　　**3-2** 7, 52

1-1 노란색 구슬 수에서 초록색 구슬 수를 뺍니다.
➡ 24−20=4

정답
풀이

2-1 전체 사과: 42개, 먹는 사과: 11개
전체 사과 수에서 먹는 사과 수를 뺍니다.
➜ 42−11=31

3-1 50에서 40을 빼서 10을 구하고, 6에서 2를 빼서 4를 구한 후 두 수를 더해서 14를 구했습니다.

3-2 89에서 30을 빼서 59를 구하고, 그 수에서 7을 빼서 52를 구했습니다.

60~61쪽	기초 집중 연습
1-1 (1) 40 (2) 12	**1-2** (1) 9 (2) 52
2-1 50−30=20	**2-2** 34−23=11
3-1 • • / • •	**3-2** 56, 20
기초 25−14=11	
4-1 25−14=11, 11개	
4-2 29−15=14, 14개	
4-3 26−11=15, 15자루	

1-2 (1) $\begin{array}{r} 19 \\ -\,10 \\ \hline 9 \end{array}$ (2) $\begin{array}{r} 77 \\ -\,25 \\ \hline 52 \end{array}$

2-1 달걀 50개 중에서 30개를 덜어 내면 20개가 남습니다.
➜ 50−30=20

2-2 색종이 34장 중에서 23장을 덜어 내면 11장이 남습니다.
➜ 34−23=11

3-1 •65−32=33 •59−31=28
•78−50=28 •87−54=33

3-2 •77>21 ➜ 77−21=56
•56>36 ➜ 56−36=20

참고
두 수의 차를 구할 때에는 큰 수에서 작은 수를 뺍니다.

기초 단추의 수에서 공깃돌의 수를 뺍니다.
➜ 25−14=11

4-1 단추: 25개, 공깃돌: 14개
➜ (단추의 수)−(공깃돌의 수)
=25−14=11(개)

4-2 지우개: 29개, 인형: 15개
➜ (지우개의 수)−(인형의 수)
=29−15=14(개)

4-3 처음에 있던 연필: 26자루,
팔린 연필: 11자루
➜ (처음에 있던 연필의 수)−(팔린 연필의 수)
=26−11=15(자루)

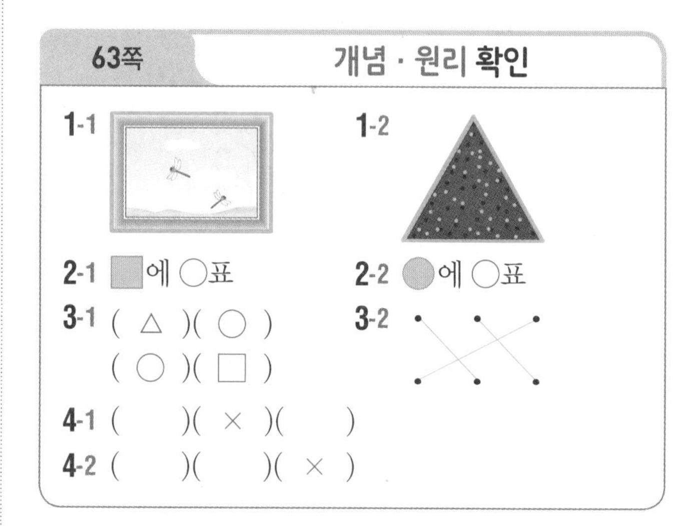

1-1 ■ 모양은 액자입니다.
시계는 ● 모양, 삼각자는 ▲ 모양입니다.

1-2 ▲ 모양은 초콜릿입니다.
동전은 ● 모양, 동화책은 ■ 모양입니다.

3-1 트라이앵글은 ▲ 모양, 단추와 거울은 ● 모양, 창문은 ■ 모양입니다.

3-2 양보 표지판은 ▲ 모양, 주정차금지 표지판은 ● 모양, 주차 표지판은 ■ 모양입니다.

4-1 과자, 교통 표지판은 ▲ 모양이고 다트 판은 ● 모양입니다.
▲ 모양이 아닌 것은 다트 판입니다.

4-2 전자계산기, 공책은 ■ 모양이고 피자는 ● 모양입니다.
■ 모양이 아닌 것은 피자입니다.

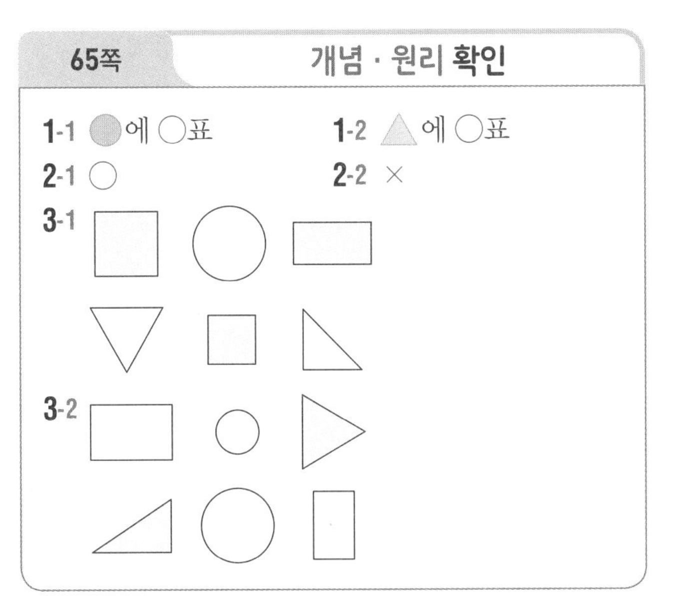

1-1 주어진 단추는 ● 모양을 모은 것입니다.

2-1 ● 모양 도넛 3개를 모은 것입니다.

2-2 ■ 모양 도넛 1개, ▲ 모양 도넛 2개를 모은 것입니다.

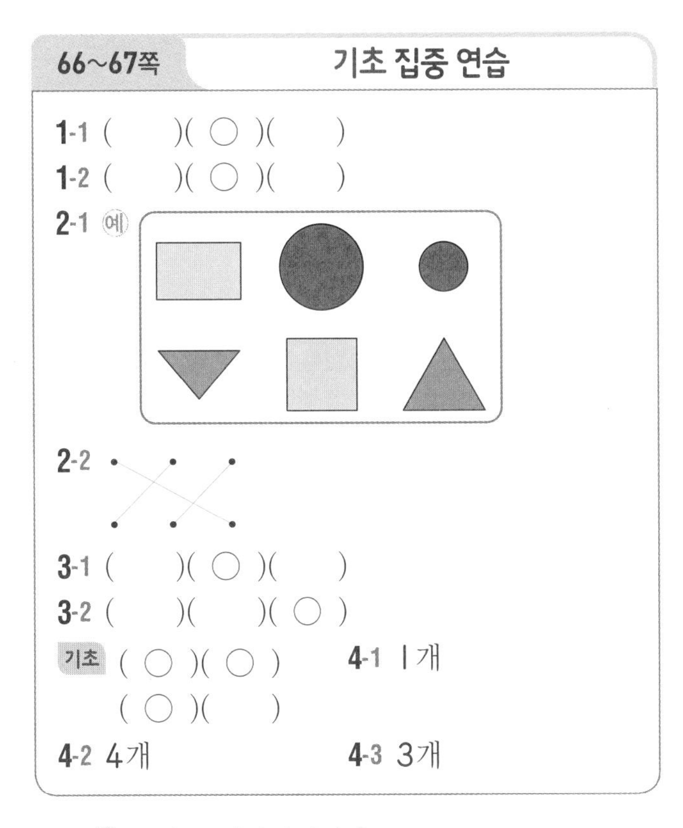

1-1 ● 모양은 탬버린입니다.
달력은 ■ 모양, 옷걸이는 ▲ 모양입니다.

1-2 ▲ 모양은 트라이앵글입니다.
거울은 ● 모양, 리모컨은 ■ 모양입니다.

2-2 접시와 시계는 ● 모양, 동화책과 스케치북은 ■ 모양, 교통 표지판과 삼각김밥은 ▲ 모양입니다.

3-1 동전은 ● 모양입니다.
● 모양이 아닌 것은 편지 봉투입니다.

기초 ■ 모양은 칠판, 스케치북, 동화책입니다.
시계는 ● 모양입니다.

4-2 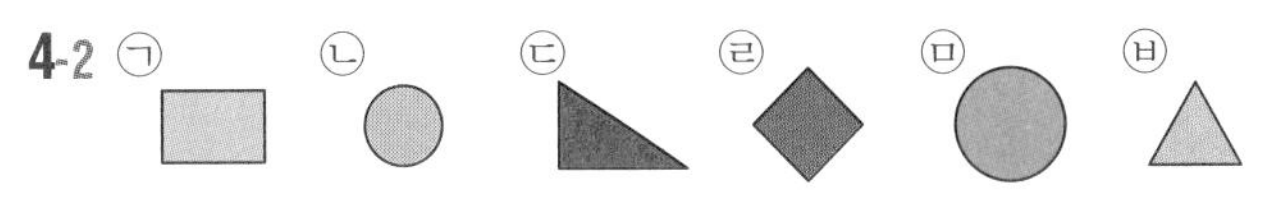

▲ 모양은 ㉢, ㉥입니다.
㉠, ㉣ ➜ ■ 모양, ㉡, ㉤ ➜ ● 모양이므로
▲ 모양이 아닌 것은 모두 4개입니다.

4-3 ● 모양은 동전, 바퀴, 접시입니다.
거울, 태블릿 PC ➜ ■ 모양,
교통 표지판 ➜ ▲ 모양이므로
● 모양이 아닌 것은 모두 3개입니다.

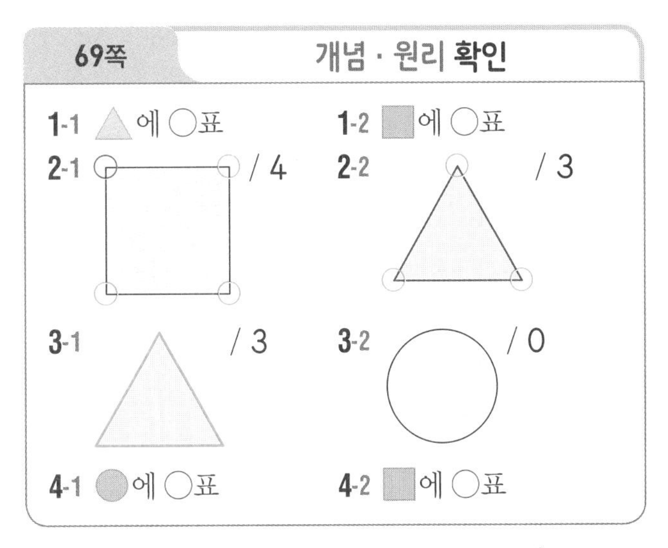

1-1 도장 찍기를 하면 바닥에 닿은 모양인 ▲ 모양이 찍힙니다.

1-2 도장 찍기를 하면 바닥에 닿은 모양인 ■ 모양이 찍힙니다.

2-1 ■ 모양에는 뾰족한 곳이 4군데 있습니다.

3-1 ▲ 모양에는 편평한 선이 3군데 있습니다.

4-1 ■: 뾰족한 곳이 4군데 있습니다.
▲: 뾰족한 곳이 3군데 있습니다.
●: 뾰족한 곳이 없습니다.

4-2 ■: 편평한 선이 4군데 있습니다.
▲: 편평한 선이 3군데 있습니다.
●: 편평한 선이 없습니다.

71쪽 개념 · 원리 확인

1-1 ■에 ○표　　1-2 ▲에 ○표
2-1　　2-2 ㉡
3-1 4개　　3-2 3개

2-1 눈은 ● 모양, 날개는 ▲ 모양입니다.

2-2 ㉠ 지붕은 ▲ 모양입니다.

3-1

3-2

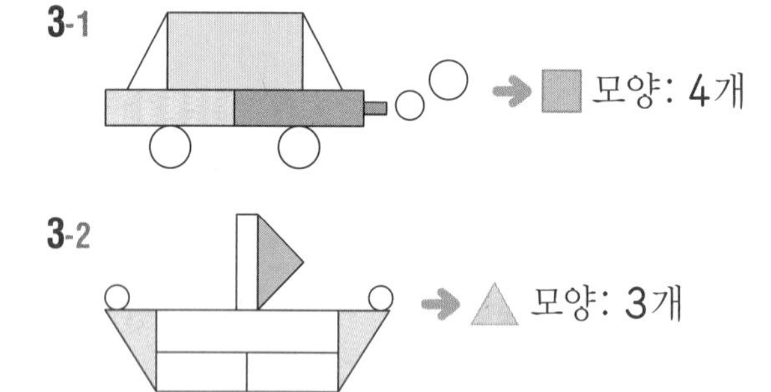

72~73쪽 기초 집중 연습

1-1 ●에 ○표　　1-2 ■에 ○표
2-1 2개, 6개, 3개　　2-2 1개, 4개, 7개
3-1 민호　　3-2 3개
기초 □　　4-1 ( )( )(○)
4-2 (○)( )( )
4-3 ( )(○)( )

3-1 ▲ 모양은 뾰족한 곳이 3군데 있습니다.

3-2 뾰족한 곳이 3군데인 모양은 ▲ 모양입니다.
▲ 모양은 모두 3개입니다.

기초 우유갑을 종이 위에 대고 본뜨면 바닥에 닿은 모양인 ■ 모양이 나타납니다.

4-1 • 우유갑, 상자를 본뜨면 바닥에 닿은 모양인 ■ 모양이 나타납니다.
• 컵을 본뜨면 바닥에 닿은 모양인 ● 모양이 나타납니다.

4-2 • 첫 번째 나무 블록을 찍으면 ■ 모양이 나타납니다.
• 두 번째, 세 번째 나무 블록을 찍으면 ● 모양이 나타납니다.

4-3 • 김밥과 롤케이크를 반듯하게 자르면 ● 모양이 나타납니다.
• 두부를 반듯하게 자르면 ■ 모양이 나타납니다.

75쪽 개념 · 원리 확인

1-1 9　　1-2 8
2-1 8 / 예
2-2 7 / 예
3-1 (위에서부터) 7, 7, 8 / 8
3-2 (위에서부터) 6, 6, 7 / 7
4-1 (위에서부터) 6, 3, 6
4-2 (위에서부터) 9, 5, 9

1-1 레몬 3개, 딸기 5개, 멜론 1개를 이어서 세어 보면 모두 9개입니다. → $3+5+1=9$

2-1 ○를 1개 그리고, 이어서 5개를 더 그리면 ○는 모두 8개가 됩니다. → $2+1+5=8$

3-1 $3+4=7$, $7+1=8$
→ $3+4+1=8$

3-2 $5+1=6$, $6+1=7$
➔ $5+1+1=7$

4-1 $1+2=3$, $3+3=6$
➔ $1+2+3=6$

4-2 $1+4=5$, $5+4=9$
➔ $1+4+4=9$

77쪽 개념 · 원리 확인

1-1 3　　1-2 1

2-1 3 / 예

○	○	Ø	Ø	Ø
○	Ø	Ø	Ø	

2-2 5 / 예

○	○	○	Ø	
○	○	Ø	Ø	

3-1 (위에서부터) 7, 7, 2 / 2

3-2 (위에서부터) 2, 4, 2

1-1 귤 8개 중에서 3개와 2개를 차례로 덜어 내면 3개가 남습니다. ➔ $8-3-2=3$

2-1 ○를 ╱으로 2개 지우고 이어서 4개를 지우면 남는 ○는 3개입니다. ➔ $9-2-4=3$

3-1 $8-1=7$, $7-5=2$ ➔ $8-1-5=2$

3-2 $7-3=4$, $4-2=2$ ➔ $7-3-2=2$

78~79쪽 기초 집중 연습

1-1 9　　1-2 3

2-1 $1+4+3=8$　　2-2 2, 3

3-1 ×　　3-2 ○

4-1 예 $1+2+4=7$　　4-2 예 $5+1+3=9$

연산 1　　5-1 $5-3-1=1$, 1개

5-2 $8-2-2=4$, 4개

5-3 $7-3-4=0$, 0송이

1-1 $5+2+2=9$
7
9

1-2 $7-3-1=3$
4
3

2-1 공 1개, 4개, 3개를 이어서 세어 보면 모두 8개입니다. ➔ $1+4+3=8$

2-2 딸기 6개 중에서 1개와 2개를 차례로 덜어 내면 3개가 남습니다. ➔ $6-1-2=3$

3-1 세 수의 뺄셈은 반드시 앞에서부터 두 수씩 순서대로 계산해야 합니다.

4-1 세 수를 더하는 식을 만듭니다.
$1+2+4=3+4=7$

5-1 (남은 풍선의 수)
=(은재가 산 풍선의 수)
−(지호에게 준 풍선의 수)−(버린 풍선의 수)
$=5-3-1=2-1=1$(개)

5-2 (처음에 있던 어묵 꼬치의 수)−(준수가 먹은 어묵 꼬치의 수)−(동생이 먹은 어묵 꼬치의 수)
$=8-2-2=6-2=4$(개)

5-3 (유림이가 산 장미의 수)−(친구에게 준 장미의 수)
−(버린 장미의 수)
$=7-3-4=4-4=0$(송이)

80~81쪽 누구나 100점 맞는 테스트

1 61　　2 △에 ○표

3 (1) 20 (2) 44　　4 $1+3+5=9$

5 $28-5=23$, 23개

6 (　)(○)　　7 ㉡

8 3개, 2개, 6개

9 ㉡, ㉥ / ㉠, ㉤ / ㉢, ㉣

10 $19-6=13$, 13권

4 강아지 1마리, 오리 3마리, 닭 5마리를 이어서 세어 보면 모두 9마리입니다.
➔ $1+3+5=9$

5 (처음에 있던 토마토의 수)−(먹은 토마토의 수)
=28−5=23(개)

6 주의
세 수의 뺄셈은 반드시 앞에서부터 순서대로 계산해야 합니다.

7 동전은 ● 모양입니다.
● 모양의 물건을 찾으면 ㉡ 단추입니다.

9 ■ 모양 : ㉡ 문제집, ㉥ 칠판
▲ 모양 : ㉠ 삼각자, ㉤ 교통 표지판
● 모양 : ㉢ 단추, ㉣ 시계

10 보라색 책 : 19권, 하늘색 책 : 6권
➜ (보라색 책의 수)−(하늘색 책의 수)
=19−6=13(권)

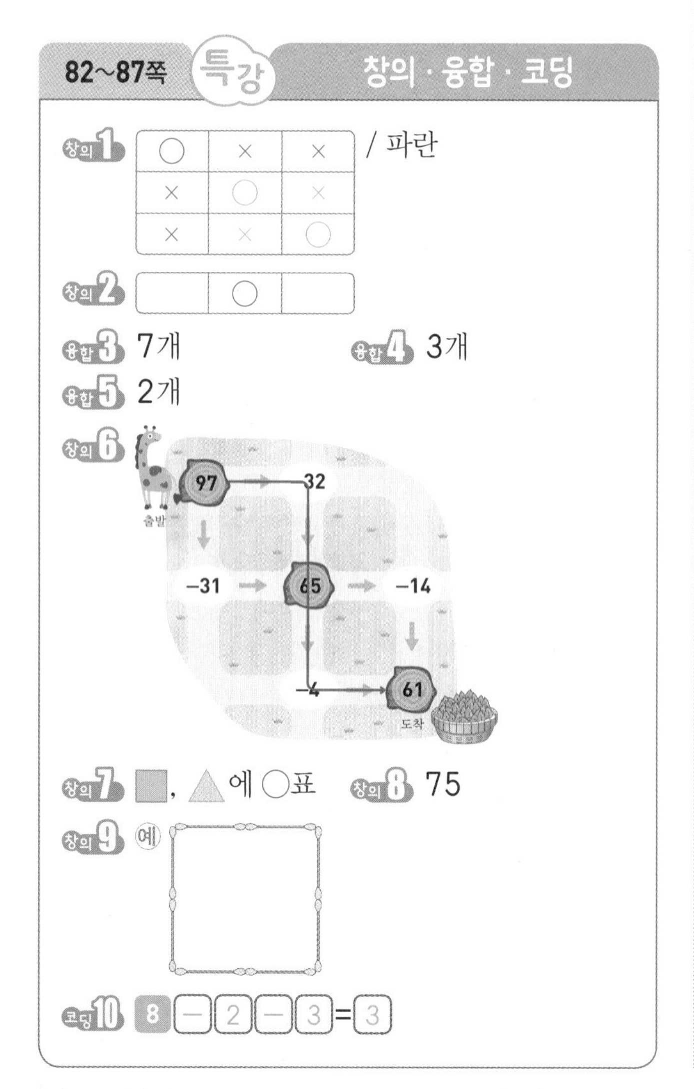

82~87쪽 특강 창의 · 융합 · 코딩

창의 1

○	×	×
×	○	×
×	×	○

/ 파란

창의 2

	○	

융합 3 7개　　융합 4 3개
융합 5 2개
창의 6

창의 7 ■, ▲에 ○표　　창의 8 75
창의 9 예
코딩 10 8 − 2 − 3 = 3

창의 1 유성이의 자전거 색깔은 빨간색도 아니고 초록색도 아니므로 파란색입니다.

창의 2 그레텔이 발견한 열쇠가 ▲ 모양이므로 ▲ 모양 자물쇠를 찾습니다.

융합 3 네팔을 뺀 7개의 국기에서 ■ 모양을 찾을 수 있습니다.

융합 4 체코, 세인트 루시아, 콩고 공화국 국기에서 ▲ 모양을 찾을 수 있습니다. ➜ 3개

융합 5 라오스, 튀니지 국기에서 ● 모양을 찾을 수 있습니다. ➜ 2개

창의 6 ① 97−32=65, 97−31=66
② 65−14=51, 65−4=61

창의 7 윗부분을 찍으면 ▲ 모양이 나타나고, 옆부분을 찍으면 ■ 모양이 나타납니다.

창의 8 57−20=37, 83−20=63,
79−20=59이므로 넣은 수에서 20을 뺀 수가 나오는 규칙입니다.
➜ 모자에 95를 넣으면 95−20=75가 나옵니다.

코딩 10
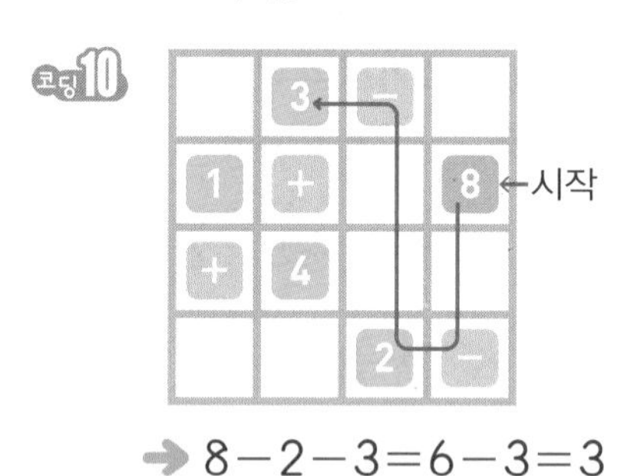

➜ 8−2−3=6−3=3

퀴즈 1
$$\begin{array}{r} 29 \\ -\ \ 4 \\ \hline 25 \end{array}$$

퀴즈 2 ■ 모양은 뾰족한 곳이 4군데 있습니다.

3주 덧셈과 뺄셈(2) / 시계 보기와 규칙 찾기

90~91쪽 3주에는 무엇을 공부할까?②

1-1 10　　**1-2** 2

2-1

♥	♥	♥	♥	♥
♥	♥	○	○	○

2-2

▲	▲	▲	▲	▲
△	△	△	△	△

3-1 ( )(○)( )

3-2 (○)( )( )

4-1 △에 ○표　　**4-2** ●에 ×표

1-1 9보다 1만큼 더 큰 수는 10입니다.

1-2 8보다 2만큼 더 큰 수는 10입니다.

2-1 ♥가 7개 있으므로 ○를 3개 더 그립니다.

4-1 △ 모양으로만 꾸민 모양입니다.

4-2 ● 모양은 이용하지 않았습니다.

93쪽 개념 · 원리 확인

1-1 12　　**1-2** 11, 11

2-1 13　　**2-2** 15

3-1 11, 11　　**3-2** 14, 14

1-1 모형이 8개하고 4개 더 있으므로 8하고 9, 10, 11, 12입니다. ➜ 8+4=12

1-2 모형이 9개하고 2개 더 있으므로 9하고 10, 11입니다. ➜ 9+2=11

2-1 오리가 5마리하고 8마리 더 있으므로 5하고 6, 7, 8, 9, 10, 11, 12, 13입니다.
➜ 5+8=13

2-2 토끼가 6마리하고 9마리 더 있으므로 6하고 7, 8, 9, 10, 11, 12, 13, 14, 15입니다.
➜ 6+9=15

3-1 5하고 6, 7, 8, 9, 10, 11이므로 5+6=11입니다.
6하고 7, 8, 9, 10, 11이므로 6+5=11입니다.

3-2 9하고 10, 11, 12, 13, 14이므로 9+5=14입니다.
5하고 6, 7, 8, 9, 10, 11, 12, 13, 14이므로 5+9=14입니다.

95쪽 개념 · 원리 확인

1-1 10　　**1-2** 10

2-1 6　　**2-2** 2

3-1 5, 5　　**3-2** 6, 4

4-1

○	○	○	○	○
○	○			

, 3

4-2

○	○			

, 8

1-1 파란색 모형 3개와 빨간색 모형 7개를 더하면 10개가 됩니다.

2-1 곰인형 4개와 6개를 더하면 10개가 됩니다.

정답 풀이

3-1 주사위 눈의 수가 5개, 5개이므로 $5+5=10$(개)입니다.

4-1 ◯가 7개 그려져 있으므로 10이 되도록 ◯를 3개 더 그려 넣습니다.

4-2 ◯가 2개 그려져 있으므로 10이 되도록 ◯를 8개 더 그려 넣습니다.

96~97쪽 기초 집중 연습

1-1 7, 12 **1-2** 8, 10

2-1 1 **2-2** 6

3-1 **3-2**

4-1 $5+5$에 ◯표 **4-2** $1+9$에 ◯표

연산 13 **5-1** $8+5=13$, 13마리

5-2 $7+4=11$, 11마리

5-3 $9+6=15$, 15개

1-1 꽃이 5송이하고 7송이 더 있으므로 5하고 6, 7, 8, 9, 10, 11, 12입니다. ➜ $5+7=12$

2-1 9와 더해서 10이 되는 수는 1입니다.

3-1 $4+8=8+4=12$, $9+2=2+9=11$

참고
두 수를 바꾸어 더해도 합은 같습니다.

3-2 $7+6=6+7=13$, $5+9=9+5=14$

4-1 $7+2=9$, $5+5=\underline{10}$

4-2 $1+9=\underline{10}$, $4+7=11$

5-1 금붕어가 8마리하고 5마리 더 있으므로 8하고 9, 10, 11, 12, 13이다. ➜ $8+5=13$(마리)

5-2 나비가 7마리하고 4마리 더 있으므로 7하고 8, 9, 10, 11입니다. ➜ $7+4=11$(마리)

5-3 송편이 9개하고 6개 더 있으므로 9하고 10, 11, 12, 13, 14, 15입니다. ➜ $9+6=15$(개)

99쪽 개념 · 원리 확인

1-1 8, 8 **1-2** 5, 5

2-1 7 **2-2** 4

3-1 예

○	○	○	○	○
○	Ø	Ø	Ø	Ø

, 6

3-2 예

○	○	○	Ø	Ø
Ø	Ø	Ø	Ø	Ø

, 3

1-1 병아리 10마리 중 2마리가 나가고 울타리 안에 8마리가 남았습니다.

1-2 빵과 음료수를 하나씩 짝지어 보면 빵은 음료수보다 5개 더 많습니다.

2-1 포도 10송이에서 3송이를 덜어 내면 7송이가 남습니다.

2-2 연두색 구슬은 노란색 구슬보다 4개 더 많습니다.

3-1 ◯ 10개 중에서 4개를 /으로 지우면 6개가 남습니다.

3-2 ◯ 10개 중에서 7개를 /으로 지우면 3개가 남습니다.

101쪽 개념 · 원리 확인

1-1 13, 13 **1-2** 15, 15

2-1 12 **2-2** 11

3-1 (위에서부터) 18, 10, 18

3-2 (위에서부터) 16, 10, 16

4-1 $(8+2)+5$, 15 **4-2** $7+(6+4)$, 17

1-1 2와 8을 먼저 더해 10을 만든 뒤 10에 3을 더하면 13입니다.

2-1 5와 5를 먼저 더해 10을 만든 뒤 10에 2를 더하면 12입니다.

2-2 7과 3을 먼저 더해 10을 만든 뒤 10에 1을 더하면 11입니다.

3-1 3과 7을 먼저 더해 10을 만든 뒤 10에 8을 더하면 18입니다.

4-1 $8+2+5=10+5=15$

4-2 $7+6+4=7+10=17$

102~103쪽	기초 집중 연습
1-1 (1) 6 (2) 12	1-2 (1) 9 (2) 18
2-1 ㉠	2-2 ㉡
3-1 (선 잇기)	3-2 (선 잇기)
4-1 2, 8	4-2 8, 2, 15
연산 17	
5-1 $8+2+7=17$, 17개	
5-2 $4+6+3=13$, 13개	
5-3 $3+7+8=18$, 18권	

2-1 ㉠ $10-3=7$, ㉡ $10-7=3$ ➔ ㉠>㉡

2-2 ㉠ $3+5+5=3+10=13$
㉡ $1+9+6=10+6=16$ ➔ ㉠<㉡

3-1 $10-5=5$, $10-9=1$

4-1 바나나 10개 중에서 2개를 먹었으므로 남은 바나나의 수를 구하는 식은 $10-2=8$입니다.

5-1 (키위 수)+(망고 수)+(딸기 수)
$=8+2+7=10+7=17$(개)

5-2 3일 동안 모은 딱지 수를 모두 더하면
$4+6+3=10+3=13$(개)입니다.

5-3 (사전 수)+(위인전 수)+(동화책 수)
$=3+7+8=10+8=18$(권)

105쪽	개념 · 원리 확인
1-1 4, 4	1-2 8, 8
2-1 ○	2-2 ×
3-1 6	3-2 3
4-1 (시계)	4-2 (시계)

2-2 짧은바늘이 11, 긴바늘이 12를 가리키므로 11시입니다.

3-1 짧은바늘이 6, 긴바늘이 12를 가리키므로 6시입니다.

4-1 긴바늘이 12를 가리키도록 그립니다.

4-2 짧은바늘이 5를 가리키도록 그린다.

107쪽	개념 · 원리 확인
1-1 30	1-2 7, 7, 30
2-1 ×	2-2 ○
3-1 8, 30	3-2 4, 30
4-1 (시계)	4-2 (시계)

2-1 짧은바늘이 3과 4 사이에 있고, 긴바늘이 6을 가리키므로 왼쪽 시계가 나타내는 시각은 3시 30분입니다.

3-1 짧은바늘이 8과 9 사이에 있고, 긴바늘이 6을 가리키므로 8시 30분입니다.

4-1 긴바늘이 6을 가리키도록 그린다.

4-2 짧은바늘이 5와 6 사이를 가리키도록 그립니다.

108~109쪽	기초 집중 연습
1-1 7시	1-2 3시 30분
2-1 (선 잇기)	2-2 (선 잇기)
3-1 태연	3-2 영탁
기초 (시계)	4-1 (시계)
4-2 (시계)	4-3 (시계), (시계)

1-1 짧은바늘이 7, 긴바늘이 12를 가리키므로 7시입니다.

2-1 • 짧은바늘이 4, 긴바늘이 12를 가리키므로 4시입니다.
• 짧은바늘이 6, 긴바늘이 12를 가리키므로 6시입니다.

2-2 • 짧은바늘이 12와 1 사이에 있고, 긴바늘이 6을 가리키므로 12시 30분입니다.
• 짧은바늘이 7과 8 사이에 있고, 긴바늘이 6을 가리키므로 7시 30분입니다.

3-1 몇 시는 긴바늘이 12를 가리킵니다.
3시는 짧은바늘이 3, 긴바늘이 12를 가리킵니다.

3-2 1시 30분은 짧은바늘이 1과 2 사이를 가리킵니다.

4-2 짧은바늘이 2와 3 사이, 긴바늘이 6을 가리키도록 그립니다.

4-3 • 세수를 한 시각: 짧은바늘이 8, 긴바늘이 12를 가리키도록 그립니다.
• 잠자리에 든 시각: 짧은바늘이 9와 10 사이, 긴바늘이 6을 가리키도록 그립니다.

111쪽 개념 · 원리 확인

1-1 양말 **1-2** 장미
2-1
2-2
2-3
3-1 ○ **3-2** ×

2-1 머핀－머핀－도넛－도넛이 반복됩니다.

2-2 사과－배－배가 반복됩니다.

2-3 ↑－↓－↑가 반복됩니다.

3-2 당근－양파－양파가 반복됩니다.

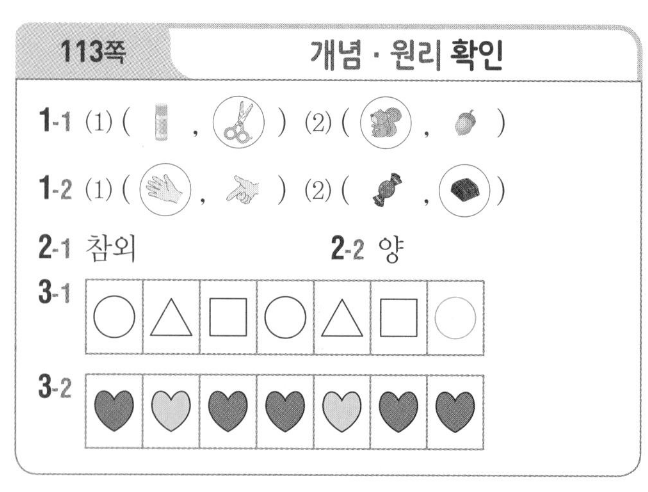

1-1 (1) 풀－가위가 반복되므로 빈칸에 알맞은 그림은 가위입니다.
(2) 다람쥐－다람쥐－도토리가 반복되므로 빈칸에 알맞은 그림은 다람쥐입니다.

1-2 (1) 보－가위가 반복되므로 빈칸에 알맞은 그림은 보입니다.
(2) 사탕－초콜릿－초콜릿이 반복되므로 빈칸에 알맞은 그림은 초콜릿입니다.

2-1 참외－딸기가 반복됩니다.

2-2 양－양－늑대가 반복됩니다.

3-1 ○－△－□ 반복됩니다.

3-2 보라색－노란색－보라색이 반복됩니다.

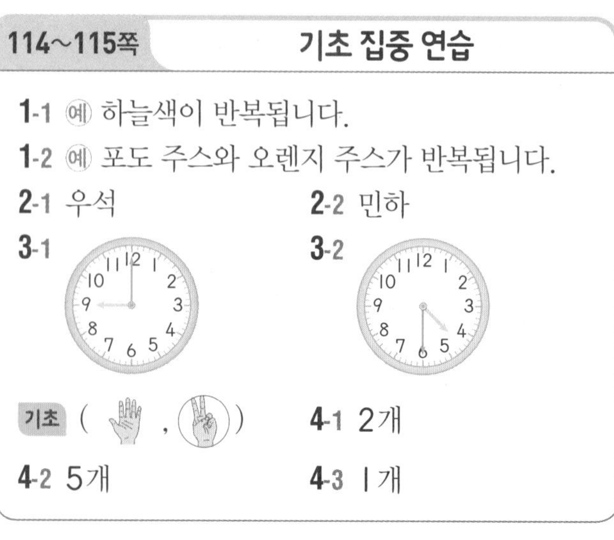

2-1 비행기－비행기－자동차가 반복됩니다.

2-2 수박－포도－수박이 반복됩니다.

3-1 3시와 9시가 반복됩니다.
따라서 빈 곳에는 9시를 나타냅니다.

3-2 4시 30분과 7시 30분이 반복됩니다.
따라서 빈 곳에는 4시 30분을 나타냅니다.

4-2 가위－보－바위가 반복되므로 빈칸에는 보가 와야 합니다. 따라서 보에서 펼친 손가락은 5개입니다.

4-3 주사위 눈의 수는 1－3－5가 반복됩니다.
따라서 빈칸에 알맞은 주사위 눈의 수는 1개입니다.

117쪽 개념 · 원리 **확인**

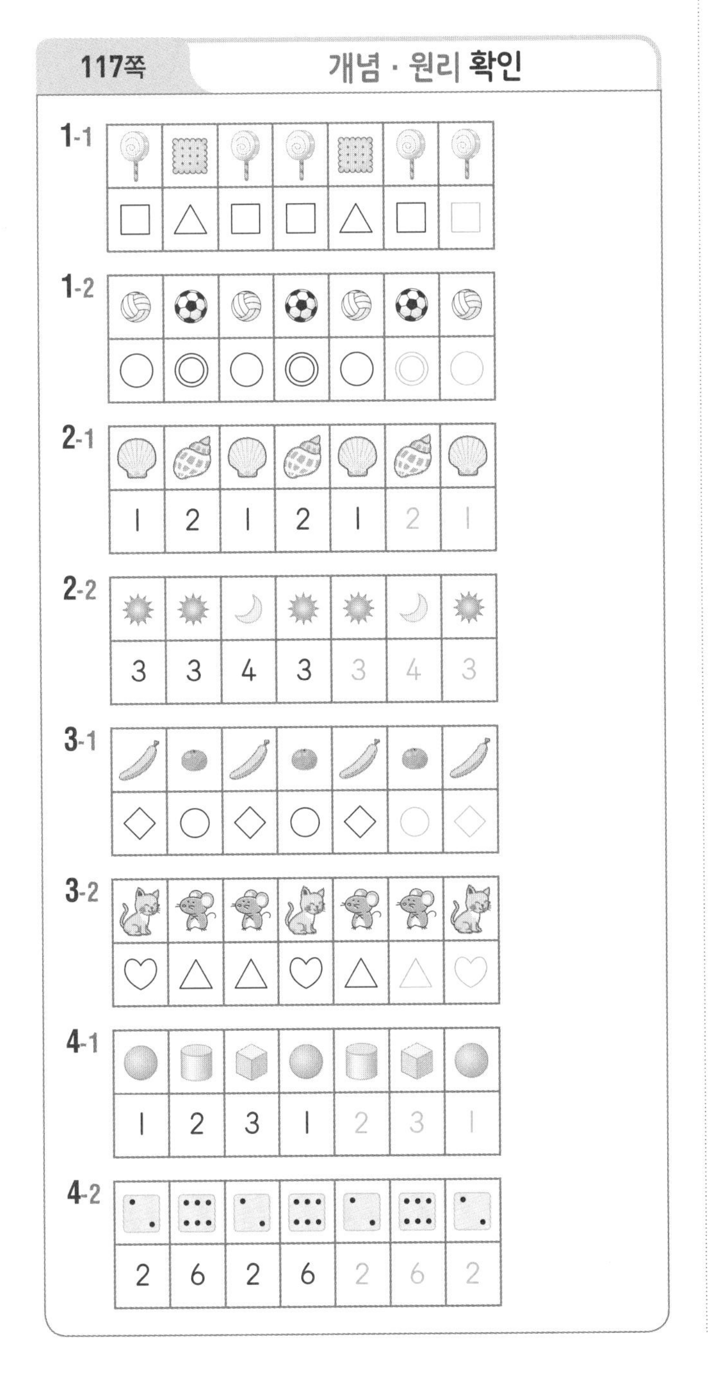

1-1 사탕－과자－사탕이 반복됩니다. 사탕은 □, 과자는 △로 나타냈으므로 □－△－□가 반복됩니다.

2-1 조개－소라가 반복됩니다. 조개는 1, 소라는 2로 나타냈으므로 1－2가 반복됩니다.

3-1 바나나－귤이 반복됩니다. 바나나는 ◇, 귤은 ○로 나타냈으므로 ◇－○가 반복됩니다.

4-1 ●－▯－◼이 반복되므로 빈칸에 2－3－1을 씁니다.

4-2 주사위 눈의 수가 2－6이 반복되므로 빈칸에 2－6－2를 씁니다.

119쪽 개념 · 원리 **확인**

1-1 (1) 파란색 (2) ( )(○)( )
1-2 (1) 보라색 (2) (○)( )
2-1 ( )(○) **2-2** (○)( )
3-1
3-2

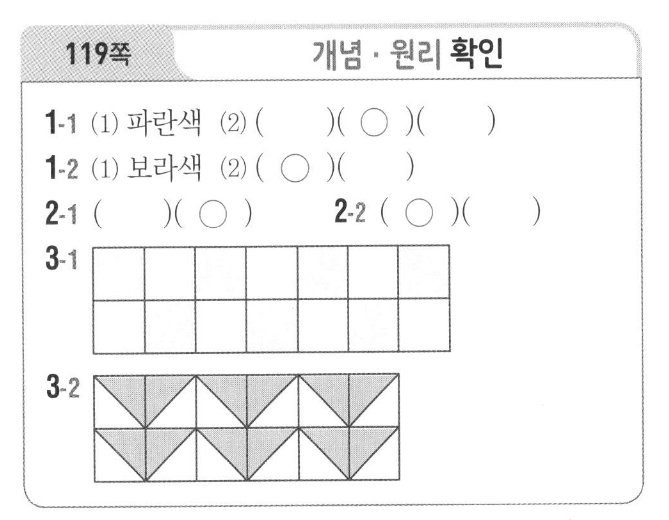

1-1 (2) 빨간색－노란색－파란색이 반복되므로 ㉠에 알맞은 색깔은 노란색입니다.

2-1 첫째 줄은 ♥－▲가 반복되고,
둘째 줄은 ▲－♥가 반복됩니다.

주의
첫째 줄과 둘째 줄에서 반복되는 모양의 규칙을 각각 찾아봅니다.

2-2 ★－■－■가 반복됩니다.

3-1 첫째 줄은 연두색－흰색이 반복되고,
둘째 줄은 흰색－연두색이 반복됩니다.

3-2 ◺과 ◸이 반복됩니다.

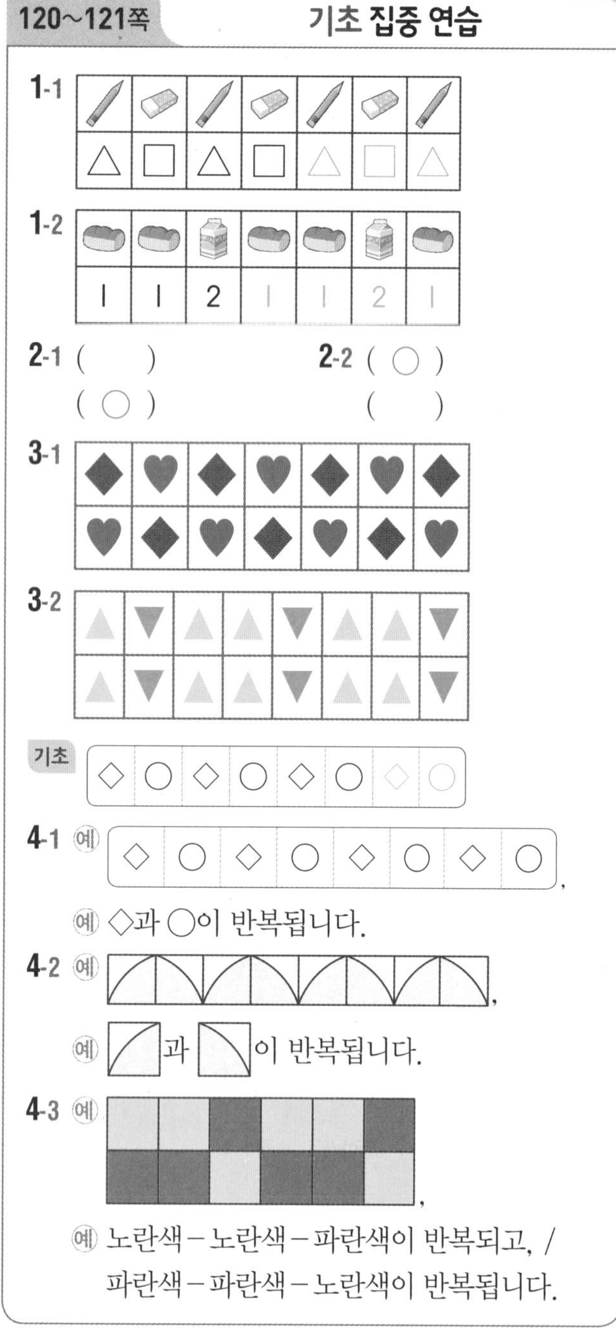

1-1 연필－지우개가 반복되므로 빈칸에 △－□－△를 그립니다.

1-2 빵－빵－우유가 반복되므로 빈칸에 1－1－2－1을 씁니다.

2-1 옷－옷－모자－모자가 반복됩니다. 옷은 ☆로, 모자는 ○로 나타냈으므로 ☆－☆－○－○가 반복됩니다.

2-2 ♩－♩－♪가 반복됩니다. ♩는 4로, ♪는 8로 나타냈으므로 4－4－8이 반복됩니다.

3-1 첫째 줄은 ◆－♥가 반복되고,
둘째 줄은 ♥－◆가 반복됩니다.

3-2 ▲－▼－▲가 반복됩니다.

122~123쪽 누구나 100점 맞는 테스트

1 11
2 (위에서부터) 16, 10, 16
3 11
4 (1) 8 (2) 3
5 꽃
6

12, 1, 2, 3, 4, 5, 6, 7, 8, 9, 10, 11

7

3	3	4	3	3	4	3

8 10－6＝4, 4개
9 아라
10 예 3시와 3시 30분이 반복됩니다.

1 개구리가 6마리하고 5마리 더 있으므로 6하고 7, 8, 9, 10, 11입니다. ➜ $6+5=11$

2 9와 1을 먼저 더해 10을 만든 뒤 10에 6을 더하면 16입니다.

3 짧은바늘이 11, 긴바늘이 12를 가리키므로 11시입니다.

4 (1) $8+2=10$이므로 2와 더해서 10이 되는 수는 8입니다.
(2) $3+7=10$이므로 7과 더해서 10이 되는 수는 3입니다.

5 꽃－나무가 반복됩니다.

6 짧은바늘이 8과 9 사이, 긴바늘이 6을 가리키도록 그립니다.

7 주사위 눈의 수는 3－3－4가 반복됩니다.

8 딸기 10개 중에서 6개를 먹었으므로 남은 딸기는 $10-6=4$(개)입니다.

9 초록색－주황색－초록색이 반복되므로 ㉠에 알맞은 색은 초록색입니다.

창의 1
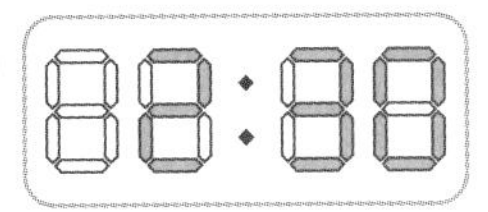

창의 2

아침	6개	5개	4개
저녁	4개	5개	6개

융합 3 2개

창의 4 ●, ◆

코딩 5 $6+9=15$

코딩 6 $3+7+4=14$

융합 7 덩, 덩, 덕, 쿵, 덕

창의 8

융합 9 예 소

창의 1 시계 조각들을 모았을 때 짧은바늘이 2와 3 사이를 가리키고, 긴바늘이 6을 가리키고 있으므로 2시 30분입니다. ➔ 2 : 30

	6과 더해서 10이 되는 수는 4이므로 저녁에 4개를 먹습니다.
	가운데 원숭이보다 아침에 바나나를 1개 더 적게 먹으므로 4개를 먹고, 저녁에는 6개를 먹습니다.

융합 3 10개 중에서 8개를 쓰러뜨렸으므로 남은 볼링 핀은 $10-8=2$(개)입니다.

창의 4 상자에 ■, ▲를 넣었을 때 ■ – ▲가 반복되어 나오므로 ◆, ●를 넣으면 ◆ – ●가 반복되어 나옵니다.

코딩 5

로봇	2	4
	5	
6		9

로봇이 지나간 칸에 쓰여 있는 수: 6, 9

➔ $6+9=15$

코딩 6
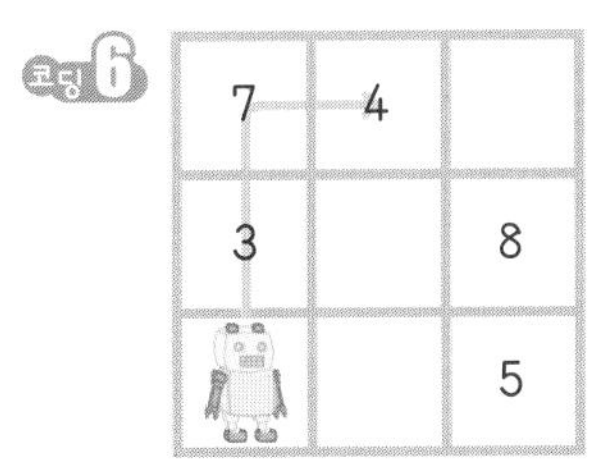

로봇이 지나간 칸에 쓰여 있는 수: 3, 7, 4

➔ $3+7+4=10+4=14$

융합 7 '⦶⦶|○|'이 반복됩니다. ⦶은 덩, ○은 쿵, |은 덕을 나타내므로 '덩덩덕쿵덕'이 반복됩니다.

창의 8
- 천연 염색 체험을 시작한 시각
  ➔ 1 : 30
- 집으로 출발한 시각
  ➔ 3 : 00

주의

주어진 활동을 시작할 때의 시각을 구해야 합니다.

융합 9 사진의 규칙을 찾아보면 다리가 2개인 동물과 다리가 4개인 동물이 반복됩니다.
따라서 빈칸에 들어갈 수 있는 동물은 다리가 4개인 동물입니다.

참고

양, 돼지 등 다리가 4개인 동물을 쓰면 정답입니다.

퀴즈 1
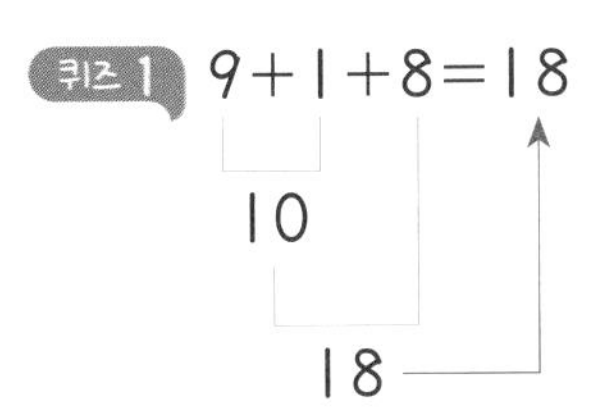

퀴즈 2 ■시에는 짧은바늘이 ■, 긴바늘이 12를 가리킵니다.

132~133쪽 4주에는 무엇을 공부할까? ②

1-1 8, 9	1-2 25, 30
2-1 16에 ○표	2-2 43에 ○표
3-1 3	3-2 9
4-1 (　　)(○)	4-2 4, 6에 ○표

1-1 오른쪽으로 1칸씩 갈 때마다 1씩 커집니다.

1-2 오른쪽으로 1칸씩 갈 때마다 1씩 커집니다.

2-1 15보다 1만큼 더 큰 수는 16이므로 16에 ○표 합니다.

2-2 42와 44 사이에 있는 수는 43이므로 43에 ○표 합니다.

3-1 7과 3을 더하면 10이 됩니다.

3-2 9와 1을 더하면 10이 됩니다.

4-1 5+4=9, 8+2=10

4-2 4+6=10

135쪽 개념 · 원리 확인

1-1 3	1-2 2
2-1 7	2-2 30
3-1 ○	3-2 ×
4-1 6	4-2 8

2-1 7과 8이 반복되므로 8 다음에는 7이 옵니다.

2-2 10부터 시작하여 5씩 커지므로 25 다음에는 30이 옵니다.

3-1 3부터 시작하여 6씩 커지는 규칙입니다.

3-2 20부터 시작하여 3씩 작아지는 규칙입니다.

4-1 6−5−4가 반복되는 규칙입니다.

4-2 8−8−2가 반복되는 규칙입니다.

137쪽 개념 · 원리 확인

1-1 (1) 1 (2) 10	1-2 (1) 1 (2) 5
2-1 9	2-2 7
3-1 48, 49, 50	3-2 87, 97

2-1 11−20−29−38
➔ 11부터 시작하여 9씩 뛰어 세는 규칙

2-2 68−75−82−89
➔ 68부터 시작하여 7씩 뛰어 세는 규칙

3-1 41부터 시작하여 오른쪽으로 1칸 갈 때마다 1씩 커집니다.

3-2 77부터 시작하여 아래쪽으로 1칸 갈 때마다 10씩 커집니다.

138~139쪽 기초 집중 연습

1-1 5　　**1**-2 60, 70
2-1 예 2, 3, 4, 5, 6
2-2 예 9, 8, 7, 6, 5
3-1 40, 45, 50에 색칠
3-2 81, 84, 87, 90에 색칠
기초 2
4-1 예 1부터 시작하여 2씩 커집니다.
4-2 예 32부터 시작하여 4씩 커집니다.
4-3 예 위쪽으로 1칸 갈 때마다 3씩 커집니다.

1-1 2와 5가 반복되는 규칙입니다.

1-2 20부터 시작하여 10씩 커지는 규칙입니다.

2-1 1부터 시작하여 1씩 커지는 규칙입니다.
이외에도 여러 가지 규칙을 정하여 수를 쓸 수 있습니다.

2-2 10부터 시작하여 1씩 작아지는 규칙입니다.
이외에도 여러 가지 규칙을 정하여 수를 쓸 수 있습니다.

3-1 15부터 시작하여 5씩 커지는 규칙입니다.

3-2 51부터 시작하여 3씩 커지는 규칙입니다.

4-2 32부터 시작하여 4씩 뛰어 세는 규칙이라고 할 수도 있습니다.

4-3 '왼쪽으로 1칸 갈 때마다 1씩 작아집니다.',
'아래쪽으로 1칸 갈 때마다 3씩 작아집니다.'라고 할 수도 있습니다.

141쪽 개념 · 원리 확인

1-1 14　　**1**-2 11
2-1 예 (○○○ 그리기), 13
2-2 예 (○○○○○○ 그리기), 16
3-1 12　　**3**-2 15

1-1 도넛 8개와 2개를 모아 10개를 만들고 남은 4개를 모으면 14개가 됩니다.

1-2 공 7개와 3개를 모아 10개를 만들고 남은 1개를 모으면 11개가 됩니다.

2-1 구슬 9개와 1개를 모아 10개를 만들면 3개가 남으므로 ○를 3개 그려 넣습니다.
따라서 9와 4를 모으기 하면 13입니다.

2-2 구슬 8개와 2개를 모아 10개를 만들면 6개가 남으므로 ○를 6개 그려 넣습니다.
따라서 8과 8을 모으기 하면 16입니다.

3-1 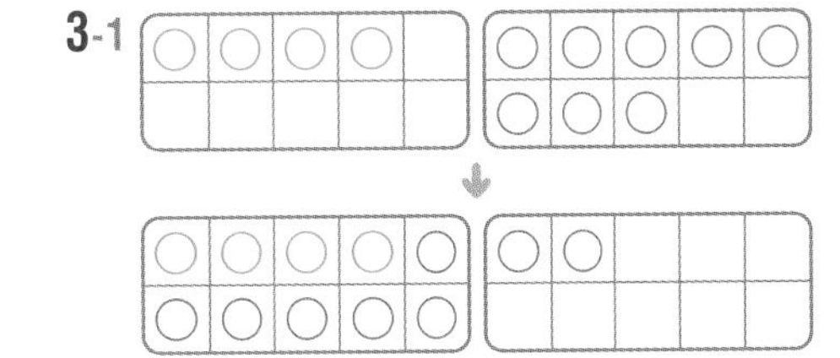

왼쪽 수판과 오른쪽 수판에 4와 8을 놓고 오른쪽 수판에서 왼쪽 수판으로 6을 옮겨서 10을 만들면 10과 2가 되어 12가 됩니다.

풀이

143쪽 개념 · 원리 확인

1-1 3　　**1**-2 5
2-1 예 (○○ 그리기), 2
2-2 예 (○○○○ 그리기), 4
3-1 9　　**3**-2 6

1-1 풍선 13개는 10개와 3개로 가르기 할 수 있습니다.

1-2 리본 15개는 10개와 5개로 가르기 할 수 있습니다.

2-1 사과 12개는 10개와 2개로 가르기 할 수 있으므로 ○를 2개 그려 넣습니다.

2-2 사과 14개는 10개와 4개로 가르기 할 수 있으므로 ○를 4개 그려 넣습니다.

3-1 19는 10과 9로 가르기 할 수 있습니다.

3-2 16은 10과 6으로 가르기 할 수 있습니다.

144~145쪽 **기초 집중 연습**

1-1 14 　 1-2 8
2-1 12 / 12, 2 　 2-2 16 / 16, 6
3-1 11 / 11, 1 　 3-2 14 / 14, 4
기초 15 / 15, 5
4-1 15 / 15, 5 / 5송이
4-2 16 / 16, 6 / 6개
4-3 13 / 13, 3 / 3개

1-1 5와 9를 모으기 하면 14가 됩니다.

1-2 18은 10과 8로 가르기 할 수 있습니다.

2-1 8과 4를 모으기 하면 12가 되고, 12는 10과 2로 가르기 할 수 있습니다.

2-2 9와 7을 모으기 하면 16이 되고, 16은 10과 6으로 가르기 할 수 있습니다.

3-1 5와 6을 모으기 하면 11이 되고, 11은 10과 1로 가르기 할 수 있습니다.

3-2 6과 8을 모으기 하면 14가 되고, 14는 10과 4로 가르기 할 수 있습니다.

4-1 8과 7을 모으기 하면 15가 되고, 15는 10과 5로 가르기 할 수 있으므로 꽃 5송이가 남습니다.

4-2 7과 9를 모으기 하면 16이 되고, 16은 10과 6으로 가르기 할 수 있으므로 떡 6개가 남습니다.

4-3 5와 8을 모으기 하면 13이 되고, 13은 10과 3으로 가르기 할 수 있으므로 초콜릿 3개가 남습니다.

147쪽 **개념 · 원리 확인**

1-1 12 　 1-2 14
2-1 (위에서부터) 18, 1
2-2 (위에서부터) 11, 3
3-1 (위에서부터) 12, 2
3-2 (위에서부터) 15, 1

1-1 7이 10이 되도록 5를 3과 2로 가르기 하여 10을 만들고 남은 2를 더하면 12가 됩니다.

1-2 8이 10이 되도록 6을 2와 4로 가르기 하여 10을 만들고 남은 4를 더하면 14가 됩니다.

2-1 9가 10이 되도록 9를 1과 8로 가르기 하여 10을 만들고 남은 8을 더하면 18이 됩니다.

2-2 7이 10이 되도록 4를 3과 1로 가르기 하여 10을 만들고 남은 1을 더하면 11이 됩니다.

3-1 8이 10이 되도록 4를 2와 2로 가르기 하여 10을 만들고 남은 2를 더하면 12가 됩니다.

3-2 9가 10이 되도록 6을 1과 5로 가르기 하여 10을 만들고 남은 5를 더하면 15가 됩니다.

149쪽 **개념 · 원리 확인**

1-1 13 　 1-2 16
2-1 (위에서부터) 12, 4
2-2 (위에서부터) 11, 2
3-1 (위에서부터) 14, 1
3-2 (위에서부터) 13, 3

1-1 8이 10이 되도록 5를 3과 2로 가르기 하여 10을 만들고 남은 3을 더하면 13이 됩니다.

1-2 9가 10이 되도록 7을 6과 1로 가르기 하여 10을 만들고 남은 6을 더하면 16이 됩니다.

2-1 6이 10이 되도록 6을 2와 4로 가르기 하여 10을 만들고 남은 2를 더하면 12가 됩니다.

2-2 8이 10이 되도록 3을 1과 2로 가르기 하여 10을 만들고 남은 1을 더하면 11이 됩니다.

3-1 9가 10이 되도록 5를 4와 1로 가르기 하여 10을 만들고 남은 4를 더하면 14가 됩니다.

3-2 7이 10이 되도록 6을 3과 3으로 가르기 하여 10을 만들고 남은 3을 더하면 13이 됩니다.

150~151쪽 기초 집중 연습

1-1 11　　1-2 15
2-1 (위에서부터) 12, 1　2-2 (1) 14 (2) 11
3-1 (위에서부터) 16, 3 / 16, 1
3-2 (위에서부터) 14, 2 / 14, 4
연산 15　　4-1 $6+9=15$, 15개
4-2 $7+7=14$, 14개　4-3 $8+4=12$, 12명

1-1 6에 4를 더하여 10을 만들고 남은 1을 더하면 11이 됩니다.

1-2 8에 2를 더하여 10을 만들고 남은 5를 더하면 15가 됩니다.

2-1 9가 10이 되도록 3을 2와 1로 가르기 하여 10을 만들고 남은 2를 더하면 12가 됩니다.

2-2 (1) $9+5=14$
(5를 1과 4로 가르기)

(2) $4+7=11$
(4를 1과 3으로 가르기)

3-1 • 7이 10이 되도록 9를 3과 6으로 가르기 하여 계산합니다.
• 9가 10이 되도록 7을 6과 1로 가르기 하여 계산합니다.

3-2 • 8이 10이 되도록 6을 2와 4로 가르기 하여 계산합니다.
• 6이 10이 되도록 8을 4와 4로 가르기 하여 계산합니다.

연산 $6+9=15$
(6을 5와 1로 가르기)

4-1 (빵집에 있던 식빵 수)+(더 구워져 나온 식빵 수)
$=6+9=15$(개)

4-2 (냉장고에 있던 사과 수)+(더 사 온 사과 수)
$=7+7=14$(개)

4-3 (수영장에 있던 어린이 수)+(더 온 어린이 수)
$=8+4=12$(명)

153쪽 개념 · 원리 확인

1-1 12　　1-2 15
2-1 같습니다에 ○표　2-2 14
3-1 14, 13　　3-2 $9+8$, 17

1-1 $6+6=12$

참고
1씩 작은 수를 더하면 합도 1씩 작아집니다.

1-2 $7+8=15$

참고
1씩 큰 수를 더하면 합도 1씩 커집니다.

2-1 $2+9$와 $9+2$는 11로 같고, $7+5$와 $5+7$은 12로 같습니다.

2-2 참고
1씩 커지는 수와 1씩 작아지는 수를 더하면 합은 항상 같습니다.

3-1 $6+8=14$, $7+6=13$

참고
오른쪽으로 가면 더하는 수가 1씩 커지므로 합이 1씩 커지고, 아래쪽으로 가면 더해지는 수가 1씩 커지므로 합이 1씩 커집니다.

3-2 세 번째 줄 덧셈식에서 더해지는 수는 항상 9이고 오른쪽으로 가면 더하는 수가 1씩 커지므로 빈 곳에 알맞은 식은 $9+8$입니다.
➜ $9+8=17$

155쪽 개념 · 원리 확인

1-1 9　　1-2 6
2-1 5　　2-2 7
3-1 8　　3-2 (위에서부터) 9, 2

1-1 레몬 13개에서 먼저 3개를 빼고 남은 10개에서 1개를 빼면 9개가 남습니다.

정답 풀이

1-2 야구공 15개에서 먼저 5개를 빼고 남은 10개에서 4개를 빼면 6개가 남습니다.

2-1 자동차 13대에서 3대를 /으로 지우고 남은 10대에서 5대를 /으로 지우면 5대가 남습니다.

2-2 강아지 11마리에서 1마리를 /으로 지우고 남은 10마리에서 3마리를 /으로 지우면 7마리가 남습니다.

3-1 16에서 먼저 6을 빼고 남은 10에서 2를 빼면 8입니다.

3-2 12에서 먼저 2를 빼고 남은 10에서 1을 빼면 9입니다.

156~157쪽	기초 집중 연습

1-1 예 (♥ 14개 중 5개를 /으로 지운 그림), 9

1-2 예 (★ 11개 중 6개를 /으로 지운 그림), 5

2-1 15, 16 / 1

2-2 11, 15 / 예 합은 같습니다.

3-1 7 **3-2** 9

연산 6

5-1 13−7=6, 6개

5-2 17−8=9, 9자루

5-3 12−4=8, 8명

1-1 ♥ 14개 중 5개를 /으로 지우면 ♥ 9개가 남습니다.

1-2 ★ 11개 중 6개를 /으로 지우면 ★ 5개가 남습니다.

2-1 7+8=15, 7+9=16
더해지는 수는 항상 7이고 더하는 수는 6부터 1씩 커지므로 합은 1씩 커집니다.

2-2 8+3=11, 9+6=15

3-1 15−8=7
(8 → 5, 3)

3-2 16−7=9
(7 → 6, 1)

연산 13−7=6
(7 → 3, 4)

5-1 (전체 쿠키 수)−(먹은 쿠키 수)=13−7=6(개)

5-2 (전체 연필 수)−(동생에게 준 연필 수)
=17−8=9(자루)

5-3 (버스 안에 있던 사람 수)−(내린 사람 수)
=12−4=8(명)

159쪽	개념 · 원리 확인

1-1 6 **1-2** 8
2-1 (위에서부터) 3, 1 **2-2** (위에서부터) 5, 2
3-1 9 **3-2** (위에서부터) 7, 3

1-1 사과 10개에서 먼저 9개를 빼고 남은 1개와 5개를 더하면 6개입니다.

1-2 감자 10개에서 먼저 8개를 빼고 남은 2개와 6개를 더하면 8개입니다.

2-1 10에서 먼저 8을 빼고 남은 2와 1을 더하면 3입니다.

2-2 10에서 먼저 7을 빼고 남은 3과 2를 더하면 5입니다.

3-1 10에서 먼저 5를 빼고 남은 5와 4를 더하면 9입니다.

3-2 10에서 먼저 6을 빼고 남은 4와 3을 더하면 7입니다.

161쪽	개념 · 원리 확인

1-1 6 **1-2** 8
2-1 작아집니다에 ○표 **2-2** 9
3-1 7, 8 **3-2** 14−8, 6

1-1 $12-6=6$

참고

1씩 작은 수를 빼면 차는 1씩 커집니다.

1-2 $13-5=8$

참고

1씩 커지는 수에서 똑같은 수를 빼면 차는 1씩 커집니다.

2-1 빼지는 수는 항상 15이고 빼는 수는 6부터 1씩 커지므로 차는 1씩 작아집니다.

2-2 참고

1씩 작아지는 수에서 1씩 작아지는 수를 빼면 차는 항상 같습니다.

3-1 $12-5=7$, $13-5=8$

참고

오른쪽으로 가면 빼는 수가 1씩 커지므로 차는 1씩 작아지고, 아래쪽으로 가면 빼지는 수가 1씩 커지므로 차는 1씩 커집니다.

3-2 두 번째 줄 뺄셈식에서 빼지는 수는 항상 14이고 오른쪽으로 가면 빼는 수가 1씩 커지므로 빈 곳에 알맞은 식은 $14-8$입니다.

➜ $14-8=6$

162~163쪽 기초 집중 연습

1-1 (위에서부터) 3, 1 **1-2** (위에서부터) 8, 4
2-1 8, 9 **2-2** 5, 7
3-1 (◯)( ) **3-2** ( )(◯)
연산 7
4-1 $14-7=7$, 7개
4-2 $15-9=6$, 6개
4-3 $11-6=5$, 5개

1-1 10에서 먼저 8을 빼고 남은 2와 1을 더하면 3입니다.

1-2 10에서 먼저 6을 빼고 남은 4와 4를 더하면 8입니다.

2-1 $15-7=8$, $16-7=9$

참고

1씩 커지는 수에서 똑같은 수를 빼면 차는 1씩 커집니다.

2-2 $12-7=5$, $12-5=7$

참고

1씩 작은 수를 빼면 차는 1씩 커집니다.

3-1 $11-7=\underline{4}$, $12-6=6$

3-2 $17-9=8$, $15-8=\underline{7}$

연산 $14-7=7$
10 4

4-1 (감의 수)−(배의 수)
$=14-7=7$(개)

4-2 (흰색 바둑돌의 수)−(검은색 바둑돌의 수)
$=15-9=6$(개)

5-1 (단팥 붕어빵의 수)−(슈크림 붕어빵의 수)
$=11-6=5$(개)

164~165쪽 누구나 100점 맞는 테스트

1 3, 7 **2** 13 / 13, 3
3 (위에서부터) 15, 1 **4** (위에서부터) 6, 2
5 14, 22
6 11, 10, 작아집니다에 ◯표
7 9 **8** (◯)( )
9 $8+6=14$, 14자루
10 $16-9=7$, 7줄

2 5와 8을 모으기 하면 13이 되고, 13은 10과 3으로 가르기 할 수 있습니다.

3 9가 10이 되도록 6을 1과 5로 가르기 하여 계산합니다.

4 토끼 12마리에서 2마리를 /으로 지우고 남은 10마리에서 4마리를 /으로 지우면 6마리가 남습니다.

5 오른쪽으로 1칸 갈 때마다 1씩 커지고, 아래쪽으로 1칸 갈 때마다 10씩 커지는 규칙입니다.

6 $4+7=11$, $4+6=10$
더해지는 수는 항상 4이고 더하는 수는 9부터 1씩 작아지므로 합은 1씩 작아집니다.

7 $15-6=9$

8 $13-8=5$, $14-7=7$

9 (노란 색연필 수)+(파란 색연필 수)
$=8+6=14$(자루)

10 (분식집에 있던 김밥 수)−(판 김밥 수)
$=16-9=7$(줄)

166~171쪽 특강 창의 · 융합 · 코딩

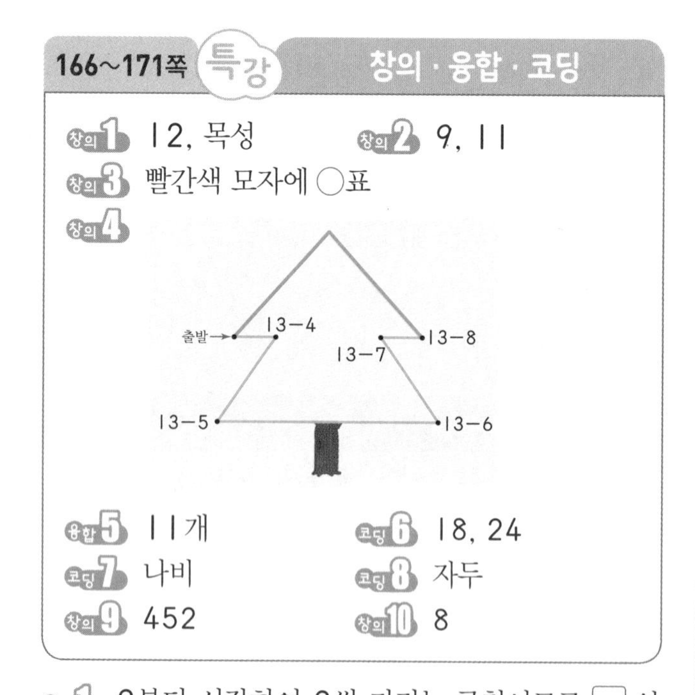

창의 1 12, 목성 창의 2 9, 11
창의 3 빨간색 모자에 ○표
창의 4

융합 5 11개 코딩 6 18, 24
코딩 7 나비 코딩 8 자두
창의 9 452 창의 10 8

창의 1 2부터 시작하여 2씩 커지는 규칙이므로 □ 안에 알맞은 수는 12입니다.
수가 나타내는 글자를 알아보면
2 − 4 − 6 − 8 − 10 − 12이므로 외계인은
ㅁ ㅗ ㄱ ㅅ ㅓ ㅇ
목성에서 왔습니다.

창의 2 • 현아: 10개에서 구슬 1개를 잃었으므로 $10-1=9$(개)를 가지고 있습니다.
• 소희: 8개에서 3개를 얻었으므로 $8+3=11$(개)를 가지고 있습니다.

참고
구슬을 서로 주고 받았기 때문에 전체 구슬의 수는 변하지 않습니다.

창의 3 $12-5=7$

창의 4 $13-4=9$, $13-5=8$, $13-6=7$, $13-7=6$, $13-8=5$

참고
1씩 큰 수를 빼면 차는 1씩 작아집니다.

융합 5 (초콜릿 수)+(사탕 수)
$=6+5=11$(개)

코딩 6 보기 의 화살표 규칙은 3씩 커지는 규칙입니다.

코딩 7 $4+9=13$(나), $8+7=15$(비)
➔ 나비

코딩 8 $13-9=4$(자), $16-7=9$(두)
➔ 자두

창의 9 2−4−5가 반복되는 규칙이므로 마지막에 나오는 숫자 3개는 4−5−2입니다.
➔ 비밀번호는 452입니다.

창의 10 윤수: $9+3=12$
큰 수부터 5와 더하면 $5+8=13$, $5+7=12$, $5+6=11$……이고 합이 12보다 커야 하므로 아라는 8이 적힌 공을 꺼내야 합니다.

퀴즈 1 2와 3이 반복되므로 2 다음에는 3이 옵니다.

퀴즈 2 $5+8=13$
3 2

정답은
이안에
있어 !

수학 전문 교재

●연산 학습

빅터연산	예비초~6학년, 총 20권
참의융합 빅터연산	예비초~4학년, 총 16권

●개념 학습

개념클릭 해법수학	1~6학년, 학기용

●수준별 수학 전문서

해결의법칙(개념/유형/응용)	1~6학년, 학기용

●단원평가 대비

수학 단원평가	1~6학년, 학기용
일등전략 초등 수학	1~6학년, 학기용

●단기완성 학습

초등 수학전략	1~6학년, 학기용

●상위권 학습

최고수준 S 수학	1~6학년, 학기용
최고수준 수학	1~6학년, 학기용
최강 TOT 수학	1~6학년, 학년용

●경시대회 대비

해법 수학경시대회 기출문제	1~6학년, 학기용

예비 중등 교재

●해법 반편성 배치고사 예상문제	6학년
●해법 신입생 시리즈(수학/영어)	6학년

맞춤형 학교 시험대비 교재

●열공 전과목 단원평가	1~6학년, 학기용(1학기 2~6년)

한자 교재

●한자능력검정시험 자격증 한번에 따기	8~3급, 총 9권
●씽씽 한자 자격시험	8~5급, 총 4권
●한자 전략	8~5급Ⅱ, 총 12권